河流健康修复与管理系列丛书

辽河保护区人工湿地污染物去除机制
——以七星湿地为例

段　亮　宋永会　等/著

中国环境出版集团·北京

图书在版编目（CIP）数据

辽河保护区人工湿地污染物去除机制 ：以七星湿地为例/段亮等著. --北京：中国环境出版集团，2021.12

（河流健康修复与管理系列丛书）

ISBN 978-7-5111-4760-8

Ⅰ. ①辽… Ⅱ. ①段… Ⅲ. ①辽河流域—人工湿地系统—污染物—处理 Ⅳ. ①X703

中国版本图书馆 CIP 数据核字（2021）第 129569 号

出 版 人　武德凯
策划编辑　葛　莉
责任编辑　范云平
封面设计　宋　瑞

出版发行　中国环境出版集团
（100062　北京市东城区广渠门内大街 16 号）
网　　址：http://www.cesp.com.cn
电子邮箱：bjgl@cesp.com.cn
联系电话：010-67112765（编辑管理部）
发行热线：010-67125803，010-67113405（传真）

印　　刷　北京建宏印刷有限公司
经　　销　各地新华书店
版　　次　2021 年 12 月第 1 版
印　　次　2021 年 12 月第 1 次印刷
开　　本　787×1092　1/16
印　　张　15.5
字　　数　330 千字
定　　价　76.00 元

“河流健康修复与管理系列丛书”编委会

本书编委会

主　　编　段　亮　宋永会

副 主 编　（按姓氏笔画为序）

张志超　钱　锋　韩　璐

参编人员　（按姓氏笔画为序）

孙　晨　向连城　张海亚　杨佳琪　李　丹

李明月　高祥云　谢晓琳　穆映鸣

目录

第 1 章　辽河保护区人工湿地概况

1.1　我国水环境及其污染现状

水环境问题是世界公认的将会造成人类生存危机的首要问题。全世界有 80 个国家、约占世界 40%的总人口处于严重缺水状态，其中因为水质污染造成的缺水性问题最为严重。水质污染主要是指进入水体的各类污染物浓度超过水体的本底值和其自净能力，导致水质状况不断恶化，失去使用价值及生态价值。污染物进入水体的途径有很多，按其主要来源可分为两类，即自然污染与人为污染。自然污染主要是指水资源分布情况，使其环境中的某些污染物比较容易进入水体且含量较高，从而造成水体部分丧失或完全丧失其原有的符合人类某种需求的功能，一般情况下人类的各种生产活动等对这种污染没有影响或者影响较小。人为污染是指人类生产生活等活动产生的大量有毒有害物质进入水体造成水质恶化，并使水体降低或丧失原有的某些功能，这种污染较自然污染更加严重和普遍。河流的污染物种类较多，除了较为传统的污染物，如化学需氧量（COD）、生化需氧量（BOD）、营养物、重金属等，还包括造成有毒化学污染、热污染、石油污染、病原体污染、放射性污染等的污染物。

长期以来，我国经济发展迅猛，但工业企业较为集中且经济增长方式以粗放型为主，人口增长速度过快，污水排放量大、污水处理设施的建设和更新速度较为缓慢等，导致我国河流水质较差，各种污染得不到有效控制，逐步形成了水环境受到严重破坏、水资源被严重浪费的局面。2002 年，中国的七大水系断面中仅有 29.1%的断面满足《地表水环境质量标准》（GB 3838—2002）中Ⅰ～Ⅲ类水质要求，30%的断面属于Ⅳ类、Ⅴ类水质，超过 40%的断面为劣Ⅴ类水质。如此恶劣的水质环境，引起了人们的高度重视，人们逐渐意识到如果再不采取相应的整顿、保护措施，我国的水环境将面临严重恶化的危机。

十多年来，政府部门及有关单位对环保事业不断加大投入，通过出台大量的环境治理政策及逐步更新相应的环保技术手段，我国水质明显好转。据《2014 年中国环境状况公报》，2014 年，长江、黄河、珠江、松花江、淮河、海河、辽河等七大流域和浙闽片河流、西北诸河和西南诸河的国控断面中，Ⅰ类水质断面占 2.8%，同比上升 1.0 个百分点；Ⅱ类水质断面占 36.9%，同比下降 0.8 个百分点；Ⅲ类水质断面占 31.5%，同比下降 0.7 个百分点；Ⅳ类水质断面占 15.0%，同比上升 0.5 个百分点；Ⅴ类水质断面占 4.8%，劣Ⅴ类水质断面占 9.0%，同比持平。2014 年，化学需氧量排放总量为 2294.6 万 t，同比下降 2.47%；氨氮排放总量为 238.5 万 t，同比下降 2.90%。全国城市污水处理厂累计处理污水 382.7 亿 m^3，同比上升 5.9%，城市污水处理率达到 90.2%。

目前，受城镇生活污水、工业点源及农业面源污染的影响，我国河流水体污染物以有机物、氮、磷为主，耗氧及富营养化问题较为突出。

1.2 研究区域概况

1.2.1 辽河保护区概况

辽河是中国东北地区南部的最大河流，也是中国七大江河之一，被称为辽宁人民的母亲河。其地理位置在东经 117°00′～125°30′、北纬 40°30′～45°10′。辽河发源于河北平泉市，至辽宁盘山县注入渤海。流域地跨河北、内蒙古、吉林、辽宁四省（自治区）。辽河全长 1 345 km，流域面积为 21.96 万 km^2。辽河为我国典型北方河流，降水量和径流量年内分布都极不均匀。

长久以来，辽河流域重工业的快速发展给流域环境带来了巨大的冲击。经济增长对水资源的需求量已远远超过了生态更新量。近年来，辽河流域持续干旱，降水量小，径流量减少，使河道内植被等生态系统严重退化，加剧了水土流失和土壤的荒漠化。

为了实现辽河干流生态保护和恢复的目标，2010 年，在水体污染控制与治理科技重大专项“十一五”科技成果的引领下，辽宁省委、省政府在辽河治理和保护工作方面进行了大胆探索，划定了辽河保护区，成立了辽河保护区管理局。

辽河保护区范围始于东西辽河交汇处（福德店），终于盘锦入海口，分布在东经 121°41′～123°55.5′与北纬 40°47′～43°02′的区域，保护区占地面积约为 1869.2 km^2。辽河保护区是依辽河干流设立的。辽河上游的东辽河与西辽河于福德店汇合为辽河干流，辽河干流纵贯辽宁省境内的辽北康法丘陵区和下辽河平原区，流经铁岭、沈阳、鞍山、盘锦 4 市，这些区域经济较发达，人口相对稠密，人为活动频繁。设立辽河保护区以保护和恢复辽河主导生态功能为目的，兼顾区域经济发展。辽河保护区地处中高纬度，属于暖温带半湿润大陆性季风气候。四季寒暖、干湿分明，降水量由西北向东南递增，多年平均年降水量为 400～1 000 mm，主要集中在 6—9 月。气温年际变化较大，年平均气温为 4～9℃。

在辽河保护区，2009—2010 年开展了辽河生态治理工程，恢复了部分植被，修建了 11 座生态蓄水工程，扩大了湿地面积，但治理效果不明显，保护区内水体有机污染物检出浓度全部超过《地表水环境质量标准》（GB 3838—2002）Ⅲ类水质标准，COD 和 NH_3-N

是造成辽河流域污染的最重要因素。

1.2.2 辽河保护区湿地工程

辽河保护区内湿地面积占总面积的 1/3 左右，且湿地类型种类丰富。但是，由于人类活动，尤其是农业生产活动的开展，湿地面积萎缩、破碎化程度加剧，湿地植被遭受明显破坏。这在一定程度上阻碍了湿地生态系统功能的发挥，为湿地植被和生态功能的恢复增加了难度。辽河干流水体及其附属湿地对辽宁生态安全具有重要意义，它不仅为人类提供大量食物、原料和水资源，而且在维持生态平衡、保护生物多样性和珍稀物种资源以及涵养水源、减少污染、蓄洪防寒、补充地下水、调节气候、控制土壤侵蚀等方面均起到重要作用。因此，辽河保护区湿地恢复工程的建设意义重大。

通过在辽河保护区内建设支流汇入口湿地、河道湿地、坑塘湿地及河口滩涂湿地，可形成由不同规模、错落有致的湿地构成的具有自我修复功能的河流湿地生态系统，削减入河污染负荷，增强水体的自净能力，改善河流水质状况；同时可发挥湿地涵养水源、调洪蓄洪、调节气候、维持生物多样性、景观多样性等多重作用，还可以成为野生动植物、鱼类和鸟类的栖息地。

1.2.3 七星湿地工程

沈北新区辽河七星湿地建设工程位于辽宁省沈阳市沈北新区黄家街道北部，毗邻旅游大道和辽河石佛寺水库，在万泉河、西小河、羊肠河及长河 4 条支流汇合处。工程区内修建了 2 座钢坝闸、1 座溢流坝，用以拦蓄河水。目前已形成湿地面积 6.7×10^6 m^2，水深 1.5 m，蓄水量达 1.0×10^7 m^3。该工程通过对主河道清淤疏浚，确保行洪安全顺畅，并在湿地周边进行生态建设，栽植水生植物荷花、芦苇、蒲草及陆生树木，最终形成集开发、旅游、观光、生态于一体的湿地景观。

（1）万泉河一号钢坝闸工程

工程位于沈北新区黄家乡腰长河村西北。工程在万泉河、西小河、羊肠河 3 条河流交汇处下游 1 000 m 处。钢坝闸主体由钢坝闸门和均质土坝组成。拦河工程全长 250 m，由钢坝闸门段和均质土坝段组成，其中，钢坝闸段全长 91.1 m，均质土坝段全长 158.9 m，闸门高 1.2 m，分为 2 孔，可形成水面面积约 166.67 hm^2，蓄水量约 250 万 m^3。

（2）湿地工程

湿地工程包括主河道清淤疏浚工程、林地保护工程及植物种植等相关工程，对湿地内的林木实施填土保护措施。主河道清淤疏浚宽度为 40～100 m，设计河底高程比正常蓄水位低 2.0 m。在湿地内部栽种水生植物芦苇 18.67 hm^2、蒲草 9.33 hm^2、荷花 27.33 hm^2，以及各种陆生树木约 14.67 hm^2。

1.3 人工湿地的发展及其在水环境改善中的应用

随着我国的工业化、城镇化进程加快，淡水资源日益短缺，水质恶化，水体功能下降，水生态系统结构被破坏且功能衰退。对水环境进行改善和修复是我国目前环境治理较为重要的任务。水环境修复有多种方法，包括物理方法、化学方法以及生物-生态方法，其中，生物-生态方法修复技术成本较低、效果较好，且在水体修复和生态修复方面都有作用，是目前水环境修复中使用较为普遍的方法。人工湿地技术作为一种生物-生态方法修复技术，是当前的研究热点。将湿地用于污染水体的净化是国际湿地科学和污染水体整治研究前沿领域中的热点之一，在国内外学术界均得到高度重视。在国外，污染水体的生态治理大多通过恢复并重建水体的自然属性与自净功能的方式，使水体及其生态环境得到修复。当前，湿地在面源污染控制以及河流、湖泊水环境保护中的作用是其他技术措施难以替代的。在一些水环境保护成效显著的流域，都是以流域内湿地生态系统发育较好、湿地功能正常发挥为特征的。

1.3.1 人工湿地系统的研究现状

人工湿地系统是指用于水质改善功能的工程化湿地，利用自然生态系统中的物理、化学和生物三重协同作用来实现对污染物的净化，是一个很复杂的系统。

人工湿地的研究与应用最早起源于欧洲。1952 年德国工程师 K. Seidel 第一次试验性地将湿地植物用于污水处理；1967 年荷兰建成了第一座表面流人工湿地，开启了人工湿地处理污水的时代。从 20 世纪 70 年代开始，北美对不同设计的人工湿地展开了广泛的试验研究，并于 1993 年颁布了《湿地处理系统设计手册》，人工湿地技术在美国迅速发展起来。我国对人工湿地系统的研究开始于“七五”期间，主要用于处理生活污水及工业废水。天津市环境保护所于 1987 年建立了国内第一个处理城市生活污水的芦苇湿地，该工程有较强的脱氮除磷效果。随着研究的逐渐深入，人工湿地也逐渐应用到富营养化水体治理与河流水质维护方面。

人工湿地按水体的流动方式不同可分为 3 种类型：表面流人工湿地（surface flow wetland，SFW）、潜流人工湿地（subsurface flow wetland，SSFW）、复合人工湿地（hybrid system）。

（1）表面流人工湿地

表面流人工湿地在内部构造、生态结构以及外观上都类似于天然湿地，但经过科学的设计、运行管理和维护，净污效果优于天然湿地系统。湿地水体中接近水面的部分为好氧层，较深部分及底部通常为厌氧状态，因此其某些性质与兼性塘相似。在此类湿地中，水流以较慢速度从湿地表面流过，具有投资少、操作简单、运行费用低等优点，该类人工湿地现在多见于美国。

（2）潜流人工湿地

潜流人工湿地的特点是水流在湿地填料床内潜流。潜流人工湿地的基质通常为沙砾、豆砾或碎石等。相较于表面流人工湿地，潜流人工湿地的优点在于充分利用了湿地空间，发挥了系统（植物、微生物和基质）间的协同作用，因此在相同面积的情况下，潜流人工湿地处理能力大幅提高；同时，由于水流在地表下流动，保温性较好，处理效果受温度影响小，且不易滋生蚊虫。因此，潜流人工湿地是目前研究和应用最多的湿地系统。潜流人工湿地按其水流方式的不同又可分为水平潜流和垂直潜流两大类。

1）水平潜流人工湿地

水平潜流人工湿地的水流从一端水平流过填料床。与表面流人工湿地相比，水平潜流人工湿地的水力负荷和污染负荷都更大，对五日生化需氧量（BOD_5）、COD、悬浮物（SS）和重金属等污染指标的去除效果更好，且很少产生恶臭和滋生蚊蝇的现象。目前，水平潜流人工湿地已被丹麦、美国、荷兰、瑞典、挪威、澳大利亚、德国、英国和日本等国家广泛使用。

2）垂直潜流人工湿地

在垂直潜流人工湿地中，水流从湿地的表面纵向流向填料床的底部，床体处于不饱和状态，氧气可通过大气扩散和植物传输进入人工湿地系统。垂直潜流人工湿地的处理能力高于表面流人工湿地，且占地面积较小。

（3）复合人工湿地

复合人工湿地是指将不同类型的湿地联合起来以达到较高的去除效率，尤其是提高对氮的去除效率。常见的复合人工湿地有垂直潜流—水平潜流混合湿地及水平潜流—垂直潜流混合湿地。

人工湿地可以用于处理点源与非点源类型的污水。在目前的研究中，应用人工湿地处理的污水种类包括城市污水、农业废水、工业废水、暴雨径流和垃圾填埋场渗滤液等。

1.3.2 人工湿地技术的优点及研究热点

人工湿地技术在工程化应用中具有以下优点：

（1）投资和运行费用低

据国外资料报道，人工湿地的工程造价和运行费用仅为传统工艺的10%～50%。对我国已建成的常规生化二级水处理厂投资进行的分析也表明，人工湿地的投资远低于常规二级水处理设施的投资。

（2）处理效果好

人工湿地对有机物有较强的降解能力。水体中不溶性有机物通过湿地的沉淀、过滤作用，可以很快地被截留并被微生物利用；水体中可溶性有机物可通过植物根系生物膜的吸附、吸收及微生物代谢降解过程而被分解去除。人工湿地对 BOD_5、COD、SS，以及氮和磷都有较高的去除率。此外，人工湿地对微量元素和病原体也有相当高的去除率。

（3）适用范围广

人工湿地规模差别可以很大，处理污水种类也较多。

湿地系统已远超出污水处理的意义而具有涵养水源、恢复和改善湿地环境、保护生物多样性的重要生态功能。人工湿地国内外研究热点有以下几个方面：联合不同类型的人工湿地组成混合系统以提高处理效果，尤其是对氮的处理效果；湿地基质的性能评价以及其对磷的去除；甄别人工湿地处理过程中起作用的微生物群落；建立湿地中水力学模型及污染物去除模型；依据可持续发展理念，探讨结合景观设计建立人工湿地用于水环境改善。

1.3.3 河流湿地对水环境的改善作用

河流湿地包括河流岸边带、河边、河汊、河口的沼泽区以及与河流连接的池塘和浅湖，这些地带同时受物理、生物地球化学及人类活动影响，生命元素反应活跃，是陆地生态系统与水生态系统连接的通道，在两个系统间物质与能量的循环中起着重要的作用。

河流湿地生态修复技术主要是依据河流的水质和生态环境现状，采用环境工程及生态工程技术，消除河道中长期积累的受污染底泥，恢复河岸带地表形态及其自然属性，重新构建河岸带乔灌草林地系统——湿生植物、挺水植物及沉水植物群，改善河流湿地系统的本底状况，提升河流湿地生境风貌，提高河流中污染物的自净能力并削减带入下游水体中的污染物。

1.4 研究思路

本研究以辽河保护区典型支流汇合口人工湿地——七星湿地为研究对象（图 1-1），对污染物在其中的迁移转化规律及影响因素进行研究。

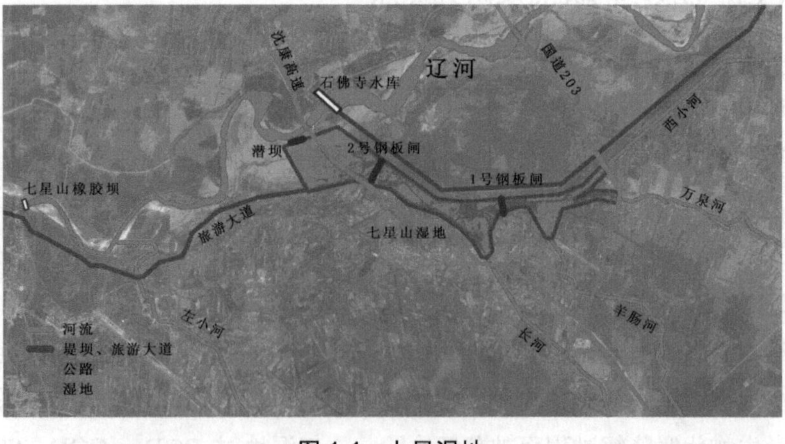

图 1-1　七星湿地

1）对辽河保护区内的湿地工程进行调研，明确支流河口湿地对支流污染物的阻控作用；对辽河保护区典型支流河口湿地——七星湿地进行长期监测研究，考察七星湿地中各污染物的时空变化特征；明确支流湿地对氮污染物的阻控作用；对七星湿地进行长期监测研究，探究水体中氮、磷的时空变化特征。

2）运用光谱学手段及化学计量法结合研究辽河保护区中溶解性有机物（dissolved organic matter，DOM）的组成与分子特征，研究七星湿地水体与底质 DOM 的来源与分布规律；考察七星湿地沉积物中氮、磷的时空变化特征。

3）利用现代微生物生态学手段对七星湿地底质微生物群落结构特征进行研究，探明其优势种群及各种微生物基因数量变化规律。

4）研究微生物群落与湿地水体中污染物及 DOM 的相关性，进一步明确污染物的迁移转化机理；对七星湿地植物根际、根周微生物群落进行分析，探究其对氮、磷的迁移转化机制。

5）对七星湿地水质进行评估，并建立水质评价及预测模型。

通过上述研究，明确辽河保护区支流汇合口湿地中污染物的迁移转化规律，探明湿地内 DOM、氮磷与微生物对污染物迁移转化的作用，确定了植物根际、根周微生物群落对调控湿地运行状态、改善湿地效果具有重要意义。具体技术路线如图 1-2 所示。

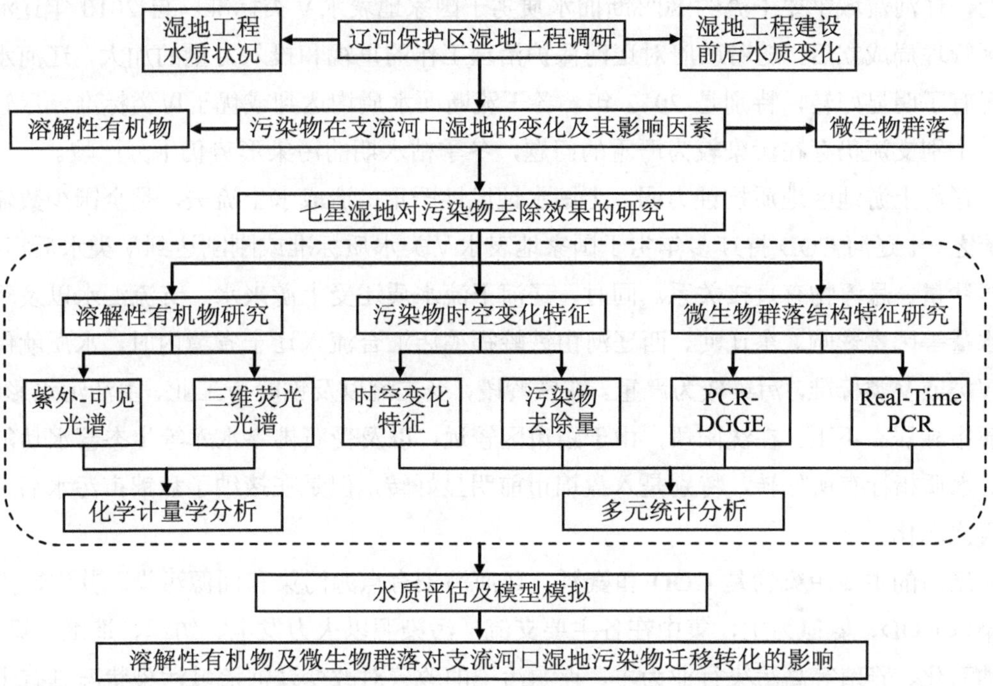

图 1-2　技术路线

第 2 章　辽河保护区水环境状况及问题诊断

为了明确辽河保护区整体水环境状况，本章在调研文献资料的基础上，分析辽河水环境形势及演变趋势；对辽河保护区水体进行采样分析，明确水质现状及污染物时空分异特征；针对辽河保护区的干流、支流、湿地三类水体进行分类分析，探究不同水体水质情况，进而诊断辽河保护区水环境面临的问题。

2.1　辽河水环境演变分析

2.1.1　辽河水环境形势分析

辽河流域水环境污染严重，污染持续时间长。2004 年以前 20 余年的水质监测数据表明，辽河流域主要干流约 80%断面水质劣于国家地表水Ⅴ类标准。自 2010 年辽河保护区管理局成立后，随着政府对辽河保护治理工作的重视和投入力量的加大，辽河水质状况有了明显好转，特别是 2012 年，各干流断面水质均达到或优于Ⅳ类标准。尽管如此，个别支流仍存在污染较为严重的问题，冬季枯水期的污染形势仍十分严峻。

辽河上游地区地质抗蚀力弱，土壤水蚀风蚀严重，造成水土流失，是全国少数输沙河流之一。辽河 COD 持续多年劣于国家地表水Ⅴ类水质标准或刚刚达到Ⅴ类水质标准，与含沙量、悬浮物有直接关系。同时，辽河干流水质还受上游来水、支流汇水以及季节性水量等因素影响。东辽河、西辽河由铁岭福德店汇合流入辽宁省境内时，水质就保持在Ⅳ类或Ⅴ类标准，污染较为严重。在铁岭段，受支流以及铁岭市工业、生活污水影响，水质指标居高不下；在沈阳段，由于距市区较远，以及受石佛寺水库等生态蓄水功能影响，水质指标有所好转，特别是入盘锦市前明显好转，但是在接纳了盘锦市污水后，水质再次恶化。

辽河的主要污染物是 COD 和氨氮，辽河污染有点源污染和面源污染。其中，点源污染以 COD、氨氮为主，集中在各主要支流，污染源以火力发电、纺织、造纸、钢铁、石油石化、养殖等高污染行业为主，点源污染的改善对改变辽河流域污染状况具有十分重要的意义，而且还有很大潜力可挖；辽河干流污染主要是面源污染，包括农药、化肥的使用以及固体废物垃圾的随意倾倒等，面源污染的治理对辽河流域水质的改善至关重要。

2.1.2 辽河干流水质整体演变趋势

1987—2000 年，总体来看，辽河水质污染呈加重趋势。20 世纪 80 年代末是污染严重时期，1995—1998 年水质稳定，后来污染又开始加重。上游和下游水质差，中游略好。枯水期均较差，丰水期相对较好。90 年代初辽河干流每年要接纳铁岭市、昌图县、铁法煤矿、柴河铅锌矿排出的污水；另外沈阳新城子化工厂、化肥厂、农药厂的废水排入长河后在马虎山断面上游汇入辽河。

辽河干流沿程主要接纳了铁岭（铁岭市区、昌图县、开原市、调兵山市）、沈阳（法库县、新城子、新民市、辽中区）、阜新（彰武县）的废（污）水。昌图县污水通过清河汇入辽河，开原市及清河区污水排入小清河后汇入清河，最后汇入辽河，法库县废水进入拉马河和新开河，最后汇入辽河，铁岭市工业废水和生活污水通过 5 个排污口直接排入辽河，新城子污水排入长河后汇入辽河，新民污水直接排入辽河，阜新（彰武县）污水排入养息牧河汇入辽河。辽河辽宁境内主要接纳了铁岭的城市污水。

2004—2010 年，总体上看，辽河干流水质逐渐变好的趋势明显。影响辽河水质的主要因素是溶解氧指标偏低。分析表明，水质污染的主要因素是有机污染物，特别是耗氧有机污染物的排放，另一个不可忽视的因素是氨氮的排放。

1999—2003 年，辽河干流铁岭段溶解氧浓度整体上呈下降趋势，但浓度变化幅度不大，最大值为 5.8 mg/L，最小值为 0.0 mg/L。COD 浓度呈上升趋势，最大浓度为 144.9 mg/L，最小浓度为 47.9 mg/L。氨氮浓度呈上升趋势，浓度变化较大，通江口浓度 1999 年为 2.37 mg/L，2003 年为 10.7 mg/L。水质污染程度加剧，主要是通江口受招苏台河影响。2007 年以前各个断面水体的溶解氧浓度都处于超标状况，2008 年以后除王宝庆断面外其他断面均在Ⅱ类水质左右。2007 年前 COD 浓度呈上升趋势，2008 年后明显好转，氨氮浓度呈上升趋势。2007 年前污染比较严重，水质均高于Ⅴ类水质标准。

1996—2005 年，辽河干流沈阳段氨氮浓度呈逐年上升的趋势，2005 年达到最高；总磷浓度在 2004 年达到峰值，2005 年有所下降；COD 浓度基本处于劣Ⅴ类水质状态；BOD 与高锰酸盐指数超标情况较为严重。氨氮主要是生活污水中含氮有机物在微生物作用下的分解产物，某些工业废水，如合成氮化肥厂废水等，以及农田排水可导致氨氮浓度的增加。在无氧环境中，水中存在的亚硝酸盐也可在微生物作用下还原为氨。辽河流域是重要的农牧区之一，由于我国目前化肥的利用率为 15%～35%，农药的利用率更低，大部分化肥、农药随地表径流进入水体造成污染；另外部分支流接纳来自沿岸城镇的工业废水和生活污水，虽然经过不断地治理，但污染物的排放量仍然远超出河流的环境承载能力，造成多数河段丧失使用功能。此外，流域内连续多年干旱少雨、降水量少，植被覆盖率低，致使河流径流量小，几乎没有自净能力，因此氨氮浓度常年居高不下。化肥、冶炼、合成洗涤剂等行业的工业废水及生活污水中常含有磷。水体中磷含量过高，会导致藻类的过度繁殖，直至富营养化，造成河流透明度降低，水质恶化。“九五”至“十五”期间，水污染呈逐渐加重的趋势。

2006 年，辽河上游东辽河、西辽河有机物污染严重，辽河中上游为劣Ⅴ类水质，辽河中游和中下游沿岸没有受到严重污染，水质有所好转，相对于 2003 年的监测结果，辽河中游的水体功能得到提升，辽河下游水质较差。

2008 年，辽河干流 8 个监测断面中 7 个为劣Ⅴ类水质，氨氮、BOD、COD、高锰酸盐指数 4 项指标超标 0.1～2.2 倍。其中，辽河铁岭段污染最重，干流枯水期属重度污染，COD、氨氮等 4 项指标超标，其中 COD 浓度高达 117 mg/L，超标 2.9 倍；丰水期、平水期水质相对较好。

整体来说，辽河上游来水 COD 浓度较大，支流汇入的负荷较大，且减排量偏小，枯水期断流情况严重。因此，2008—2009 年，辽河流域新增污水处理厂项目 18 个，支流治理项目 5 个，工业源治理项目 36 个，国家和省政府大力开展水污染减排和治理项目，以期摘掉重污染的帽子，有效改善水环境质量。

辽河保护区建立以后，经过连续几年综合治理，辽河水质持续好转。截至 2013 年 12 月，已完成辽河保护区自然封育区围栏建设项目、辽河保护区河岸污染缓冲带建设项目、辽河干流重点段污染控制与水质净化项目、辽河保护区生态阻隔带工程。2013 年按《地表水环境质量标准》进行考核，辽河干流Ⅳ类水质达标率达到 98%，Ⅲ类水质的时段、区段明显增加。辽河干流保护区自实施划区设局、统一管理以来，通过机构整合、健全法制，开展河道综合治理、生态蓄水、湿地、河口水环境整治、生态示范区等工程建设，使辽河干流防洪能力有所提高，生态环境显著改善，干流水质由劣Ⅴ类改善并稳定在Ⅳ类，出现Ⅲ类水质河段、时段明显增多，辽河保护区生态逐渐恢复，生态带已基本形成。

2.2 辽河保护区水质时空分异特征分析

2.2.1 基本理化指标空间分异特征

2.2.1.1 2013 年 10 月水质空间变化

辽河保护区 2013 年 10 月水体基本理化指标如图 2-1 所示。2013 年 10 月，辽河保护区水体温度平均值为 13.22℃，下游温度受当时气温影响相对较低。其中，长河水体温度最高，为 16.21℃，主要是新城子排入的生活污水导致；芦花湖湿地水体温度最低，为 10.27℃。

辽河保护区水体 pH 平均值为 8.15，呈弱碱性，下游自本辽辽湿地开始稍微偏高，总体来说上下游差别不大。最小值出现在燕飞里排干处，pH 为 7.40，经过燕飞里湿地净化后水质较好。

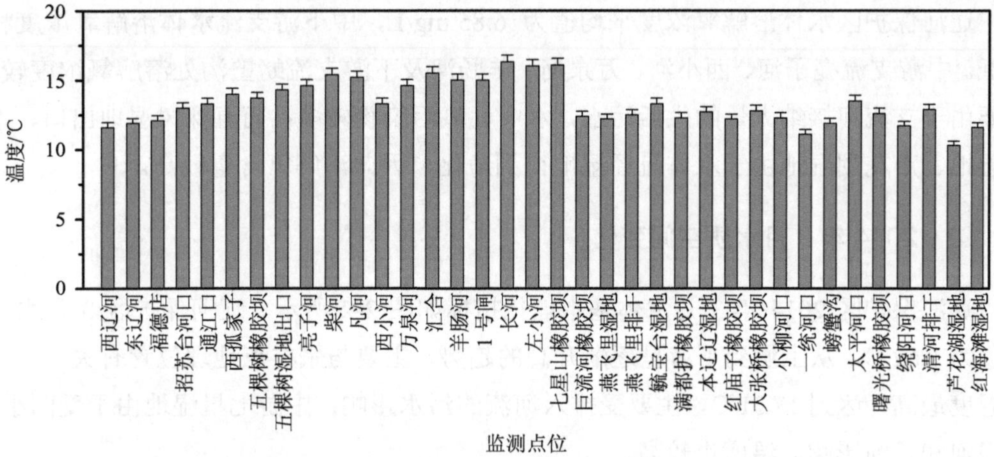

（a）温度

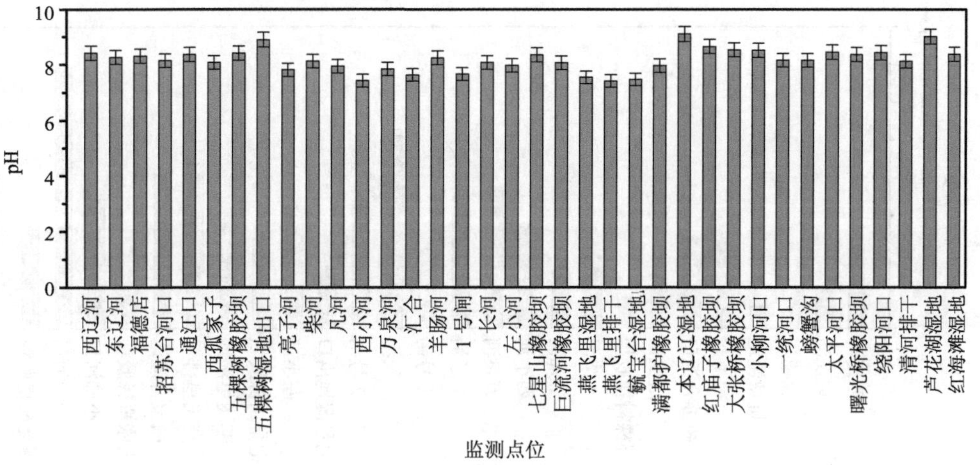

（b）pH

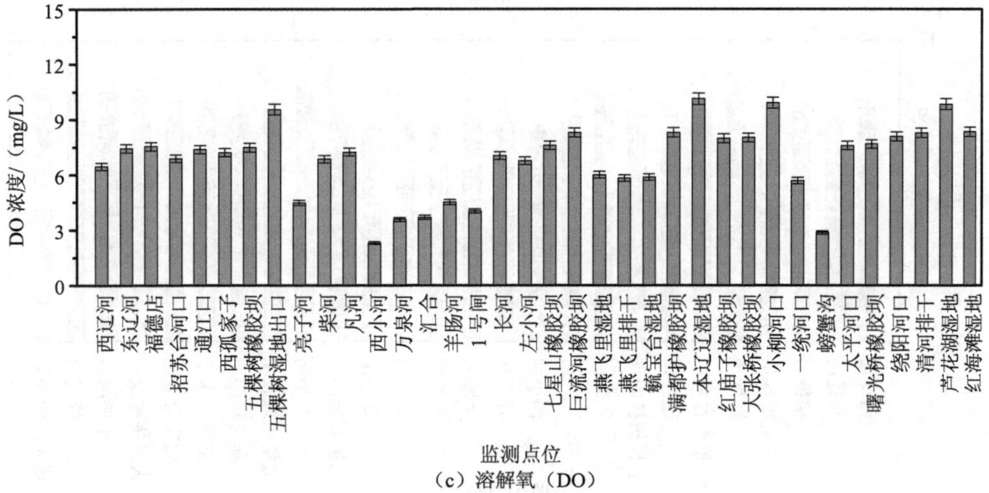

（c）溶解氧（DO）

图 2-1　2013 年 10 月水体基本理化指标

辽河保护区水体溶解氧浓度平均值为 6.85 mg/L，中下游支流水体溶解氧浓度相对较低。中游支流亮子河、西小河、万泉河、羊肠河及下游支流螃蟹沟处溶解氧浓度较低，主要由于支流河接纳大量的生活污水，水中耗氧污染物较多；而五棵树湿地出口、本辽辽湿地、芦花湖湿地由于水体流经湿地得到净化，因此溶解氧含量较高。

2.2.1.2 2014 年 3 月水质空间变化

辽河保护区 2014 年 3 月水体基本理化指标如图 2-2 所示。辽河保护区 3 月水温平均值为 6.62℃，从上游到下游呈逐渐升高的趋势，主要与采样点地理位置有关。一统河口温度最高，达到 17.31℃，主要受排入河流的污水影响；中游七星湿地由于受西小河、万泉河和长河影响，温度也较高。

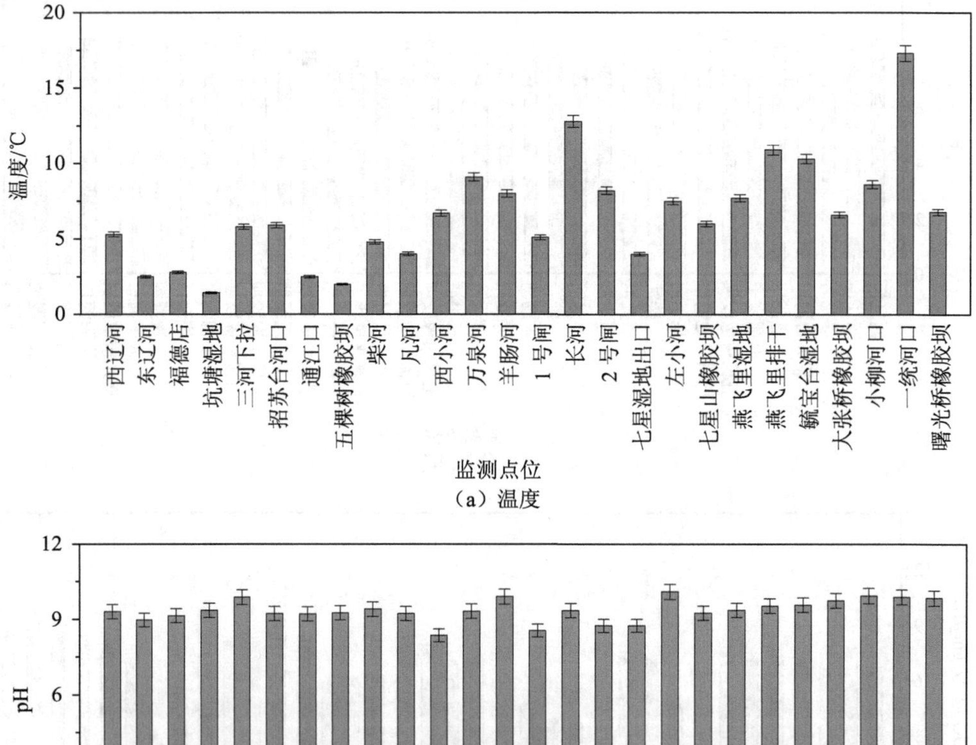

（a）温度

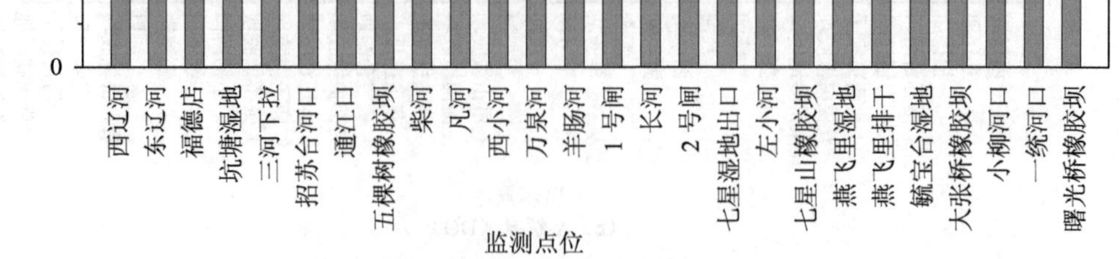

（b）pH

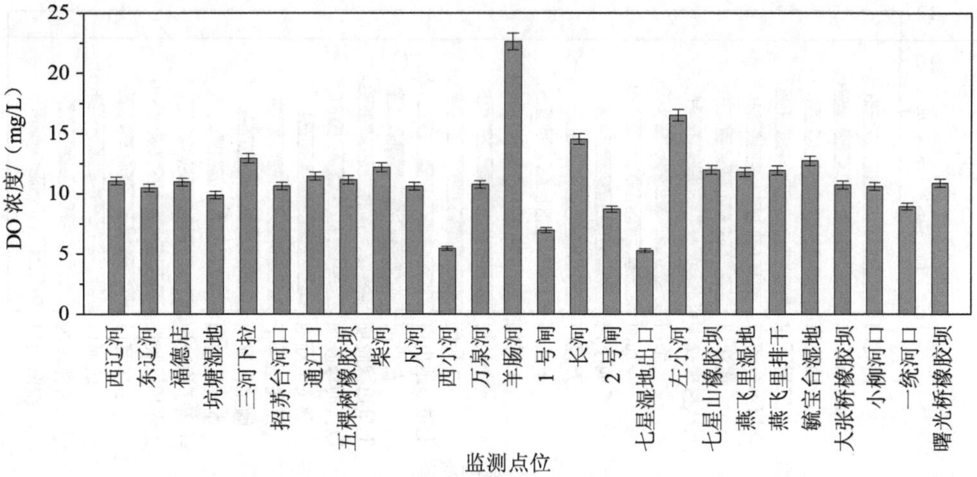

（c）DO

图 2-2　2014 年 3 月水体基本理化指标

pH 平均值为 9.33，总体变化不大，中游略低。

溶解氧浓度平均值为 11.19 mg/L，冬天水体温度较低，溶解氧浓度相对较高。上游水体溶解氧浓度较高，且各处差别较小；西小河处受排污影响溶解氧浓度较低，达到 5.40 mg/L，导致七星湿地内部及出口水体溶解氧浓度降低；羊肠河溶解氧浓度最高；下游水体溶解氧浓度略有下降。

2.2.1.3　2014 年 4 月水质空间变化

辽河保护区 2014 年 4 月水体基本理化指标如图 2-3 所示。4 月水体温度平均值上升至 15.34℃。从上游至下游温度有升高趋势，主要与采样点地理位置有关。

pH 平均值为 8.58，总体变化不大。

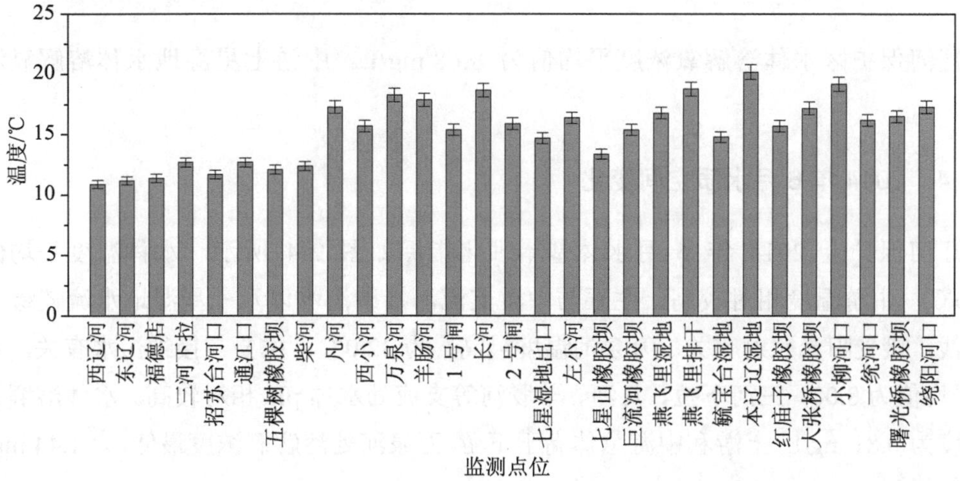

（a）温度

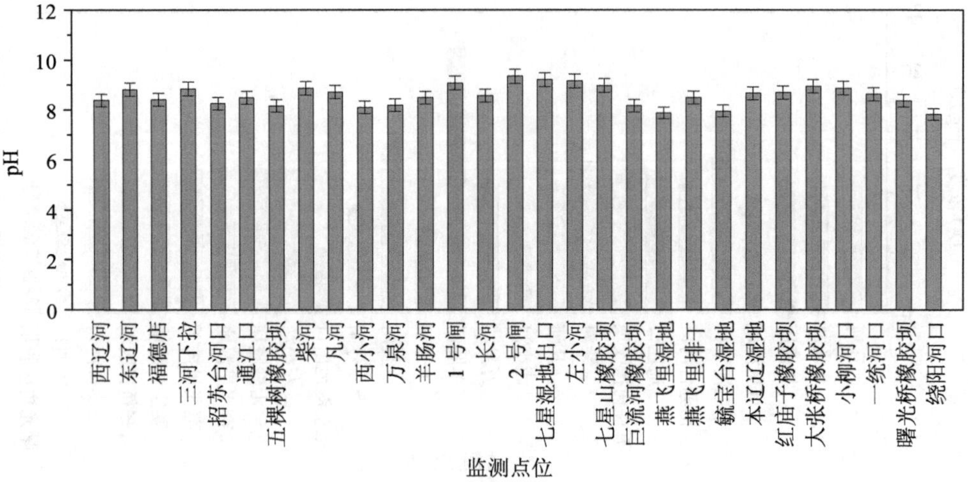

（b）pH

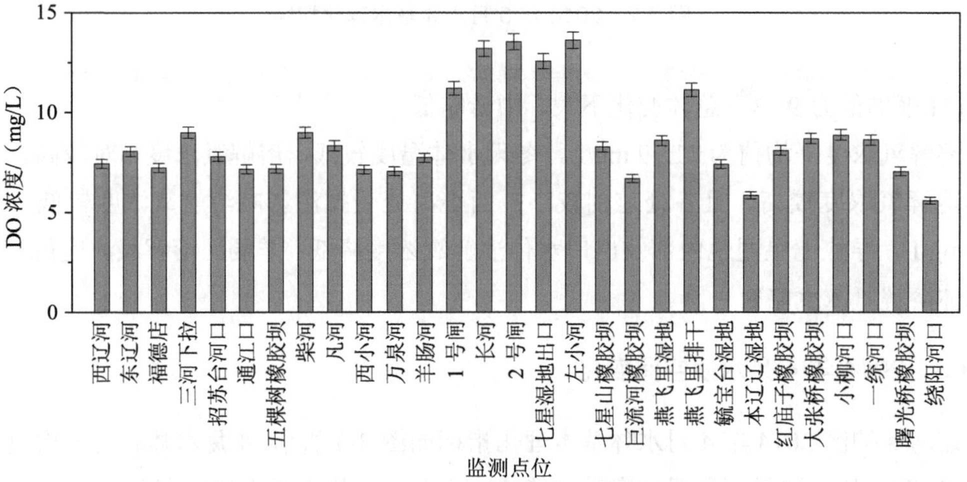

（c）DO

图 2-3　2014 年 4 月水体基本理化指标

辽河保护区水体溶解氧浓度平均值为 8.68 mg/L。中游七星湿地水体溶解氧浓度较高。

2.2.1.4　2014 年 6 月水质空间变化

辽河保护区 2014 年 6 月水体基本理化指标如图 2-4 所示。水体温度平均值为 26.40℃，中游温度相对较高，主要与中游支流河接纳污水以及七星湿地水流较缓、水体较浅，接受阳光照射有关。万泉河温度最高，为 32.0℃，主要与接纳污水有关。水体 pH 平均值为 8.08，三河下拉、凡河、羊肠河等支流处水体 pH 相对较高。水体溶解氧平均浓度为 6.81 mg/L，上游和中游总体高于下游。万泉河处溶解氧浓度最低，为 1.44 mg/L。

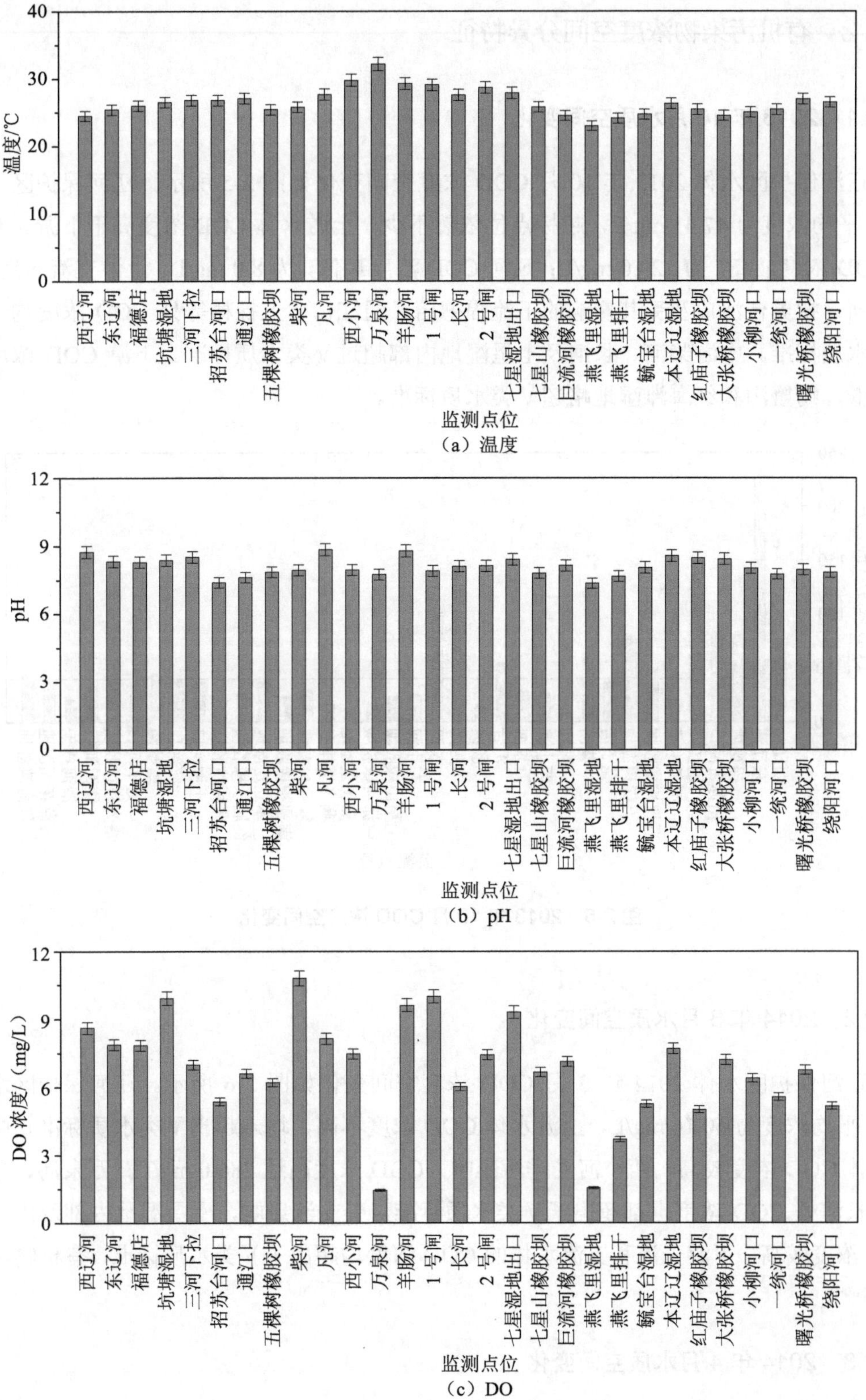

（a）温度
（b）pH
（c）DO

图 2-4　2014 年 6 月水体基本理化指标

2.2.2 有机污染物浓度空间分异特征

2.2.2.1 2013 年 10 月水质空间变化

辽河保护区水体 2013 年 10 月 COD 浓度空间变化如图 2-5 所示。辽河保护区水体 COD 平均浓度为 47.41 mg/L，超标点位依然不少。上游水体 COD 浓度高于下游。东辽河 COD 浓度最高，为 229.0 mg/L；凡河 COD 浓度最低，为 8.0 mg/L。上游支流东辽河、西辽河、招苏台河口及受其影响的干流福德店、通江口、五棵树等处 COD 浓度均超过Ⅴ类水质标准。中游柴河、长河及七星湿地内部超过Ⅴ类水质标准。下游 COD 浓度总体较低，螃蟹沟和红海滩湿地略超Ⅴ类水质标准。

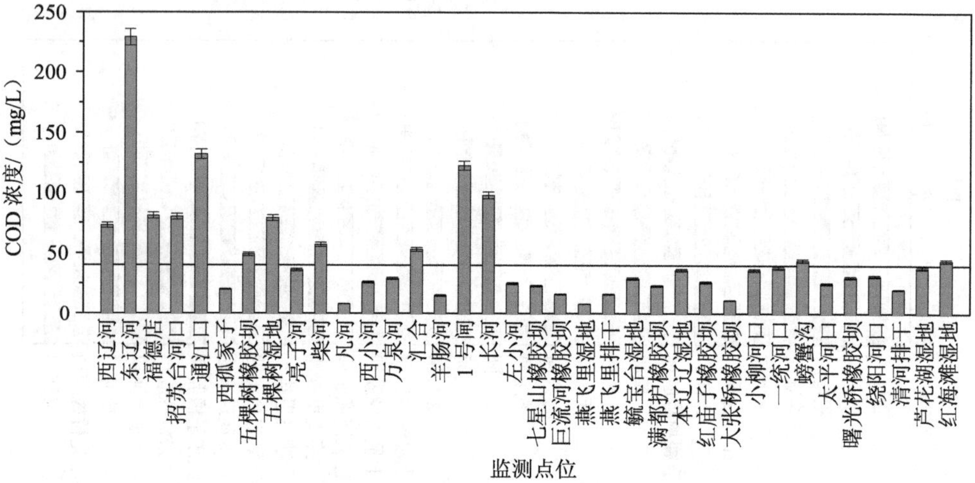

图 2-5 2013 年 10 月 COD 浓度空间变化

2.2.2.2 2014 年 3 月水质空间变化

辽河保护区水体 2014 年 3 月 COD 浓度空间变化如图 2-6 所示。辽河保护区水体 COD 平均浓度为 60.16 mg/L，上游水体 COD 浓度不高，均未超出Ⅴ类水质标准，中下游水体 COD 浓度较高。西小河受排污影响，COD 浓度高达 286.0 mg/L。万泉河、羊肠河及长河处 COD 浓度也都超出了Ⅴ类水质标准，受支流影响，七星湿地内部及出口处 COD 浓度较高。下游干流和支流水体的 COD 浓度均超出了Ⅴ类水质标准，有机物污染较为严重。

2.2.2.3 2014 年 4 月水质空间变化

辽河保护区水体 2014 年 4 月 COD 浓度空间变化如图 2-7 所示。水体 COD 平均值为 17.46 mg/L，总体情况较好，中游七星湿地受排污影响 COD 浓度相对较高。上游东、西辽河及中下游支流均未超出Ⅴ类水质标准。

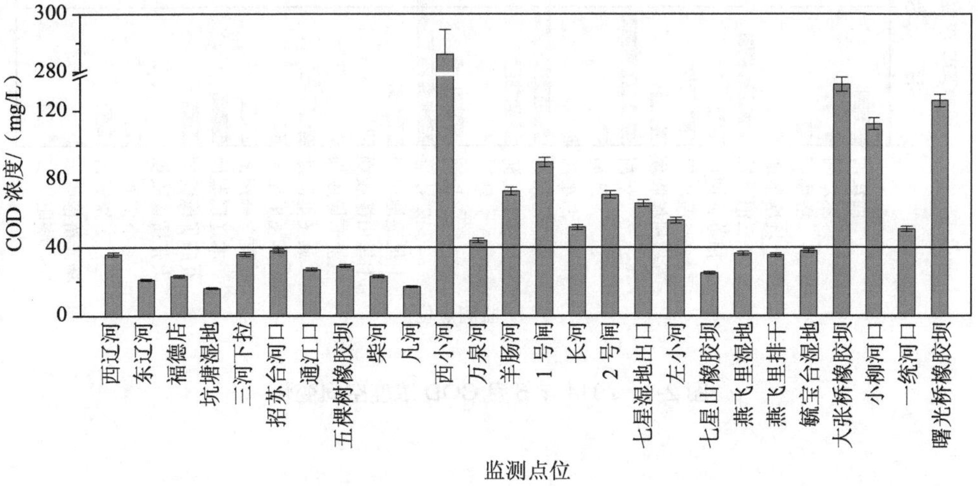

图 2-6　2014 年 3 月 COD 浓度空间变化

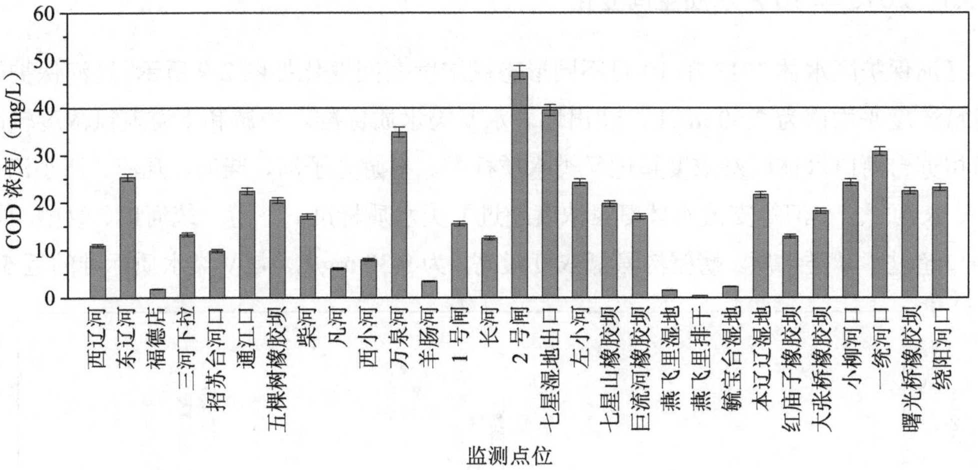

图 2-7　2014 年 4 月 COD 浓度空间变化

2.2.2.4　2014 年 6 月水质空间变化

辽河保护区水体 2014 年 6 月 COD 浓度空间变化如图 2-8 所示。水体 COD 平均浓度为 14.78 mg/L，水质进一步好转，中上游 COD 浓度总体高于下游，西辽河、三河下拉、柴河、万泉河及羊肠河等支流处 COD 浓度相对较高。除万泉河及 2 号闸外，其他水体 COD 浓度均未超出Ⅴ类水质标准。

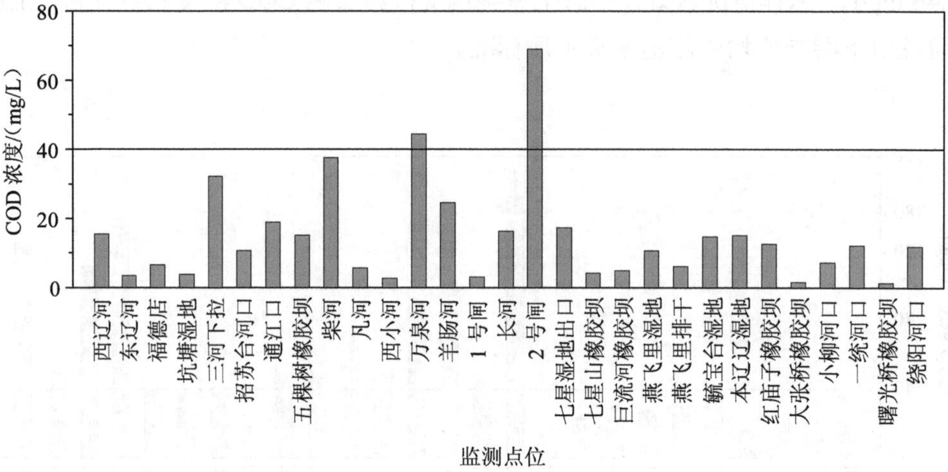

图 2-8 2014 年 6 月 COD 浓度空间变化

2.2.3 不同形态氮浓度空间分异特征

2.2.3.1 2013 年 10 月水质空间变化

辽河保护区水体 2013 年 10 月不同形态氮浓度空间变化如图 2-9 所示。辽河保护区水体氨氮浓度平均值为 2.50 mg/L，超出地表水Ⅴ类水质标准。中游和下游氨氮浓度较高。上游招苏台河口水体氨氮浓度超过Ⅴ类水质标准。中游亮子河、柴河、凡河、西小河、万泉河、长河、左小河等支流水体氨氮浓度超过Ⅴ类水质标准。下游一统河口、螃蟹沟及太平河口超过了Ⅴ类水质。螃蟹沟氨氮浓度最高，为 9.30 mg/L，是Ⅴ类水质标准的近 5 倍。

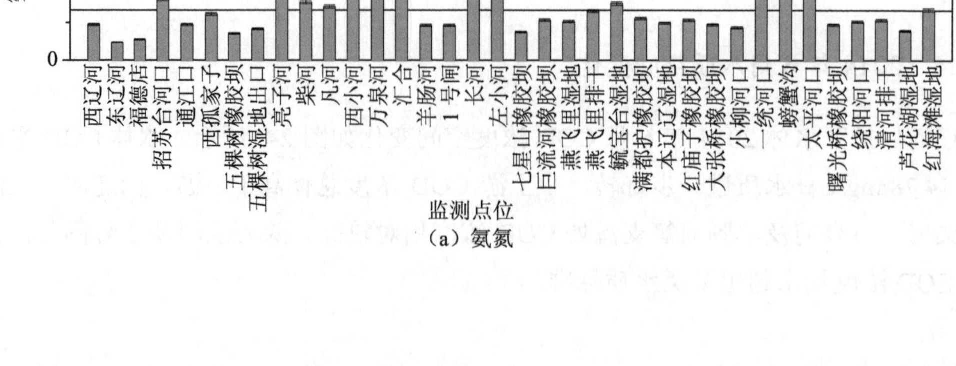

（a）氨氮

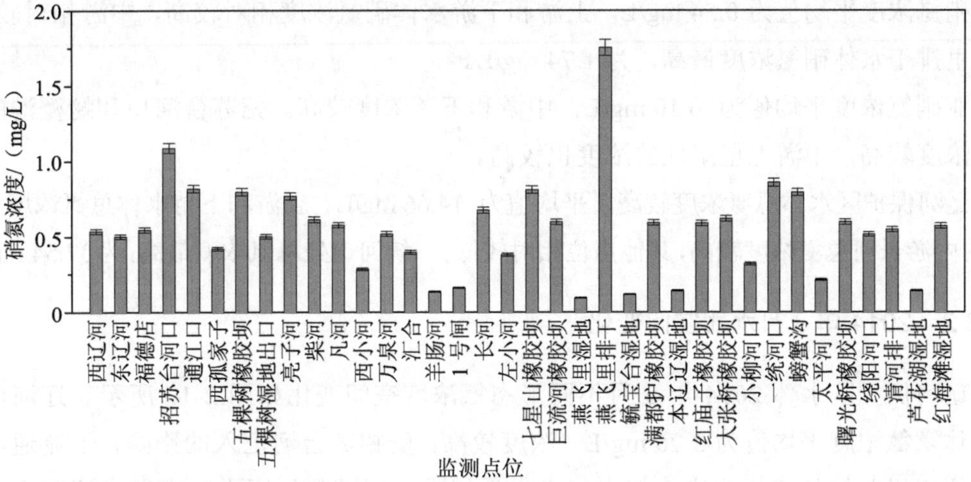

（b）硝氮

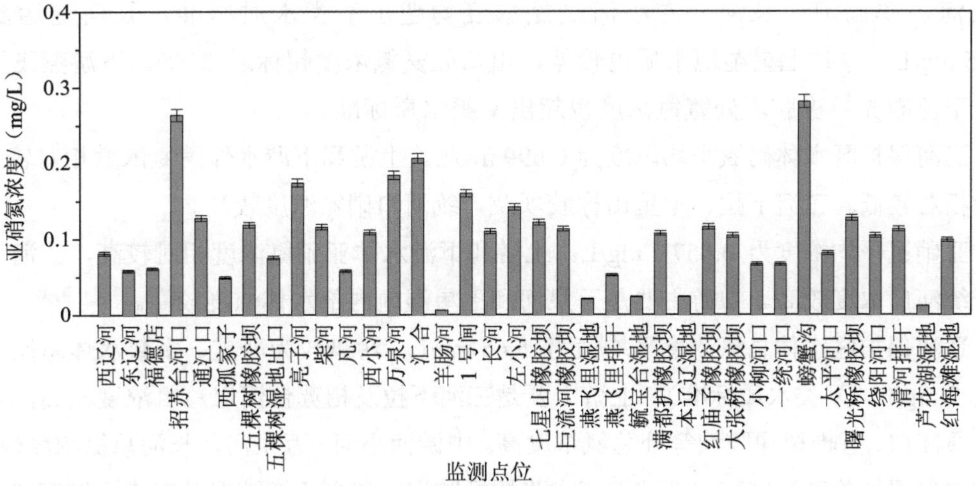

（c）亚硝氮

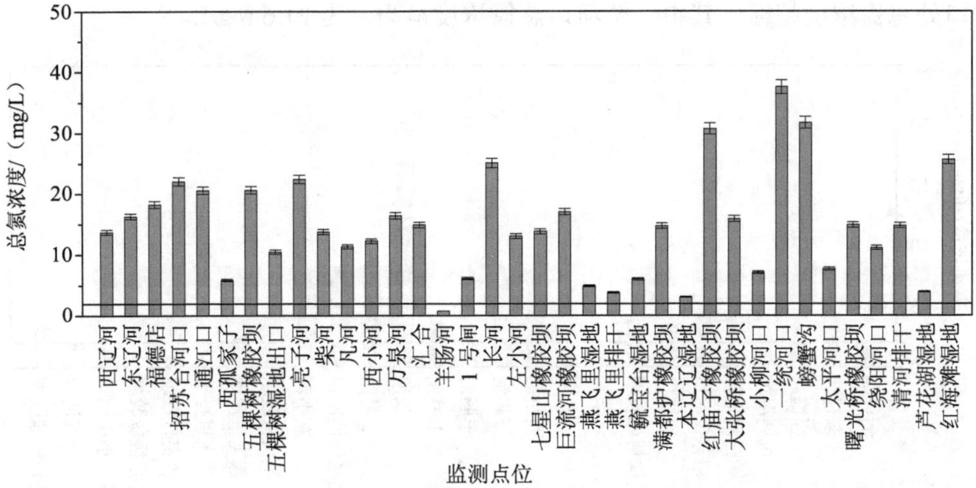

（d）总氮

图 2-9　2013 年 10 月不同形态氮浓度空间变化

硝氮浓度平均值为 0.54 mg/L，上游和下游水体硝氮浓度相对较高，中游相对较低。燕飞里排干水体硝氮浓度最高，为 1.74 mg/L。

亚硝氮浓度平均值为 0.10 mg/L，中游和下游浓度较高。招苏台河口和螃蟹沟的亚硝氮浓度较高，中游七星湿地的浓度也较高。

辽河保护区水体总氮浓度较高，平均值为 14.66 mg/L。上游和下游水体总氮浓度相对较高；中游长河总氮浓度较高，其他点位相对较低。一统河口处总氮浓度最高，为37.54 mg/L。

2.2.3.2 2014 年 3 月水质空间变化

辽河保护区水体 2014 年 3 月不同形态氮浓度空间变化如图 2-10 所示。辽河保护区水体氨氮浓度平均值为 3.76 mg/L，浓度较高。受招苏台河汇入的影响，干流通江口及五棵树橡胶坝处氨氮浓度均超出Ⅴ类水质标准。辽河保护区水体中游支流西小河、万泉河、羊肠河、长河、左小河氨氮浓度均超出Ⅴ类水质标准，长河处达到了 19.65 mg/L，导致七星湿地水质也较差，出口处氨氮浓度超标近 3 倍。下游燕飞里湿地、干流曙光桥橡胶坝处氨氮浓度也超出Ⅴ类水质标准。

辽河保护区水体硝氮平均浓度为 0.699 mg/L。上游和下游水体硝氮浓度相对较高，中游相对较低。三河下拉、七星山橡胶坝及一统河口硝氮浓度较高。

亚硝氮平均浓度为 0.057 2 mg/L。上游和下游水体亚硝氮浓度相对较高，三河下拉和一统河口浓度较高。中游主要是万泉河和七星湿地内部水体浓度较高。

辽河保护区水体总氮浓度平均值为 5.65 mg/L，污染较为严重，多数水体总氮浓度超过 2 mg/L（Ⅴ类水质标准）。上游主要是三河下拉及招苏台河口总氮浓度较高，导致干流通江口、五棵树橡胶坝等处总氮浓度高。中游西小河、万泉河及长河总氮浓度较高，导致七星湿地总氮浓度高。下游干流大张桥橡胶坝、曙光桥橡胶坝及支流小柳河口、一统河口处总氮浓度超标，其中一统河口总氮浓度最高，为 21.6 mg/L。

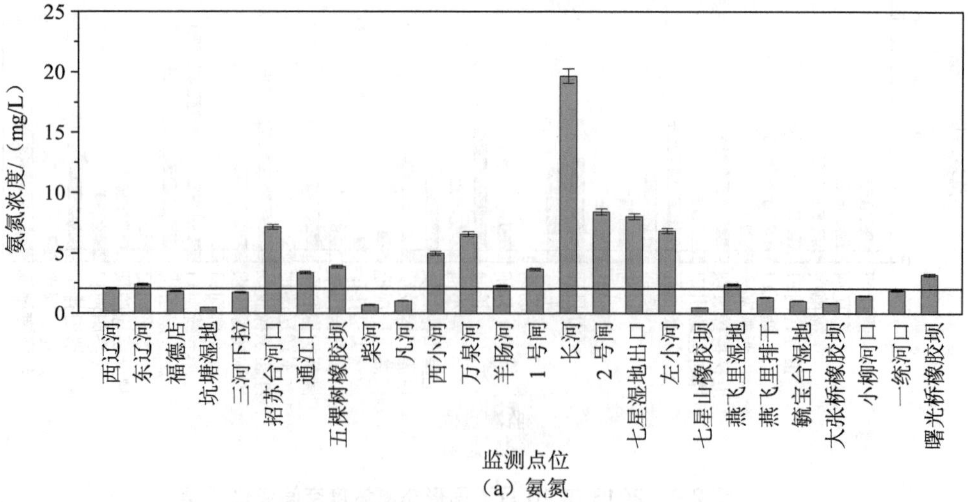

（a）氨氮

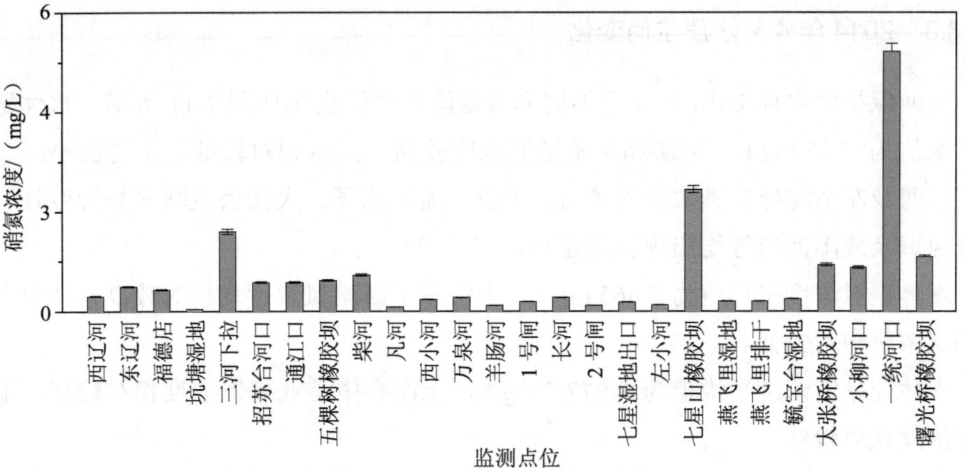

（b）硝氮

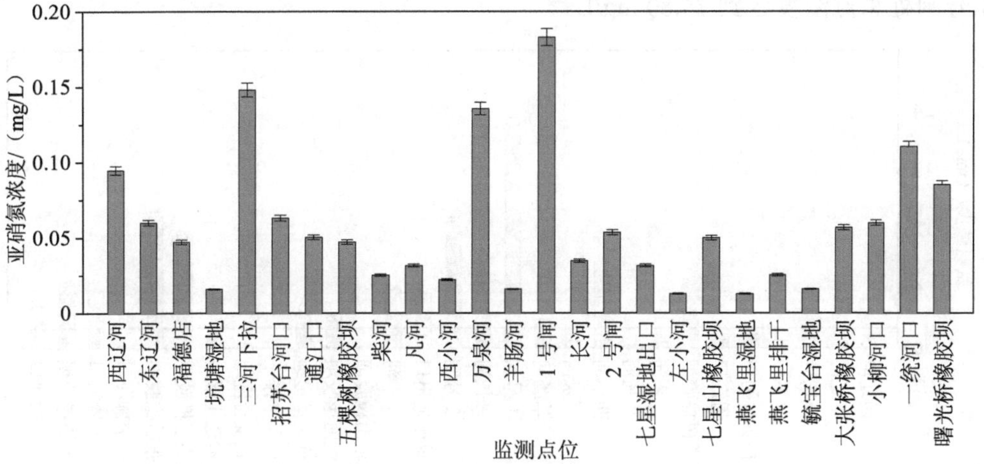

（c）亚硝氮

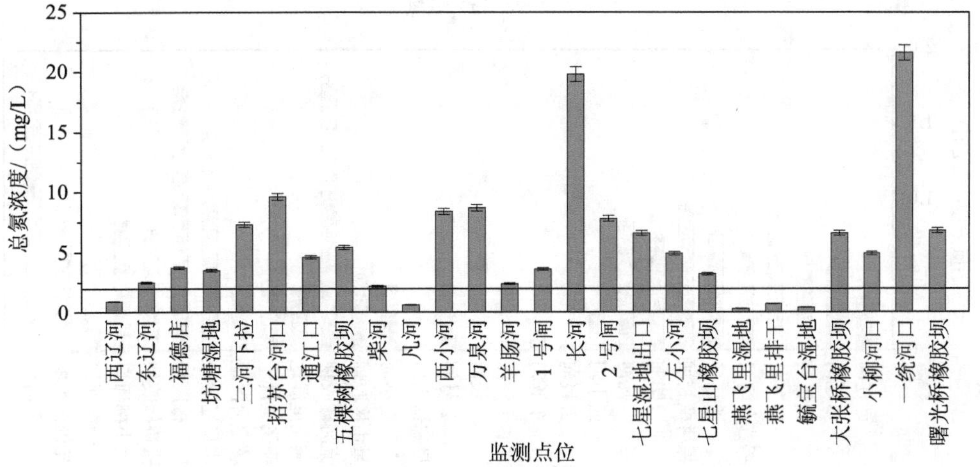

（d）总氮

图 2-10　2014 年 3 月不同形态氮浓度空间变化

2.2.3.3 2014 年 4 月水质空间变化

辽河保护区水体 2014 年 4 月不同形态氮浓度空间变化如图 2-11 所示。水体氨氮浓度平均值为 4.26 mg/L，中游和下游氨氮浓度较高，上游相对较低。中游西小河、羊肠河、长河及左小河处氨氮浓度均较高，下游干流红庙子、大张桥及曙光桥橡胶坝，支流一统河口及绕阳河口等均出现氨氮超标。

水体硝氮浓度平均值为 0.665 mg/L，上游和下游硝氮浓度均相对较高，中游七星湿地硝氮浓度相对较低。

水体亚硝氮浓度平均值为 0.077 7 mg/L，上游和中游亚硝氮浓度相对较高，下游亚硝氮浓度相对较低。

水体总氮浓度平均值为 21.83 mg/L，污染很严重。中游水体总氮浓度较高。七星湿地 1 号闸处总氮浓度达到 74.80 mg/L。

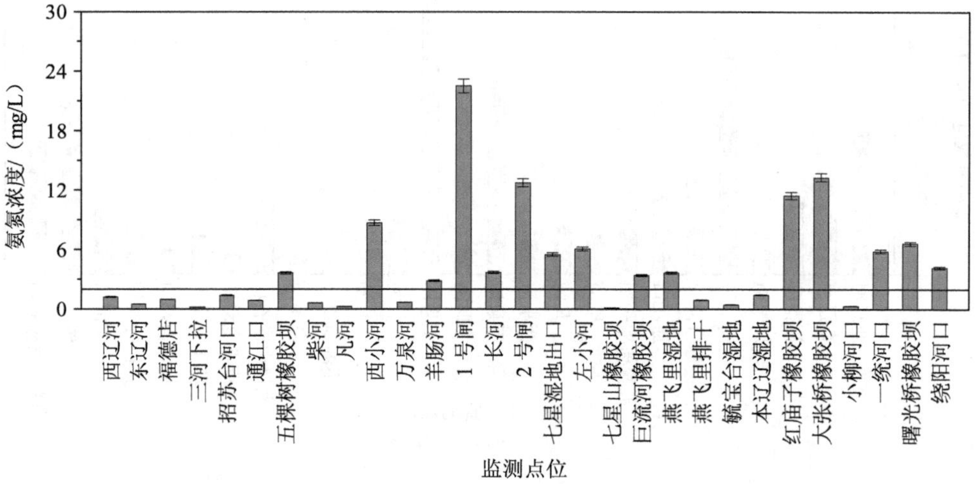

（a）氨氮

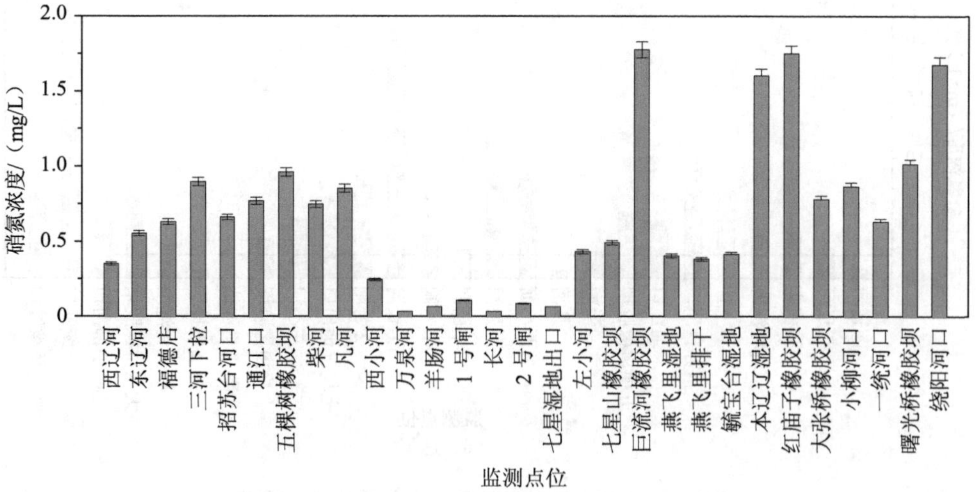

（b）硝氮

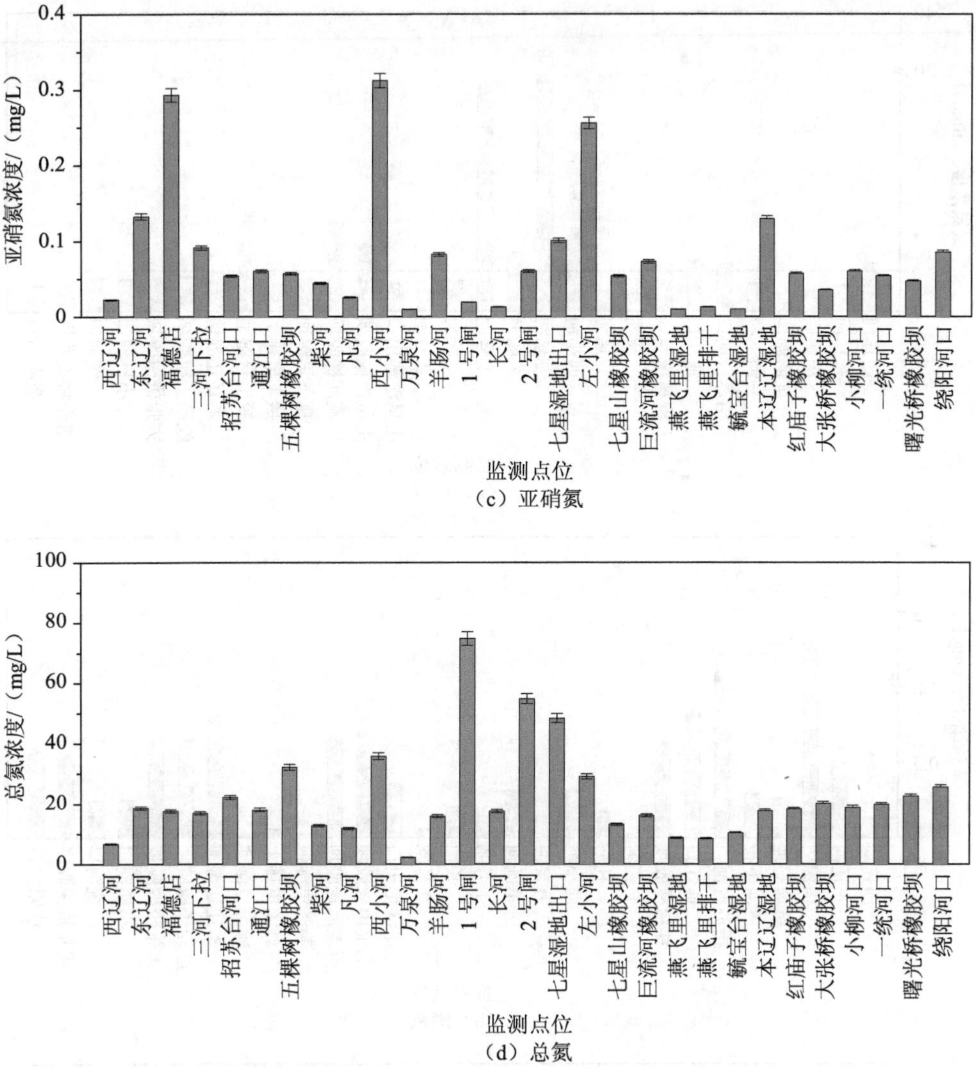

图 2-11　2014 年 4 月不同形态氮浓度空间变化

2.2.3.4　2014 年 6 月水质空间变化

辽河保护区水体 2014 年 6 月不同形态氮浓度空间变化如图 2-12 所示。氨氮平均值为 3.47 mg/L，受西小河、万泉河、羊肠河及长河影响，中游氨氮浓度总体较高。万泉河水体氨氮浓度为 33.11 mg/L，是Ⅴ类水质标准 16.6 倍，这主要与接纳污水有关。

水体硝氮浓度平均值为 0.429 mg/L，上游和下游水体硝氮浓度总体较高，中游七星湿地硝氮浓度相对较低。

水体亚硝氮浓度平均值为 0.210 7 mg/L，受招苏台河影响，干流通江口及五棵树橡胶坝处亚硝氮浓度较高。中游七星山橡胶坝及巨流河橡胶坝处亚硝氮浓度也较高。

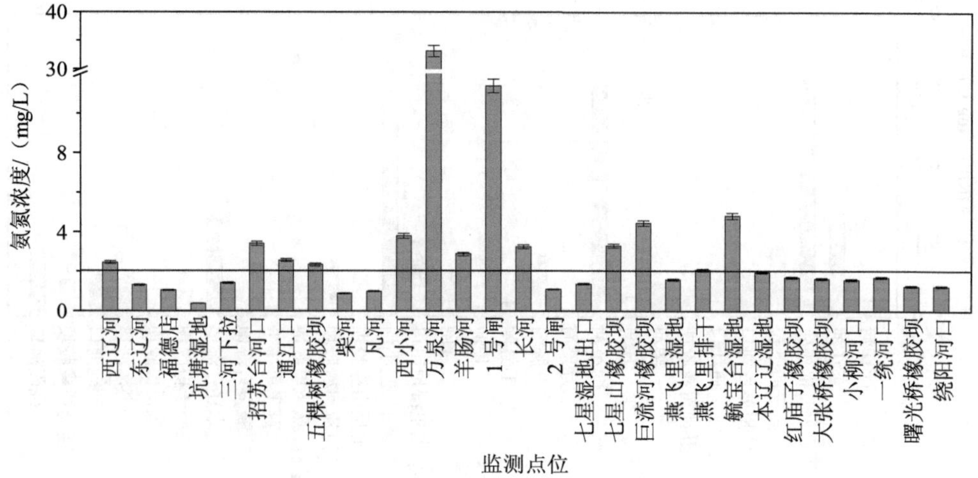
氨氮浓度/（mg/L）
40
30
8
4
0
西辽河
东辽河
福德店
坑塘湿地
三河下拉
招苏台河口
通江口
五棵树橡胶坝
柴河
凡河
西小河
万泉河
羊肠河
1号闸
长河
2号闸
七星湿地出口
七星山橡胶坝
巨流河橡胶坝
燕飞里湿地
燕飞里排干
毓宝台湿地
本辽辽湿地
红庙子橡胶坝
大张桥橡胶坝
小柳河口
一统河口
曙光桥橡胶坝
绕阳河口
监测点位

（a）氨氮

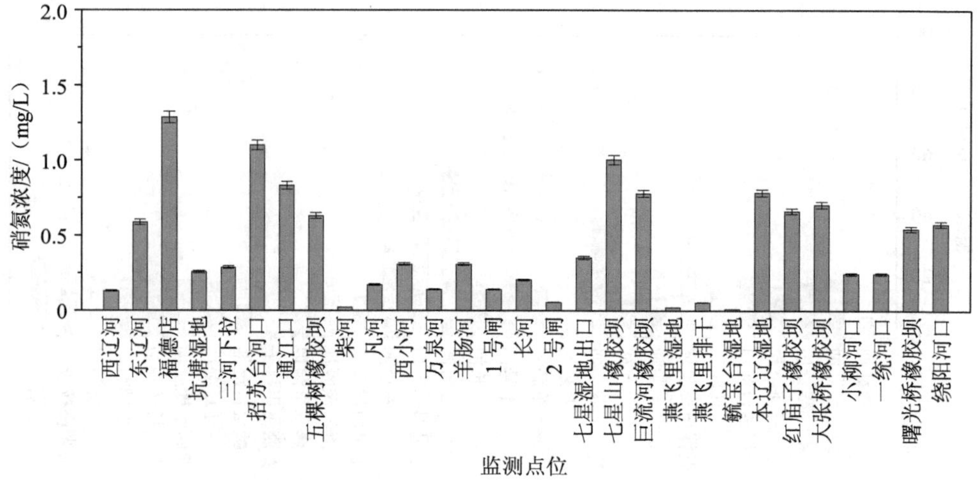
硝氮浓度/（mg/L）
2.0
1.5
1.0
0.5
0
西辽河
东辽河
福德店
坑塘湿地
三河下拉
招苏台河口
通江口
五棵树橡胶坝
柴河
凡河
西小河
万泉河
羊肠河
1号闸
长河
2号闸
七星湿地出口
七星山橡胶坝
巨流河橡胶坝
燕飞里湿地
燕飞里排干
毓宝台湿地
本辽辽湿地
红庙子橡胶坝
大张桥橡胶坝
小柳河口
一统河口
曙光桥橡胶坝
绕阳河口
监测点位

（b）硝氮

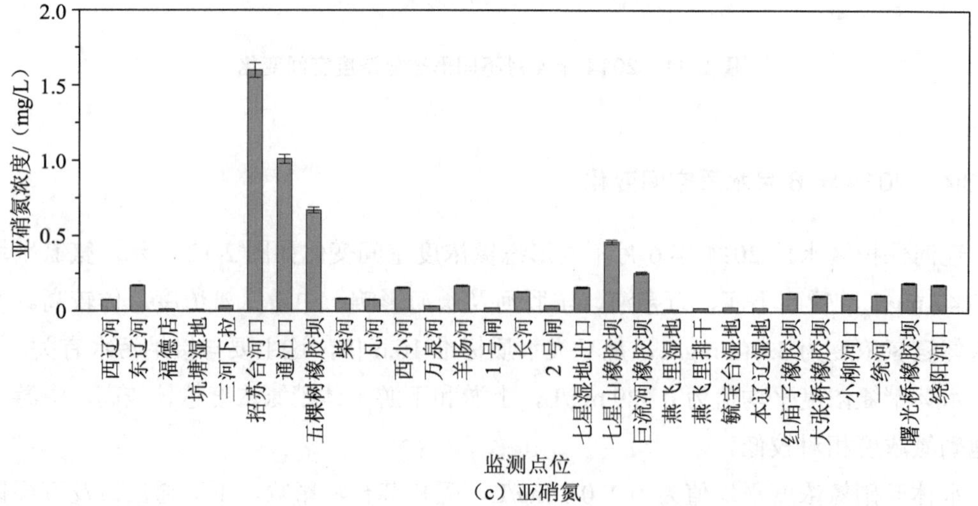
亚硝氮浓度/（mg/L）
2.0
1.5
1.0
0.5
0
西辽河
东辽河
福德店
坑塘湿地
三河下拉
招苏台河口
通江口
五棵树橡胶坝
柴河
凡河
西小河
万泉河
羊肠河
1号闸
长河
2号闸
七星湿地出口
七星山橡胶坝
巨流河橡胶坝
燕飞里湿地
燕飞里排干
毓宝台湿地
本辽辽湿地
红庙子橡胶坝
大张桥橡胶坝
小柳河口
一统河口
曙光桥橡胶坝
绕阳河口
监测点位

（c）亚硝氮

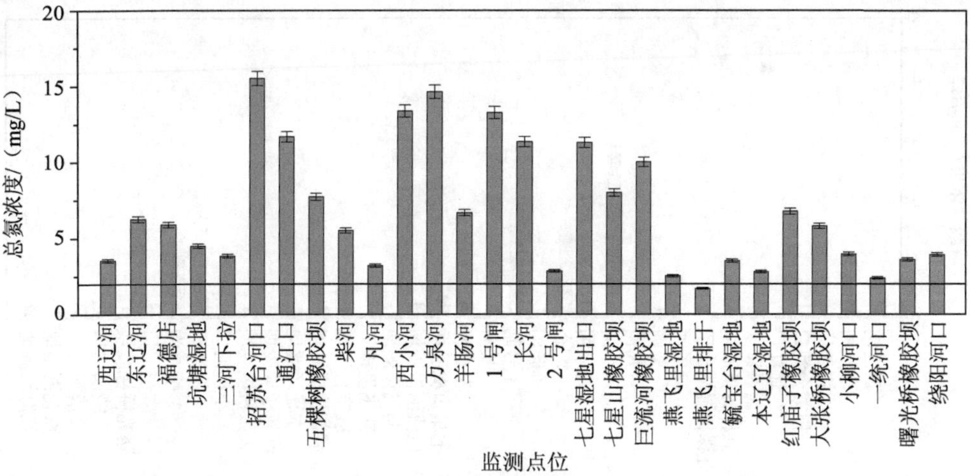

（d）总氮

图 2-12　2014 年 6 月不同形态氮浓度空间变化

水体总氮浓度平均值为 6.77 mg/L，污染严重，几乎所有点位总氮浓度均超过Ⅴ类水质标准。上游及中游污染严重，下游相对较轻。招苏台河口、西小河、万泉河及长河水体总氮浓度很高，影响周围水体。

2.2.4　不同形态磷浓度空间分异特征

2.2.4.1　2013 年 10 月水质空间变化

辽河保护区水体 2013 年 10 月不同形态磷浓度空间变化如图 2-13 所示。辽河保护区总磷浓度较高，平均值为 0.894 mg/L。绝大多数点位水体总磷超出地表水Ⅴ类水质标准。西小河受工厂排放高浓度含磷废水影响，水体总磷浓度高达 3.978 mg/L，并影响七星湿地内部监测点位。上游水体总磷浓度高于下游。

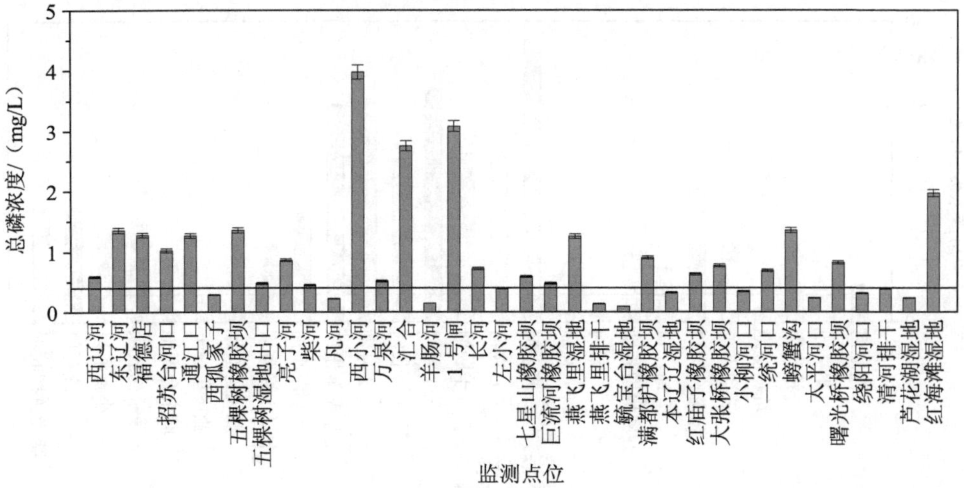

（a）总磷

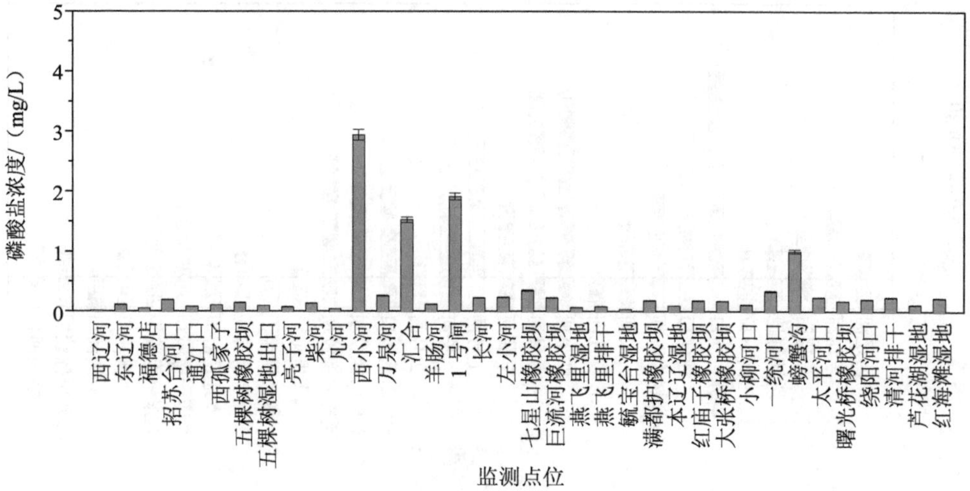

（b）磷酸盐

图 2-13　2013 年 10 月不同形态磷浓度空间变化

磷酸盐平均浓度为 0.338 4 mg/L，下游比上游略高，中游受西小河含磷废水排放影响，浓度较高。

2.2.4.2　2014 年 3 月水质空间变化

辽河保护区水体 2014 年 3 月不同形态磷浓度空间变化如图 2-14 所示。辽河保护区水体总磷浓度平均值为 5.11 mg/L，超标较为严重。上游三河下拉及招苏台河口总磷浓度超标，导致干流通江口和五棵树橡胶坝总磷浓度超标。中游西小河受含磷工业废水排放影响，水体总磷浓度高达 50.3 mg/L，万泉河、羊肠河、长河及左小河处总磷浓度超标也较严重，导致七星湿地及干流七星山橡胶坝处的总磷浓度超标。下游干流大张桥、曙光桥橡胶坝及支流小柳河口、一统河口总磷浓度均超Ⅴ类水质标准。

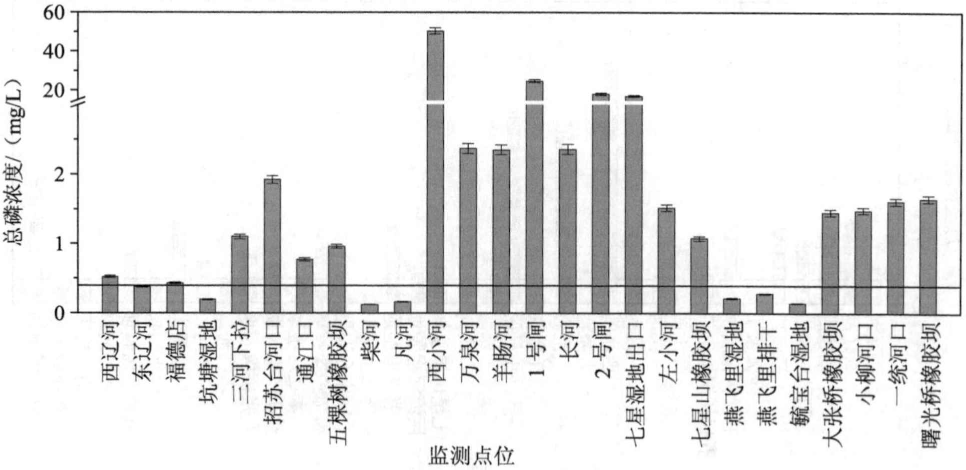

（a）总磷

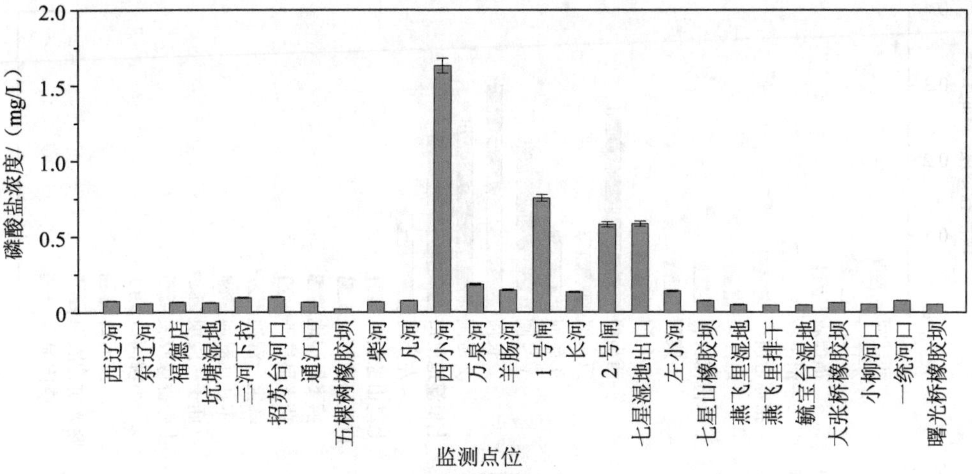

（b）磷酸盐

图 2-14　2014 年 3 月不同形态磷浓度空间变化

辽河保护区水体磷酸盐平均浓度为 0.203 4 mg/L，中游由于西小河的影响，七星湿地水体磷酸盐浓度普遍偏高，万泉河、羊肠河、长河及左小河磷酸盐浓度也较高。

2.2.4.3　2014 年 4 月水质空间变化

辽河保护区水体 2014 年 4 月不同形态磷浓度空间变化如图 2-15 所示。水体总磷浓度平均值为 0.515 mg/L，上游支流东辽河、招苏台河口及干流福德店、五棵树橡胶坝处总磷超出地表水 V 类水质标准。中游受支流西小河、万泉河、长河及左小河影响，周边区域水体总磷超标严重。下游水体总磷浓度相对较低。

水体磷酸盐浓度平均值为 0.095 8 mg/L，上游及中游水体磷酸盐浓度较高，西小河及长河处磷酸盐浓度很高，影响周边水体，下游磷酸盐浓度相对较低。

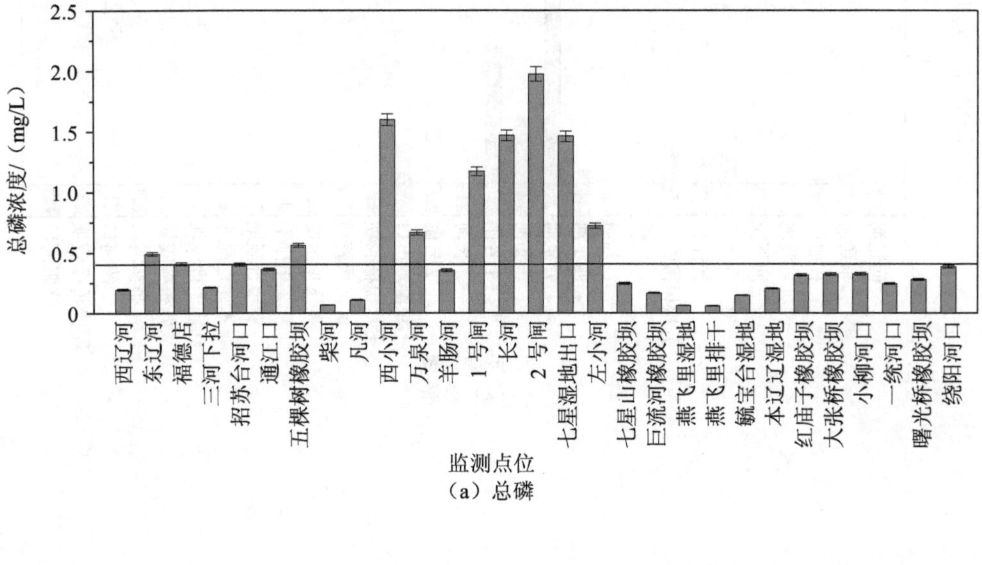

（a）总磷

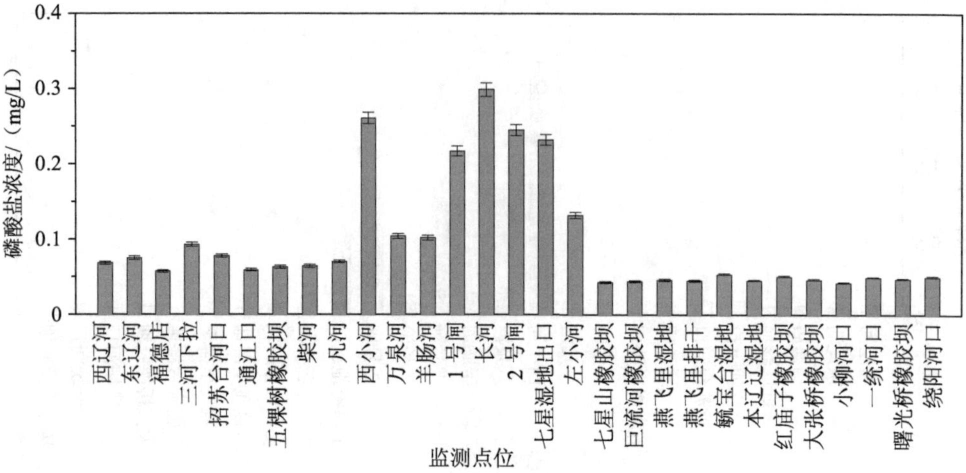

（b）磷酸盐

图 2-15　2014 年 4 月不同形态磷浓度空间变化

2.2.4.4　2014 年 6 月水质空间变化

辽河保护区水体 2014 年 6 月不同形态磷浓度空间变化如图 2-16 所示。水体总磷浓度平均值为 0.91 mg/L，上游及中游总磷浓度总体较高，下游总磷浓度相对较低。受东辽河、招苏台河、西小河、万泉河及羊肠河影响，周边区域水体总磷浓度较高。万泉河处总磷浓度高达 12.75 mg/L。下游水体总磷浓度均小于 0.4 mg/L。

水体活性磷酸盐平均浓度为 0.208 mg/L，中游七星湿地处水体受西小河、万泉河、羊肠河等支流影响，活性磷酸盐浓度较高，万泉河处高达 3.23 mg/L。

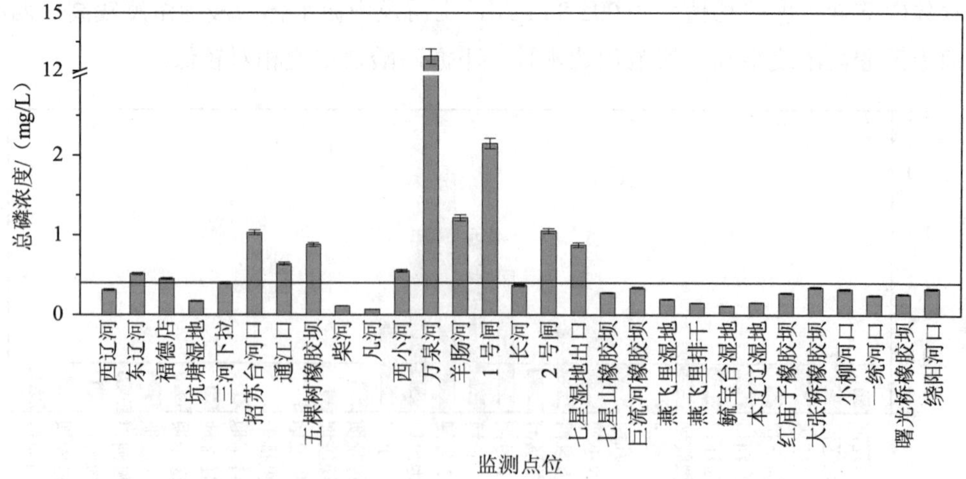

（a）总磷

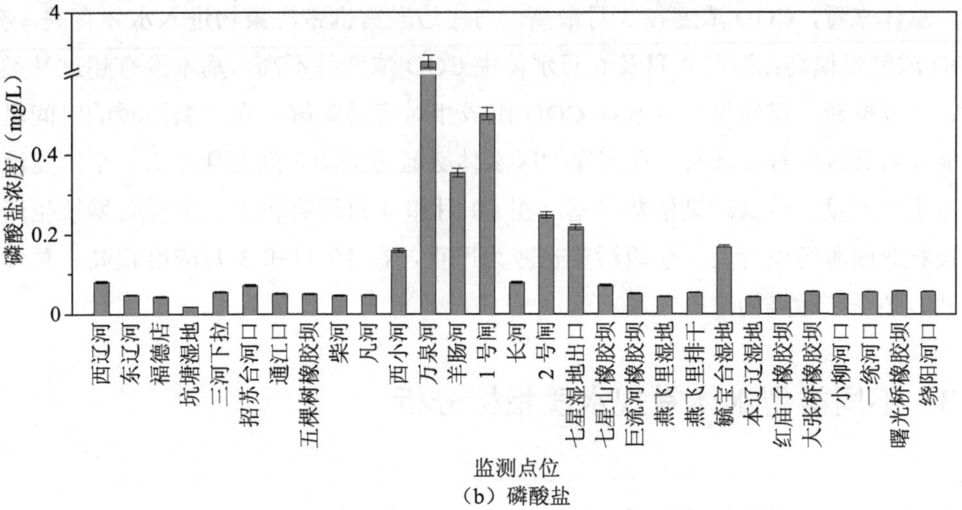

（b）磷酸盐

图 2-16　2014 年 6 月磷形态浓度空间变化

2.2.5　主要污染物随时间变化特征

辽河保护区水质随时间变化如图 2-17 所示。

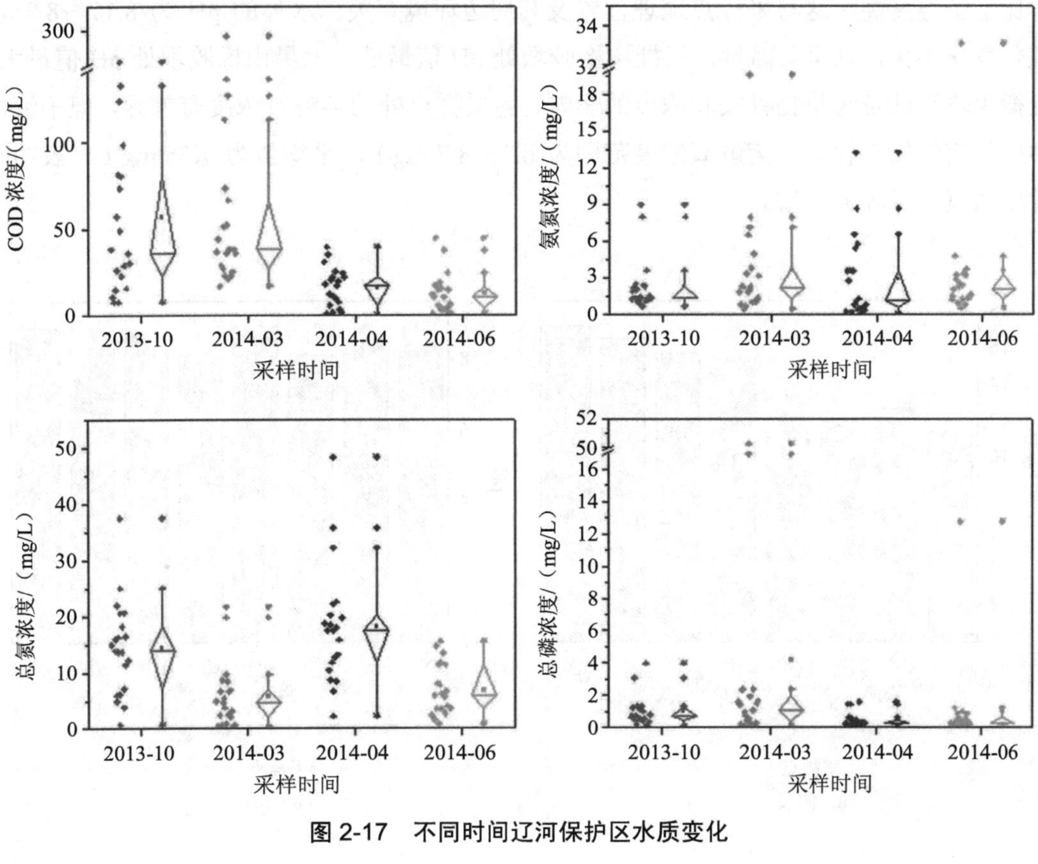

图 2-17　不同时间辽河保护区水质变化

总体来看，COD 浓度在 3 月最高，与岸边融雪携带污染物进入水体有关，在 10 月 COD 浓度也偏高；而在 4 月及 6 月水体中 COD 浓度并不高，基本没有超过Ⅴ类水质标准。可以推断，辽河保护区水体 COD 组成相对容易降解，在气温回暖的时间里，微生物能够对其进行有效降解。辽河保护区水体氨氮污染随时间变化不大，个别支流中氨氮浓度超标严重。总氮污染依然严重，在 10 月和 4 月污染较重，主要与城镇生活污水排入及农业面源污染有关。总磷污染也较为严重，在 10 月和 3 月浓度较高。总体来说，在秋、冬季节污染物浓度较高。

2.3 不同类型水体常规水质指标分析

2.3.1 辽河干流水质分析

2.3.1.1 水体理化指标分析

辽河干流基本理化指标如图 2-18 所示。

由图 2-18 可知，干流采样点温度为 11.4～17.2℃，平均温度为 14.3℃，下游温度整体比上游温度高，这与采样点地理位置及其周边环境有关。水体的 pH 为 8.17～8.98，整体变化不大，且呈弱碱性。五棵树橡胶坝处 pH 值最低，七星山橡胶坝处 pH 值最大。受微生物活动及污染物种类和浓度的影响，各采样点处的溶解氧浓度有差异，但干流水体中的溶解氧都较高，溶解氧浓度范围为 6.7～8.7 mg/L，平均值为 7.55 mg/L，表明水体中的氧含量较为丰富。

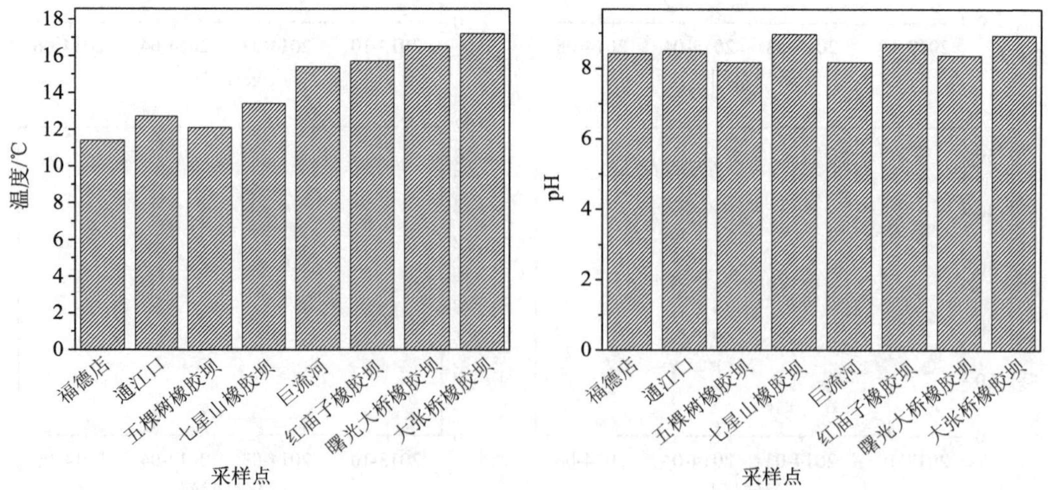

（a）温度　　（b）pH

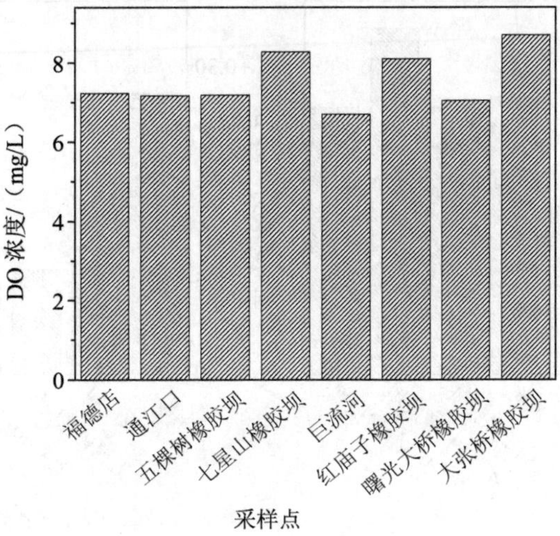

（c）DO

图 2-18　辽河干流基本理化指标

2.3.1.2　污染物浓度分析

辽河干流常规指标如图 2-19 所示。干流水体中 COD 浓度的平均值为 16.86 mg/L，整体 COD 浓度较低。按照《地表水环境质量标准》（GB 3838—2002）的要求，有 5 个采样点优于Ⅲ类水质，其余 3 个采样点 COD 浓度未超过Ⅳ类水质标准，按照辽河干流水质治理标准的目标，已经全部达标。表明在相关部门的不懈努力下，辽河干流水质污染已得到有效的控制和治理。

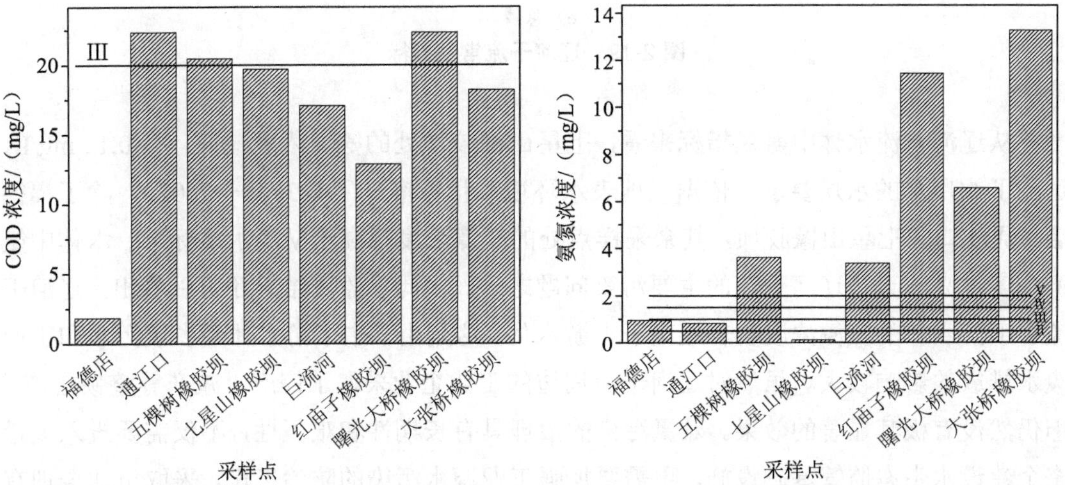

（a）COD　　（b）氨氮

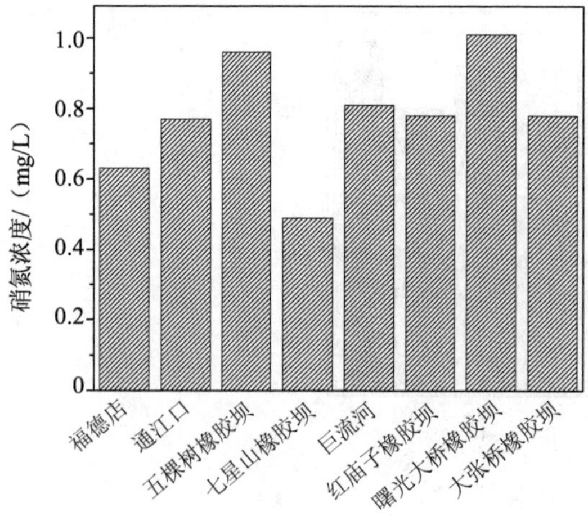

（c）硝氮

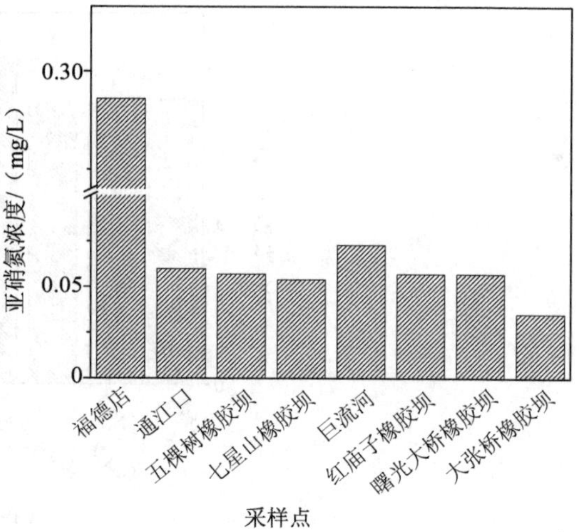

（d）亚硝氮

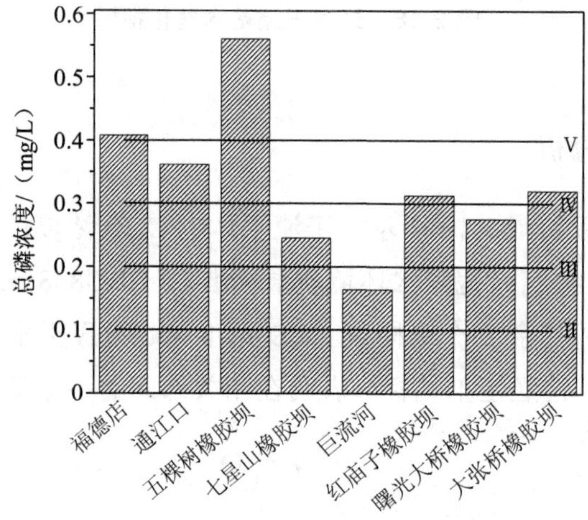

（e）总磷

图 2-19　辽河干流常规指标

从辽河干流水体中氨氮指标来看，七星山橡胶坝处的氨氮浓度最低，为 0.12 mg/L，达到了饮用水的水质要求。依据《地表水环境质量标准》（GB 3838—2002），除了福德店、通江口和七星山橡胶坝，其余采样点处的氨氮浓度都高于Ⅴ类水质标准。水体中氨氮浓度过高一直是辽河干流的主要污染问题之一。由此次监测结果还可以看出，辽河干流中下游水体的氨氮浓度要普遍高于上游水体，这是由于中下游水体受乡镇污水和工业废水排放的影响较大。虽然对辽河干流周边的工业企业采取了停产、减产等整顿措施，但仍然没有极其显著的效果。氨氮污染的治理具有长期性和艰巨性，不仅需要投入大量资金建设水生态监管基础设施，更需要加强工业源水污染的防治工作，采取更加合理有效的治理措施降低辽河干流中氨氮的浓度。

辽河干流水体中硝氮的平均浓度为 0.78 mg/L，整体浓度较低。只有曙光大桥橡胶坝处的硝氮浓度超过了 1.00 mg/L，七星山橡胶坝处的硝氮浓度最低，为 0.49 mg/L。结合上述氨氮浓度较高，也可从另一方面推测水体中硝化细菌的量较少，导致硝化反应过程缓慢，使氨氮不能及时转化成硝氮。

辽河干流水体中亚硝氮的浓度除了福德店处为 0.293 mg/L，其他采样点浓度相差不大，且都较低，平均值为 0.08 mg/L。

辽河干流中各采样点处的总磷浓度相差较大，主要为Ⅲ类水质到劣Ⅴ类水质，其平均值为 0.33 mg/L。其中巨流河总磷浓度最低，为 0.164 mg/L，达到了Ⅲ类水质标准，但五棵树橡胶坝和福德店的总磷浓度分别为 0.57 mg/L 和 0.41 mg/L，均超过了Ⅴ类水质标准。总体来看，经过一系列的治理措施，辽河干流总磷浓度有下降的趋势。但上游水体由于农业面源的污染，总磷浓度仍然较高，下一步的治理应该主要考虑对农业、农村生活垃圾和畜禽养殖污染的治理，加强乡村生活污水处理设施的建设。

2.3.2　辽河支流水质分析

2.3.2.1　水体理化指标分析

现场监测辽河支流水体理化指标如图 2-20 所示。4 月的水温已有明显上升，各采样点温度为 10.9～19.2℃，平均温度达到了 15.65℃，下游水体温度要高于上游水体温度，这与采样点地理位置及其周边环境有关。水体的 pH 为 7.82～9.16，整体变化不大，整个支流呈现出弱碱性。绕阳河处 pH 最低，左小河处 pH 最大。受污染物种类和浓度及各类微生物活动的影响，各采样点处的溶解氧浓度相差较大，但整体溶解氧浓度较高，为 5.6～13.2 mg/L，平均值为 8.76 mg/L，绕阳河的溶解氧浓度最低，为 5.6 mg/L，表明支流水体中的含氧量还是较为丰富的。

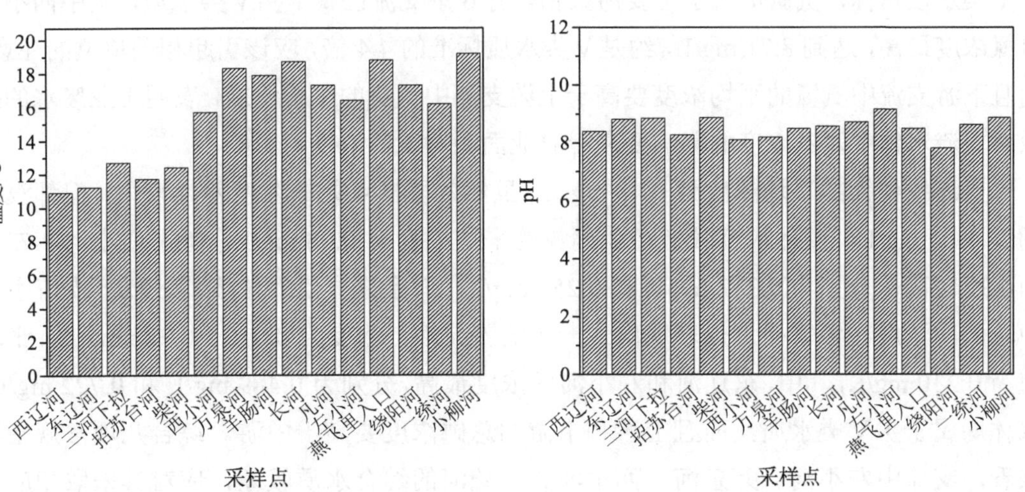

（a）温度　（b）pH

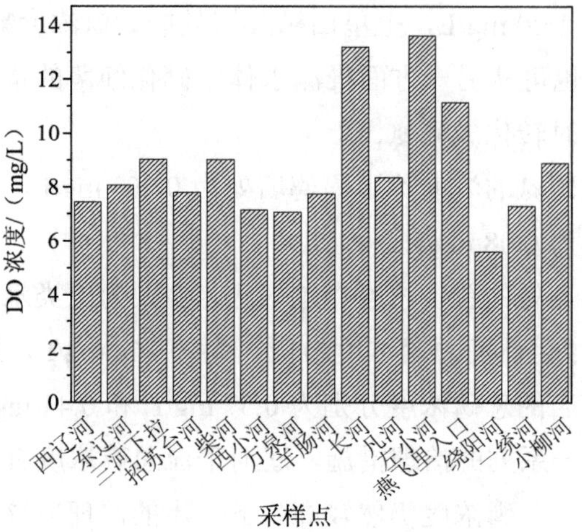

（c）DO

图 2-20 辽河支流 4 月水体理化指标

2.3.2.2 污染物浓度分析

辽河支流常规指标如图 2-21 所示。COD 的浓度平均值为 16.26 mg/L，整体 COD 浓度较低。按照《地表水环境质量标准》（GB 3838—2002）的要求，有 9 个采样点优于Ⅲ类水质，4 个采样点 COD 浓度符合Ⅳ类水质标准，万泉河和一统河的 COD 浓度符合Ⅴ类水质标准。按照辽河水质 COD 治理目标，已全部达标。表明在相关部门的不懈努力下，辽河支流 COD 污染已被有效控制。铁岭市的生活污水及其高新工业园区污水处理厂的污水进入万泉河导致该支流污染一直较为严重。

辽河支流氨氮浓度为 0.18～8.71 mg/L，变化范围较大，平均值为 2.47 mg/L，超过了Ⅴ类水质指标，氨氮仍属于主要污染物。有 6 条支流已属于劣Ⅴ类水质，其中西小河氨氮浓度最高，达到 8.71 mg/L，约是Ⅴ类水质标准的 4.4 倍，应该引起相关单位的注意。而且下游支流中氨氮的平均浓度要高于上游支流中氨氮的平均浓度，表明工业废水的排放对支流水体中氨氮浓度的影响要高于农业面源对氨氮浓度的影响。

支流中硝氮的平均浓度为 0.48 mg/L，虽然各采样点处的浓度差异较大，但都没有超过 1.00 mg/L，整体浓度较低。亚硝氮的平均浓度为 0.08 mg/L，除了西小河和左小河浓度较高，分别为 0.312 mg/L 和 0.255 mg/L，其余采样点的浓度均较低。支流水体中总磷的浓度在各采样点也表现出了一定的差异性，浓度为 0.010～0.722 mg/L，平均值为 0.230 mg/L，其中，东辽河和左小河的浓度最高，分别为 0.489 mg/L 和 0.722 mg/L，水体均属于劣Ⅴ类水质，而且上游和下游的总磷浓度要高于中游。综合几项常规指标来看，支流中左小河、万泉河、西小河、一统河的综合水质较差，应对其采取相应的治理措施。

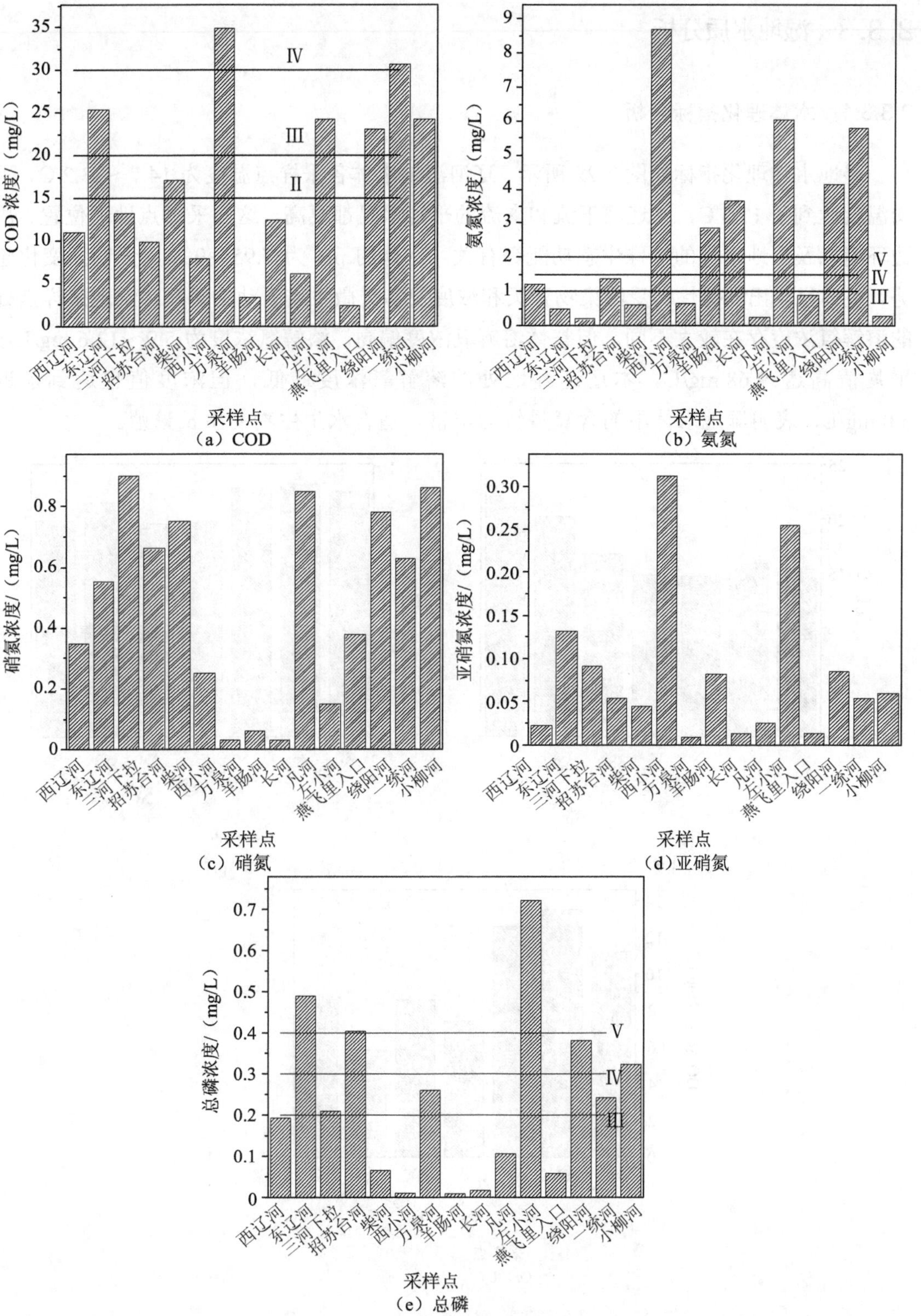

（a）COD

（b）氨氮

（c）硝氮

（d）亚硝氮

（e）总磷

图2-21 辽河支流常规指标

2.3.3 湿地水质分析

2.3.3.1 水体理化指标分析

湿地水体理化指标如图 2-22 所示，辽河湿地水体各采样点温度为 14.7～23.2℃，平均温度达到了 17.3℃，比辽河干流和支流的平均水温都要高，这与采样点地理位置、周边环境以及湿地水体的特殊生态功能等有关。水体的 pH 为 7.95～9.21，无明显变化趋势，整体呈现出弱碱性。受污染物种类和浓度及各类微生物活动的影响，湿地采样点处的溶解氧浓度存在较大不同，但整体溶解氧浓度偏高，溶解氧浓度为 5.9～12.6 mg/L，平均值高达 9.68 mg/L。本辽辽湿地处的溶解氧浓度最低，但浓度值也达到了近 6.0 mg/L，表明湿地水体中的含氧量较为丰富，适合水生生物的生长繁殖。

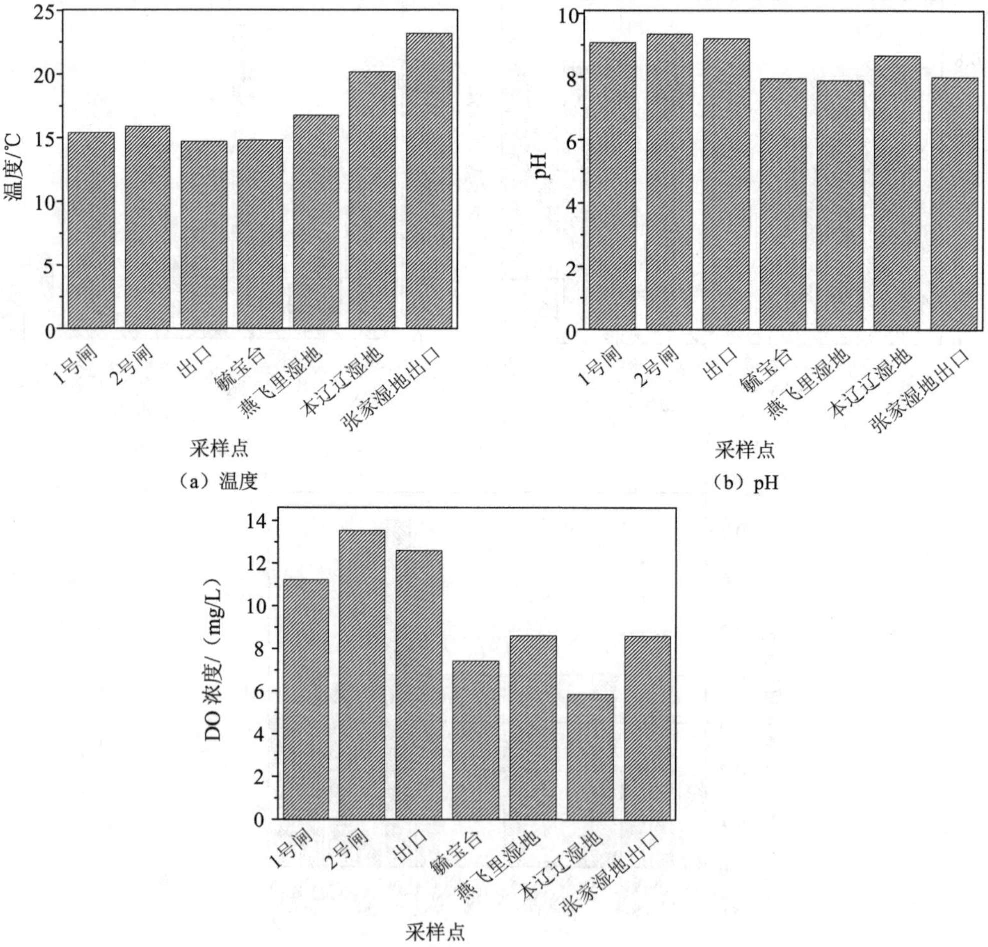

（a）温度

（b）pH

（c）DO

图 2-22 湿地水体理化指标

2.3.3.2　污染物浓度分析

从图 2-23 中可以看到各湿地采样点处的常规指标情况。COD 的浓度平均值为 20.35 mg/L，各点处 COD 浓度相差较大。根据《地表水环境质量标准》（GB 3838—2002），2 号闸处的 COD 浓度值已达到劣Ⅴ类水质标准，出口处的 COD 浓度值也已到了Ⅴ类水质规定的上限，说明在湿地内部有污水排入，导致 COD 浓度大幅升高。毓宝台和燕飞里湿地的 COD 浓度较低。本辽辽湿地超过Ⅲ类水质标准，另外 2 个采样点的 COD 浓度在Ⅲ类水质标准以下。

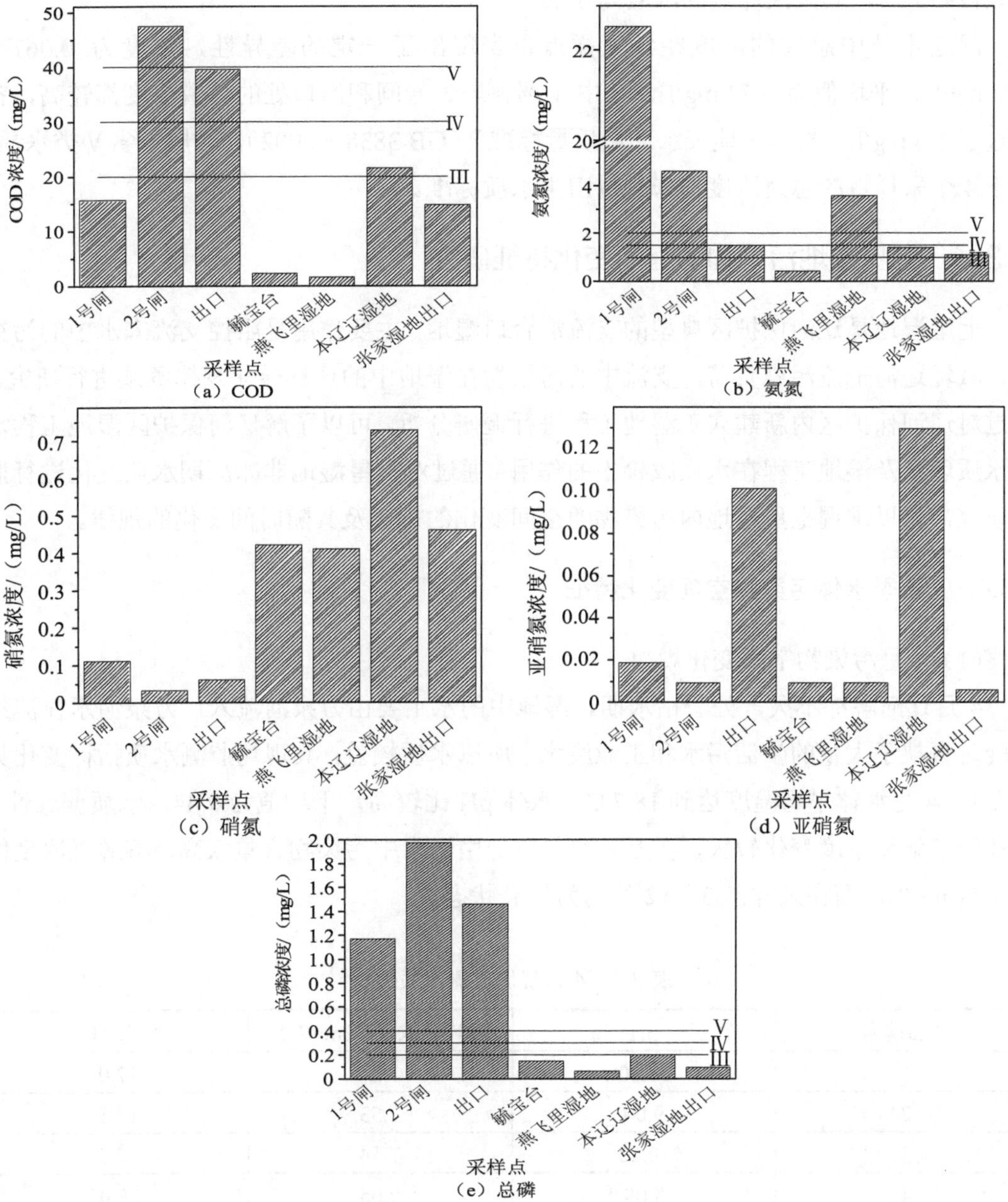

图 2-23　湿地水体常规指标

湿地水体中氨氮浓度为 0.41～22.52 mg/L，范围较大，1 号闸处的氨氮浓度极高，超过Ⅴ类水质指标的 10 倍，导致湿地氨氮浓度的平均浓度达到了 5.03 mg/L，约为Ⅴ类水质指标的 2.5 倍，即使去除 1 号闸，其余 4 个采样点的平均值也达到了 2.11 mg/L，表明湿地水体中氨氮浓度较高，属于主要污染物。

湿地水体中硝氮的平均浓度为 0.32 mg/L，虽然各采样点的浓度差异较大，但都没有超过 1.00 mg/L，整体含量较低。七星湿地中的 2 号闸和出口处的硝氮浓度更低。亚硝氮的平均浓度为 0.04 mg/L，除了出口处和本辽辽湿地处浓度较高，分别为 0.101 mg/L 和 0.129 mg/L，其余采样点的浓度均较低。

湿地水体中总磷的浓度在各采样点也表现出了一定的差异性，浓度为 0.061～1.98 mg/L，平均值为 0.73 mg/L，其中 1 号闸、2 号闸和出口处的总磷浓度都较高，都超过了 1.0 mg/L，根据《地表水环境质量标准》(GB 3838—2002)，均属于劣Ⅴ类水质。剩下 4 个采样点的总磷浓度均未超过Ⅲ类水质标准。

2.3.4 七星湿地污染物随空间变化特征研究

七星湿地是辽河保护区典型的支流汇合口湿地，主要作用是阻控支流来水中的污染物，减轻辽河干流污染负荷。支流中的污染物在湿地中的迁移转化规律亟须进行研究。通过对辽河保护区内新建人工湿地工程进行调研分析，可以了解辽河保护区湿地工程水体水质现状及湿地工程在水质改善中的作用；通过对七星湿地非冰冻期水质变化进行监测研究，可以掌握七星湿地内污染物随空间变化的规律及其随时间变化的规律。

2.3.4.1 春季水体污染物空间变化特征

(1) 4 月污染物空间变化规律

4 月辽河解冻不久，处于枯水期。湿地中的水主要由万泉河流入，万泉河水在流经铁岭时裹挟了大量的生活污水和工业废水，所以水质较差，其现场监测水质指标变化见表 2-1。4 月水体平均温度达到 18.7℃。水体 pH 比较高，平均值为 9.44，水质偏碱性。水体的溶解氧浓度变化较大，在万泉河入口处由于水中污染物含量太高，溶解氧浓度低至 1.31 mg/L，而在采样点 3～12 处均为好氧状态。

表 2-1 4 月现场监测水质数据

样品编号	pH	溶解氧浓度/（mg/L）	温度/℃
1	11.80	1.31	17.0
2	9.00	2.53	17.5
3	10.43	7.54	17.8
4	9.09	9.05	20.4
5	9.53	8.46	18.9

样品编号	pH	溶解氧浓度/（mg/L）	温度/℃
6	9.39	13.34	17.8
7	9.32	14.20	18.4
8	8.81	7.04	18.7
9	9.32	9.55	18.4
10	9.34	13.31	20.7
11	8.79	8.81	20.1
12	8.41	7.14	18.6

4 月采样点位水质常规指标空间变化如图 2-24 所示。COD 浓度在湿地水体中变化较大。在万泉河入口处的 1～3 号采样点 COD 浓度较高，达到了 250.0 mg/L 以上，严重超标。在湿地内一些坑塘中 COD 浓度相对较低，如 4 号、5 号采样点 COD 浓度都在 30.0 mg/L 以下。采样点 6 号、7 号为万泉河与西小河汇合后的水体，万泉河水体经过湿地净化，加之西小河水量较大，对万泉河河水有稀释作用，所以此处水体 COD 浓度较采样点 1～3 号已经有大幅度的降低。采样点 8 号为羊肠河进入湿地处，COD 浓度较低，随着与湿地内水体的混合，COD 浓度在采样点 9 号、10 号逐渐升高。在湿地出口处的 COD 浓度约为 90.0 mg/L，相比较万泉河入口水质，已经有较好的净化。

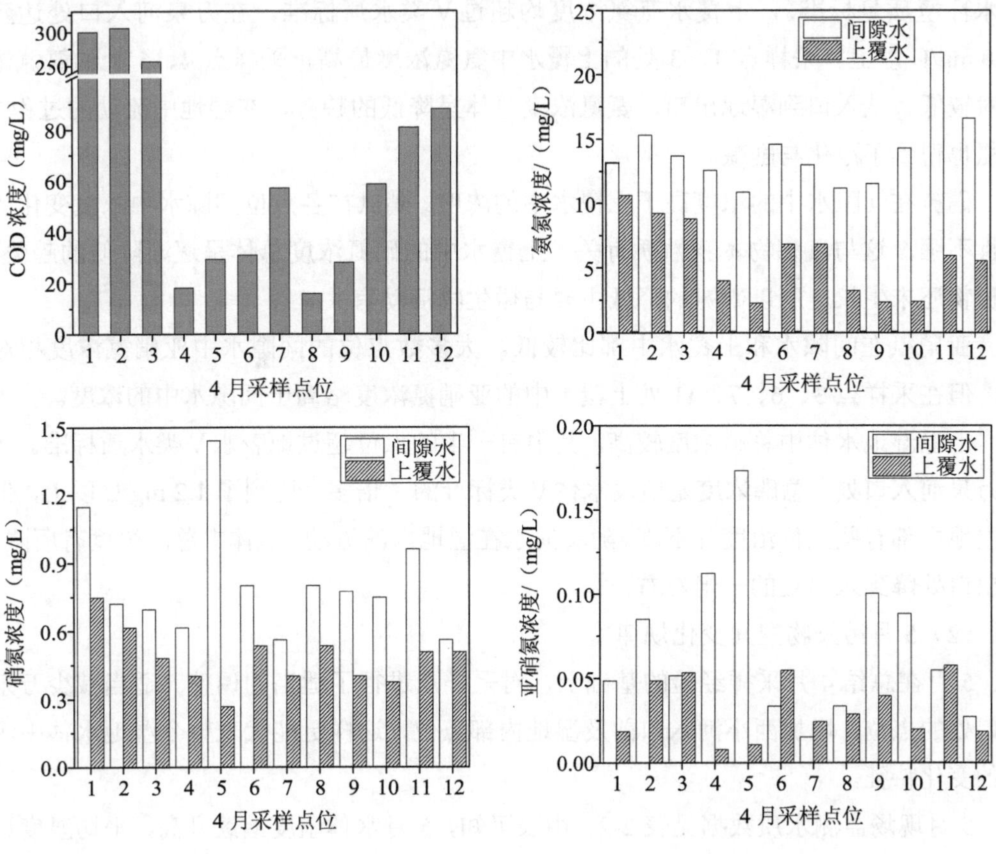

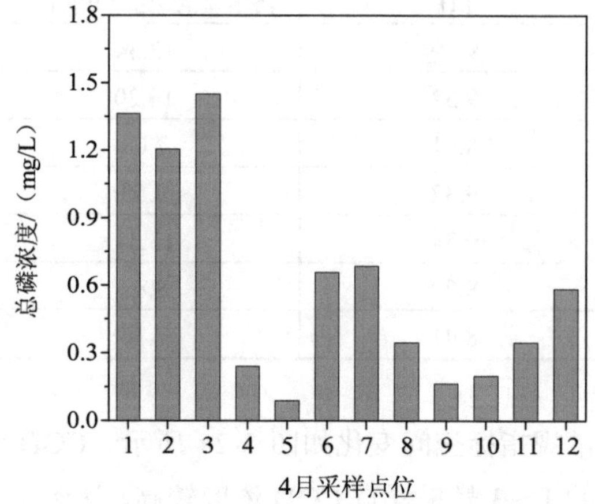

图 2-24 4 月采样点位水质常规指标空间变化

对各采样点的上覆水和间隙水中氨氮浓度进行测试分析，结果表明，4 月间隙水中的氨氮浓度要大于上覆水中的氨氮浓度，部分点位间隙水的氨氮浓度是上覆水氨氮浓度的 3 倍以上。上覆水水体基本处于好氧状态，有利于硝化作用的进行；而沉积物中往往处于厌氧状态，硝化作用难以进行，导致过量的氨氮无法通过微生物作用去除。根据《地表水环境质量标准》，上覆水氨氮浓度均超过Ⅴ类水质标准，在万泉河入口处达到了 10.0 mg/L 以上。采样点 1～3 处的上覆水中氨氮浓度最高，采样点 4、5 处的氨氮浓度相对较低。从入口到湿地出口，氨氮浓度总体呈降低的趋势，在湿地中流动的过程中，氨氮也得到了净化与削减。

硝氮在间隙水中的浓度高于上覆水中的浓度。硝氮在各点位间隙水中浓度变化的规律性不强，这与沉积物本身性质有关。上覆水中的硝氮浓度总体呈逐渐降低的趋势，4 月植物还未生长，所以硝氮的降低主要与微生物活动有关。

亚硝氮在间隙水和上覆水中都比较低。大多数点位的间隙水中亚硝氮浓度相对较高，但在采样点 3、6、7、11 处上覆水中的亚硝氮浓度略高于间隙水中的浓度。

七星湿地水体中总磷浓度较高，其中有一半的点位超过地表水Ⅴ类水质标准。尤其在万泉河入口处，总磷浓度是地表水体Ⅴ类标准的 3 倍多，达到了 1.2 mg/L 以上，但是在湿地内部有些点位浓度并不高。随着河水在湿地内的流动，水体中总磷浓度有所降低，在出口处降到入口处的一半左右。

（2）5 月污染物空间变化规律

5 月在总结 4 月采样经验的基础上，对采样点进行了适当的调整。适当减少万泉河入口处的点位，增加西小河入口前及湿地内部点位，这样更能代表整个湿地水体中污染物的变化特征。

5 月现场监测水质数据见表 2-2。由表可知，5 月水体温度继续升高，平均温度达到了 25.1℃。水体 pH 平均值为 8.14，呈弱碱性，与水体中污染物有关。氧化还原电位（oxidation-reduction potential，ORP）均为负值，表明水体呈还原状态，平均值为–67.0 mV。电导率为 410～636 μS/cm，平均值为 484 μS/cm。水体溶解氧在万泉河入口处最低，主要是水体中污染物浓度太高、氧消耗较多导致，湿地水体平均溶解氧浓度为 7.69 mg/L。

表 2-2　5 月现场监测水质数据

样品编号	温度/℃	pH	ORP/mV	电导率/（μS/cm）	溶解氧/（mg/L）
1	24.3	7.93	–78.4	461	5.43
2	24.9	8.02	–82.1	528	6.92
3	25.2	8.73	–96.2	636	11.07
4	24.5	7.92	–49.8	437	8.97
5	25.5	7.78	–41.8	435	6.08
6	26.8	8.57	–87.3	596	7.17
7	25.3	8.45	–80.5	505	8.76
8	27.7	8.31	–73.1	465	7.52
9	25.2	8.25	–68.1	452	6.45
10	25.7	7.97	–53.1	447	5.88
11	23.1	7.52	–27.0	430	8.09
12	22.8	8.25	–66.6	410	9.94

5 月是辽河春汛的时候，水量有所增大，水质指标空间变化如图 2-25 所示。水体 COD 浓度有所降低，所有点位的 COD 浓度都低于Ⅳ类水质标准。万泉河入口处 COD 浓度依然较高，在湿地内部点位 COD 浓度也偏高，但是在湿地出口处，COD 浓度逐渐降低。西小河水质较好，COD 浓度较低。

氨氮浓度在湿地水体中呈逐渐下降趋势，在万泉河入口处间隙水和上覆水中氨氮浓度都在 8.0 mg/L 以上，在湿地中心部分水中氨氮浓度在 2.0 mg/L 以下。河流水体经过湿地逐步净化以后在出口处降到 3.0 mg/L 左右。在万泉河和羊肠河入口处河水水质完全处于劣Ⅴ类，尤其是在万泉河入口处氨氮浓度接近 10.0 mg/L，西小河入口处水质达到Ⅳ类水质标准。

湿地间隙水中硝氮浓度高于上覆水中的浓度。在采样点 3、8、11 处间隙水中硝氮浓度是上覆水中的约 5 倍，这与采样点处底质性质相关。在采样点 4、5、10、12 处上覆水中硝氮浓度略高于间隙水中的浓度。

湿地水体中亚硝氮的浓度随着水流在湿地中的流动呈逐渐上升趋势，在湿地出口处达到最高，这主要是在湿地中经过硝化作用把水体中的氨氮转化成亚硝氮。在采样点 11 处，上覆水和间隙水中的亚硝氮浓度均较高，间隙水中的亚硝氮浓度为上覆水中的 2 倍以上。在万泉河入口处和湿地出口处在间隙水中的亚硝氮浓度要比上覆水中的高，而在湿地中部和羊肠河及西小河入口处在上覆水中的亚硝氮浓度高于间隙水。

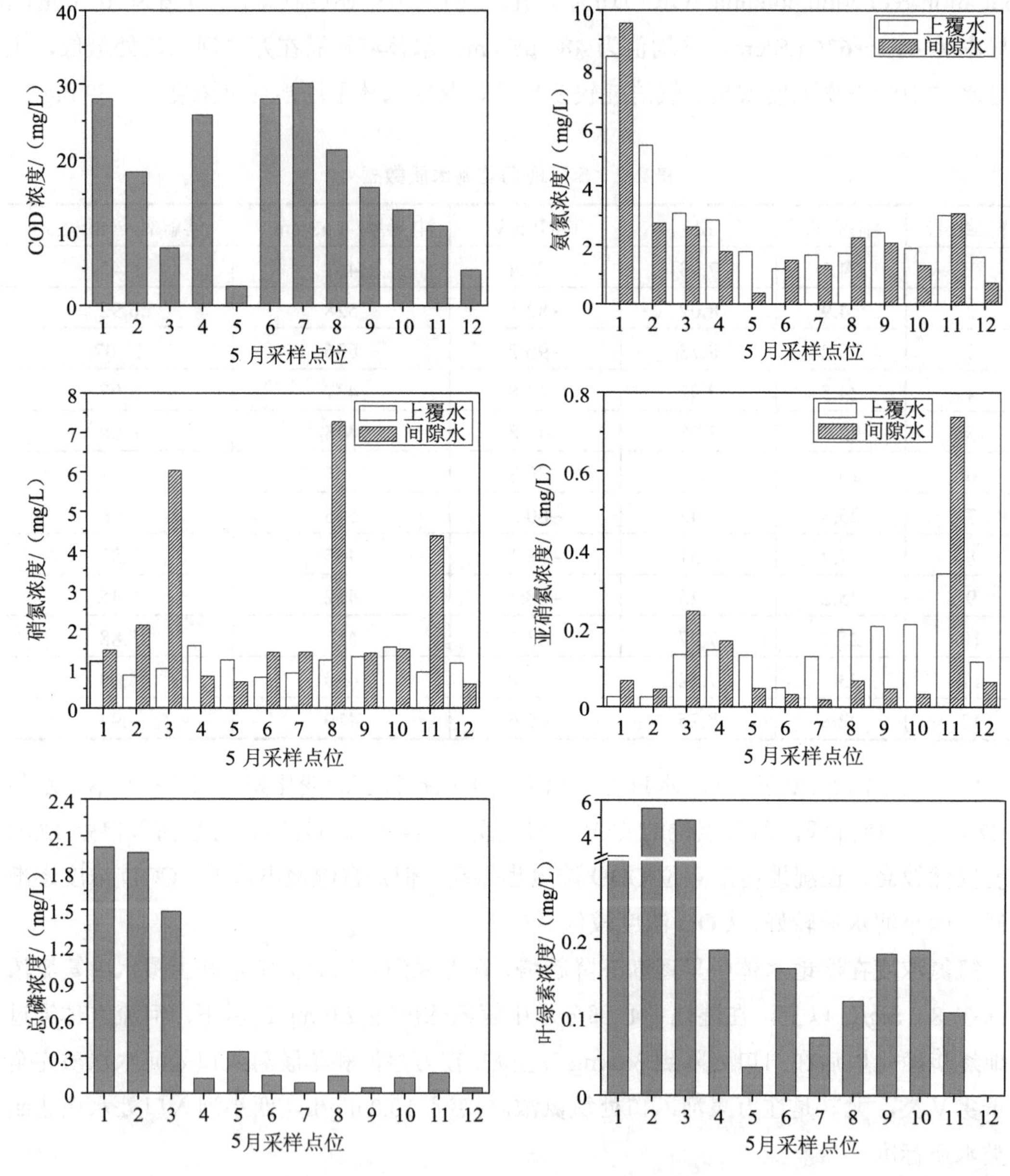

图 2-25　5 月采样点位水质指标空间变化

5 月湿地的总磷浓度空间变化较大，在万泉河入口处水体中总磷浓度达到了 2.0 mg/L，是Ⅴ类水质标准的 5 倍，水体营养化程度较高。其他点位的总磷浓度较低，均低于Ⅴ类水质标准，这可能是湿地底质对磷的快速吸附和磷的沉降造成的。湿地对磷的去除效果显著。

5 月随着温度的升高，藻类开始生长，水体中叶绿素浓度也开始上升，各点位叶绿素浓度与水体中营养物浓度密切相关。在万泉河入口处，湿地水体中叶绿素浓度达到了3.0 mg/L 以上，这与万泉河河水中携带大量营养物质有关。在湿地其他点位，叶绿素浓度相对较低，在西小河水体中甚至未检出叶绿素。

2.3.4.2 夏季水体污染物空间变化特征

（1）6月污染物空间变化规律

6月现场监测水质数据见表2-3。6月气候更加暖和，水体平均温度达到了28.63℃。水体的pH值是偏弱碱性，最高为8.75，最低为7.46。水体ORP变化范围较大，从–97.5～–21.1 mV。在万泉河入口处、西小河入口处及湿地出口处，湿地水体ORP较大，而在羊肠河及湿地中心部分，水体ORP较低。湿地水体电导率分布较为相近，平均值为470 μS/cm。水体溶解氧浓度较高。

表2-3 6月现场监测水质数据

样品编号	温度/℃	pH	ORP/mV	电导率/（μS/cm）	溶解氧/（mg/L）
1	28.0	7.53	–27.3	481	7.62
2	26.7	7.49	–25.7	475	11.77
3	26.6	7.49	–23.1	477	13.75
4	27.4	7.48	–24.5	474	6.80
5	28.2	7.59	–28.9	478	9.91
6	31.1	8.64	–91.3	463	16.00
7	31.4	8.3	–71.3	471	11.39
8	30.4	8.35	–74.5	461	12.93
9	30.2	8.42	–78.1	460	17.96
10	29.9	8.75	–97.5	477	15.15
11	26.4	7.46	–21.1	467	19.37
12	27.3	7.61	–30.6	451	9.12

6月采样点位水质指标空间变化如图2-26所示。6月万泉河水体COD浓度大大减少，入口处不足20.0 mg/L。相比之下，在羊肠河入口处和湿地中心部分COD浓度较高，有两个点位（7、8）超出V类水质指标，COD随即沿着流出湿地的方向逐渐降低。西小河水体中COD浓度也较低。

氨氮在上覆水中的浓度普遍低于间隙水中的浓度，这与上覆水中发生硝化反应使氨氮转化及底质中硝化作用较弱有关。在万泉河入口处河水超过V类水质指标，采样点1处间隙水中氨氮浓度特别高，这与氨氮长期在沉积物中积累有关。湿地河水沿着湿地流动的过程中，氨氮浓度逐渐被削减，在出口处氨氮浓度已经大幅降低，水质接近V类。西小河中氨氮浓度超过V类标准，而在羊肠河中氨氮浓度较低。

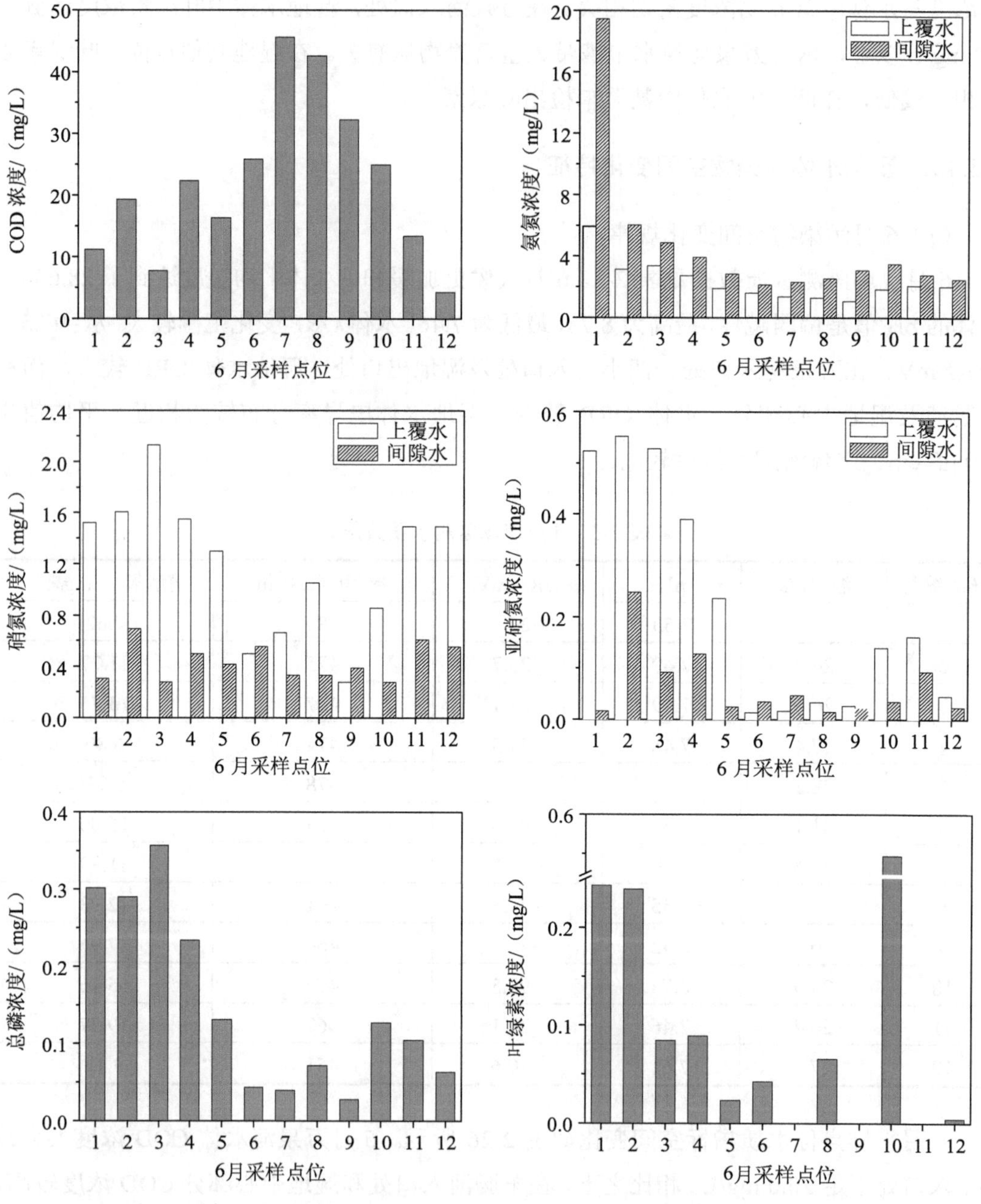

图 2-26　6 月采样点位水质指标空间变化

七星湿地中，硝氮在上覆水中的浓度明显高于间隙水中的浓度，这是上覆水中的氨氮在硝化作用下转化成硝氮，而间隙水中的反硝化作用可以将底质中的硝氮转化成亚硝氮进而转化成 N_2 排出，这两方面的作用导致上覆水中氨氮浓度较低而硝氮浓度较高。在万泉河入口处、西小河入口处水体硝氮浓度都较高，达到了 1.5 mg/L；而在羊肠河入口处及湿地中心部分硝氮浓度偏低。间隙水中硝氮浓度的变化规律不强，这主要与湿地底泥疏浚导致底泥性质不同有关，造成湿地中硝氮浓度有所差别。

亚硝氮在上覆水中的浓度大于间隙水中的浓度，尤其是在万泉河入口处及湿地出口的地方。在羊肠河入口、西小河入口处及湿地中心部分水体亚硝氮浓度较低。其与硝氮的浓度分布规律一致，均是不同水体中硝化作用与反硝化作用的程度不同导致。在间隙水中，亚硝氮浓度也呈现相似的规律，唯有采样点 1 处浓度较低，可能与底质性质有关。

湿地水体中总磷浓度在 6 月均低于Ⅴ类水质标准，水体营养化程度有所降低，这主要是这时湿地植物开始生长，磷作为植物必需的营养元素被利用导致。在万泉河入口处水体总磷浓度达到 0.3 mg/L 以上，在湿地中部和出口处总磷得到了去除。

湿地中叶绿素浓度相对较低，除采样点 10 外，其他点位的变化基本是由万泉河入口处到湿地出口处逐渐降低，这可能是植物的生长造成营养元素的降低所致。羊肠河处和西小河处叶绿素浓度很低。

（2）7 月污染物空间变化规律

7 月现场监测水质数据见表 2-4。7 月水温继续升高，平均温度为 29.6℃。水体 pH 在万泉河及西小河入口处较低，而在羊肠河入口及湿地中心部分 pH 较高，水体平均 pH 为 8.20。湿地水体 ORP 变化幅度较大，分布在−158.4～−25.9 mV，与 pH 的变化规律基本一致。整个湿地水体中电导率平均为 467 μS/cm。溶解氧浓度较高。

表 2-4　7 月现场监测水质数据

样品编号	温度/℃	pH	ORP/mV	电导率/（μS/cm）	溶解氧/（mg/L）
1	26.7	7.61	−29.9	481	7.25
2	26.8	7.71	−36.1	486	6.27
3	27.1	7.72	−36.8	490	8.84
4	28.4	7.63	−31.4	475	10.05
5	27.8	7.73	−37.3	478	9.25
6	31.5	7.96	−51.4	491	11.13
7	32.6	8.17	−64.4	448	8.53
8	32.4	9.31	−132.0	405	13.91
9	31.8	9.76	−158.4	436	16.37
10	31.6	8.78	−100.2	450	8.07
11	29.8	8.56	−86.4	471	10.30
12	28.8	7.48	−25.9	490	8.88

7 月采样点位水质指标空间变化如图 2-27 所示。7 月 COD 浓度在羊肠河入口处为最高，接近 45.0 mg/L，为劣Ⅴ类水质。其他点位均好于Ⅴ类水质标准。西小河入口处水体 COD 浓度约 15.0 mg/L，万泉河入口处水体 COD 浓度约 35.0 mg/L。在湿地出口处水体中 COD 浓度基本与万泉河入口处持平，可能是受羊肠河入水影响较大。

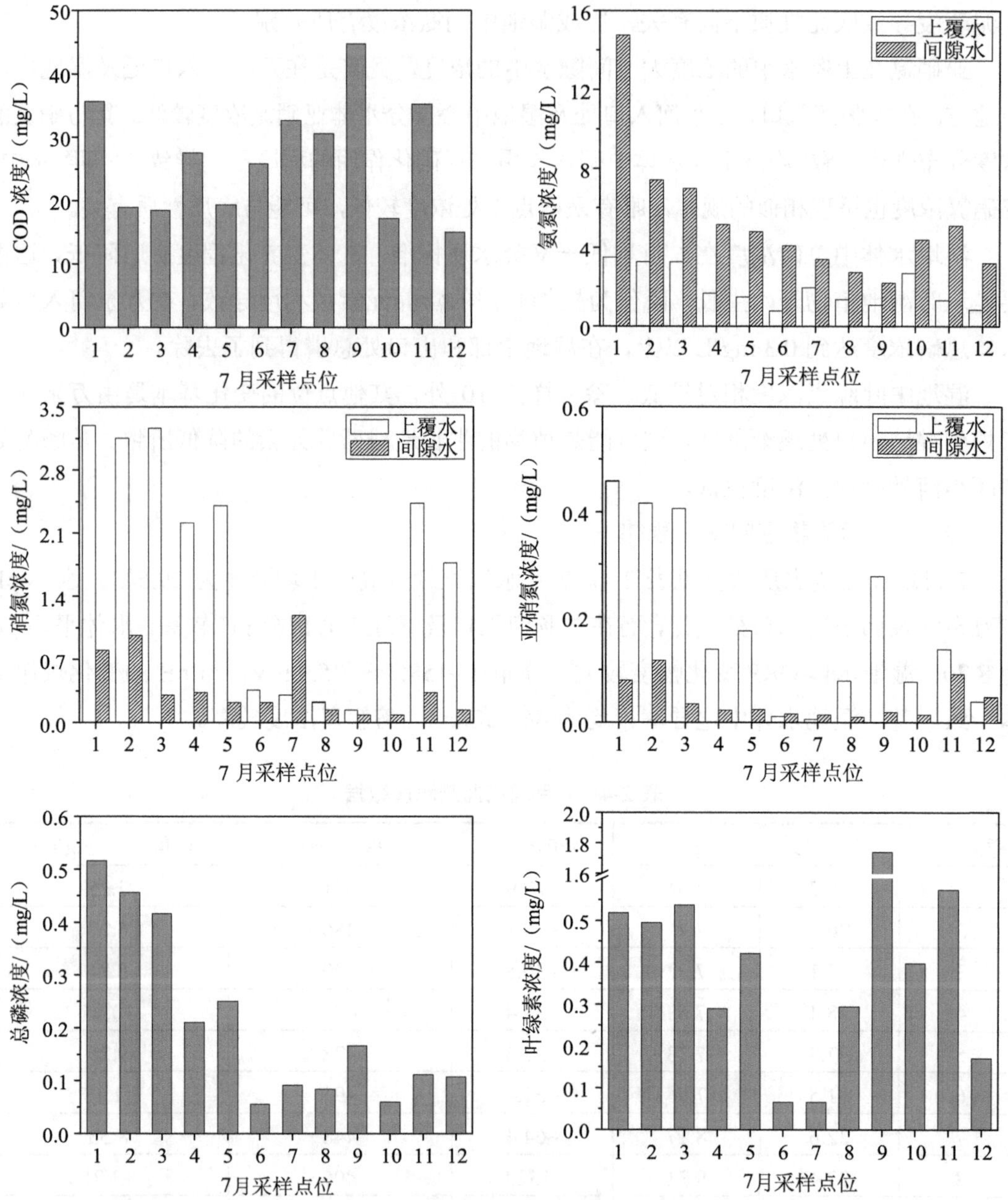

图 2-27　7 月采样点位水质指标空间变化

湿地氨氮间隙水中浓度高于上覆水中的浓度，与上覆水中的硝化作用密切相关，上覆水中携带的氨氮在硝化作用下转化成硝氮，而底质中由于缺氧硝化作用强度较低。氨氮在万泉河入口处浓度最高，接近 4.0 mg/L，在羊肠河和西小河入口处相对较低。水流在进入湿地后氨氮浓度逐渐降低，在出口处已经接近 1.0 mg/L，氨氮在湿地中得到了较好的截留和去除。间隙水中氨氮分布呈现与上覆水类似的规律，说明氨氮在上覆水与间隙水之间的动态平衡逐步趋于稳定。

湿地中硝氮在上覆水中的浓度高于间隙水（采样点 7 除外），这与上覆水中的硝化作用及底质中的反硝化作用有关。硝氮在万泉河和西小河入口处浓度较高，均在 1.5 mg/L 以上，而在羊肠河和湿地中部浓度较低。

亚硝氮浓度整体来看也是上覆水高于间隙水，这是上覆水中硝化作用与底质中反硝化作用的结果。万泉河与羊肠河入口处的亚硝氮浓度较高，在 0.3 mg/L 以上，西小河入口处及湿地中部浓度较低。

湿地水体中总磷浓度在万泉河入口处最高，达到 0.5 mg/L 以上，西小河和羊肠河入口处相对较低。湿地总体磷浓度超标并不严重。随着水流在湿地中流过，水体总磷浓度得到较大幅度的削减，在出口处约为 0.15 mg/L。

湿地水体中叶绿素在羊肠河入口处达到最高，接近 1.8 mg/L；万泉河入口处约为 0.5 mg/L；西小河入口处不到 0.2 mg/L。在湿地中部的采样点 6、7 处叶绿素浓度约为 0.05 mg/L。出口处水体的叶绿素浓度约为 0.6 mg/L。

（3）8 月污染物空间变化规律

由于七星湿地在 8 月全面蓄水，所以 8 月对采样点进行了适当的调整，采样点分布在整个七星湿地内，并且在汇入辽河干流前后布设相应的点位。在 1 号钢坝闸前保留 6 个采样点。

8 月现场监测水质数据见表 2-5。8 月随着气候转凉，湿地水体温度平均在 25.6℃。水体平均 pH 值为 8.04。水体 ORP 变化较大，为–113.7～–17.3 mV，分布在湿地前端的 ORP 值较大，而在后端的 ORP 值较小。水体电导率为 387～997 μS/cm，最小值在万泉河入口处，最大值在长河入口处。溶解氧在湿地前端浓度较低，在后端浓度升高。

表 2-5 8 月现场监测水质数据

样品编号	温度/℃	pH	ORP/mV	电导率/（μS/cm）	溶解氧/（mg/L）
1	23.4	7.37	–17.3	387	4.56
2	24.0	7.59	–28.5	521	5.05
3	24.7	7.63	–31.0	499	3.95
4	28.1	8.24	–67.3	588	9.09
5	27.3	8.81	–99.7	521	7.93
6	24.6	7.56	–26.1	425	7.63
7	24.6	7.52	–24.0	997	5.64
8	26.3	7.80	–41.3	430	7.70
9	25.9	7.89	–46.3	497	8.32
10	26.7	9.05	–113.7	547	12.63
11	25.9	8.67	–91.5	534	12.33
12	24.9	7.80	–40.9	437	7.48
13	26.5	8.59	–87.4	537	8.55

8 月水质变化如图 2-28 所示。在整个七星湿地当中，长河入口处的 COD 浓度最大，达到了 86.0 mg/L；其次是万泉河湿地入口处，为 62.0 mg/L；在西小河和羊肠河入口处，COD 浓度相对较低，低于 40.0 mg/L。水体中 COD 浓度在湿地中得到净化，湿地出口处的 COD 约为 30.0 mg/L。

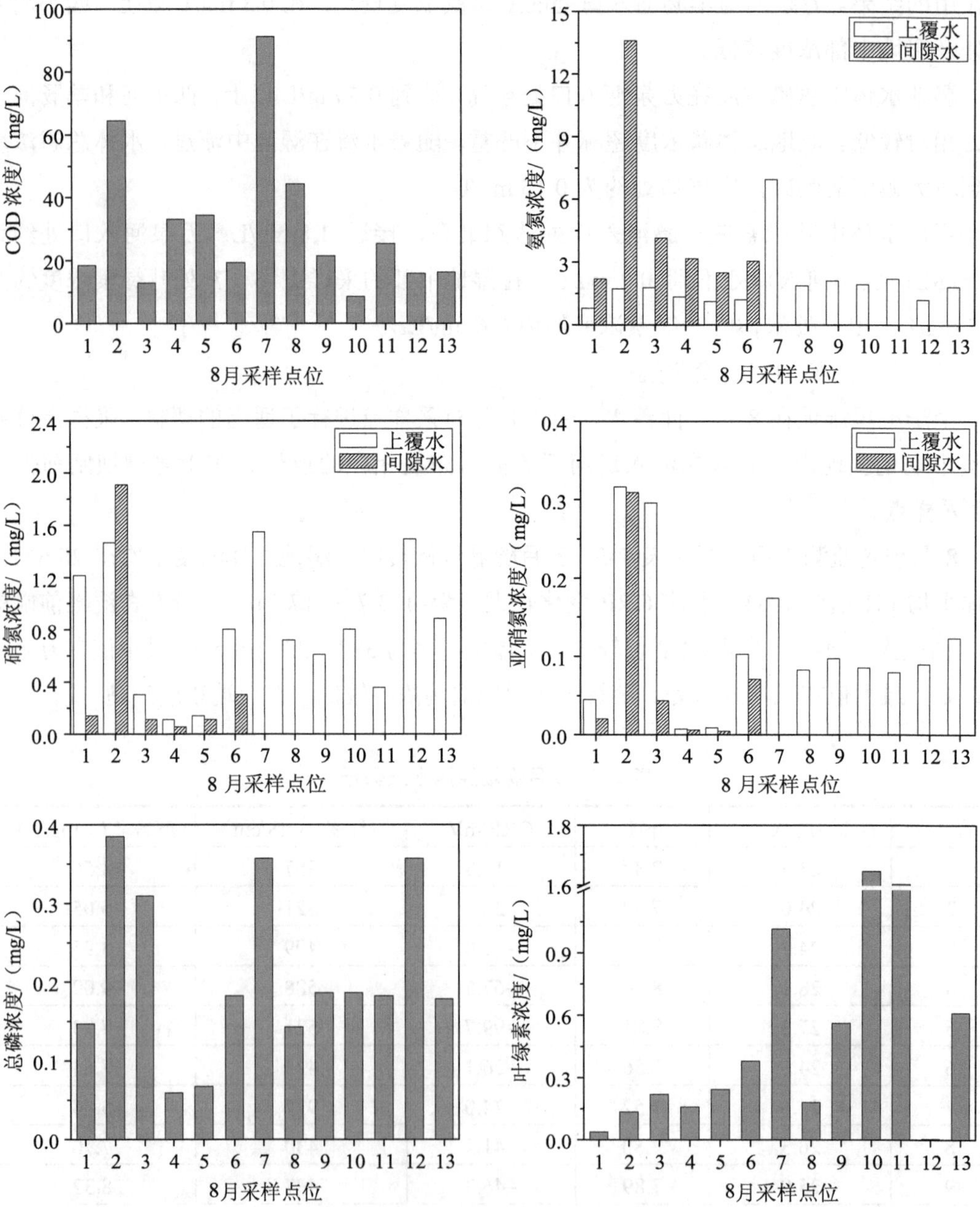

图 2-28　8 月采样点水质指标空间变化

在上覆水中，氨氮浓度最高的点位是长河入口处，达到了 7.0 mg/L 以上，是地表水

V 类标准值的 3 倍多。在湿地前端上覆水中氨氮浓度都相对低于湿地后端水体。在 1 号钢坝闸前，间隙水中氨氮浓度大于上覆水中氨氮浓度，尤其是在万泉河入口处，间隙水中氨氮浓度是上覆水的 6 倍多。在西小河和羊肠河入口处，氨氮浓度均低于 2.0 mg/L。

长河入口处，水体硝氮浓度最高，其次是万泉河入口处，均达到 1.5 mg/L 以上。上覆水中，湿地前端硝氮浓度较低，后端硝氮浓度较高。间隙水中的硝氮浓度低于上覆水中的浓度，这是硝化作用将上覆水中的氨氮转化为硝氮所致。同时我们注意到，在辽河干流中，在湿地出水与干流水体汇合前后，硝氮浓度有所降低。

湿地水体中亚硝氮浓度在万泉河入口处最高，在 0.3 mg/L 以上。西小河与羊肠河入口处亚硝氮浓度比较低，长河入口处的亚硝氮浓度约为 0.2 mg/L，在湿地后端，水体中亚硝氮浓度普遍在 0.1 mg/L 左右。上覆水中的亚硝氮浓度高于间隙水，主要是沉积物中以反硝化反应为主，将亚硝氮转化为气态氮排出所致。

湿地水体中总磷浓度均在 0.4 mg/L 以下，水体营养化程度较低。总磷浓度最高处为万泉河入口处，其次为长河入口处及辽河干流。西小河与羊肠河入口处总磷浓度相对较低。在湿地水体汇入辽河干流后，干流水体中总磷浓度有所降低。

湿地水体中叶绿素浓度在湿地出口处最高，其次是长河入口处。在湿地的前段叶绿素浓度普遍较低，而在后端相对高一些。在西小河、万泉河及羊肠河入口处，叶绿素浓度均在 0.3 mg/L 以下。在湿地水体汇入辽河干流前，辽河干流水体中叶绿素浓度几乎为 0，在汇入后叶绿素浓度上升至 0.6 mg/L 左右。

2.3.4.3　秋季水体污染物空间变化特征

（1）9 月污染物空间变化规律

9 月由于施工，11～13 号采样点未能取样，其余采样点与 8 月相同。

9 月现场监测水质数据见表 2-6。9 月气候继续变凉，水体平均温度为 21.3℃。平均 pH 值为 8.9。ORP 从−139.2 mV 变化到−42.9 mV，在湿地前端 ORP 值较大，在后端较小。电导率在长河入口处达到最大的 1284 μS/cm。湿地前段水体溶解氧浓度在 3.0 mg/L 左右，在湿地后端水体溶解氧浓度有所上升。

表 2-6　9 月现场监测水质数据

样品编号	温度/℃	pH	ORP/mV	电导率/（μS/cm）	溶解氧/（mg/L）
1	20.5	8.36	−48.3	529	3.65
2	22.4	8.35	−48.8	565	3.61
3	20.5	8.25	−42.9	532	3.10
4	24.1	8.53	−59.8	656	3.37
5	21.2	8.86	−78.4	467	3.92

样品编号	温度/℃	pH	ORP/mV	电导率/（μS/cm）	溶解氧/（mg/L）
6	20.8	8.76	−72.8	515	4.24
7	21.0	8.90	−80.8	1284	5.10
8	21.7	9.52	−117.4	609	7.94
9	20.7	9.90	−139.2	556	8.29
10	20.4	9.69	−126.6	390	5.04

9 月七星湿地水质变化如图 2-29 所示。湿地水体中 COD 浓度在长河入口处最高，接近 60.0 mg/L，受其影响，在长河入口下游水体中 COD 浓度均在 40.0 mg/L 以上。在湿地前端，万泉河入口处的 COD 浓度也超过了 40.0 mg/L。西小河和羊肠河入口处的 COD 浓度均较小。

氨氮浓度在长河入口处最高，达到 12.0 mg/L 以上，在其余点处均在 4.0 mg/L 以下。西小河、万泉河和羊肠河入口处的氨氮均在 3.0 mg/L 以下。湿地中间隙水中氨氮浓度高于上覆水，主要是上覆水中硝化作用可将氨氮转化所致。

硝氮浓度在西小河、万泉河及长河入口处的均较高，达到 1.0 mg/L 以上，在羊肠河入口处的浓度较低，约为 0.4 mg/L。上覆水中硝氮浓度高于间隙水（万泉河入口处除外），这与水体中的硝化作用与反硝化作用有关。

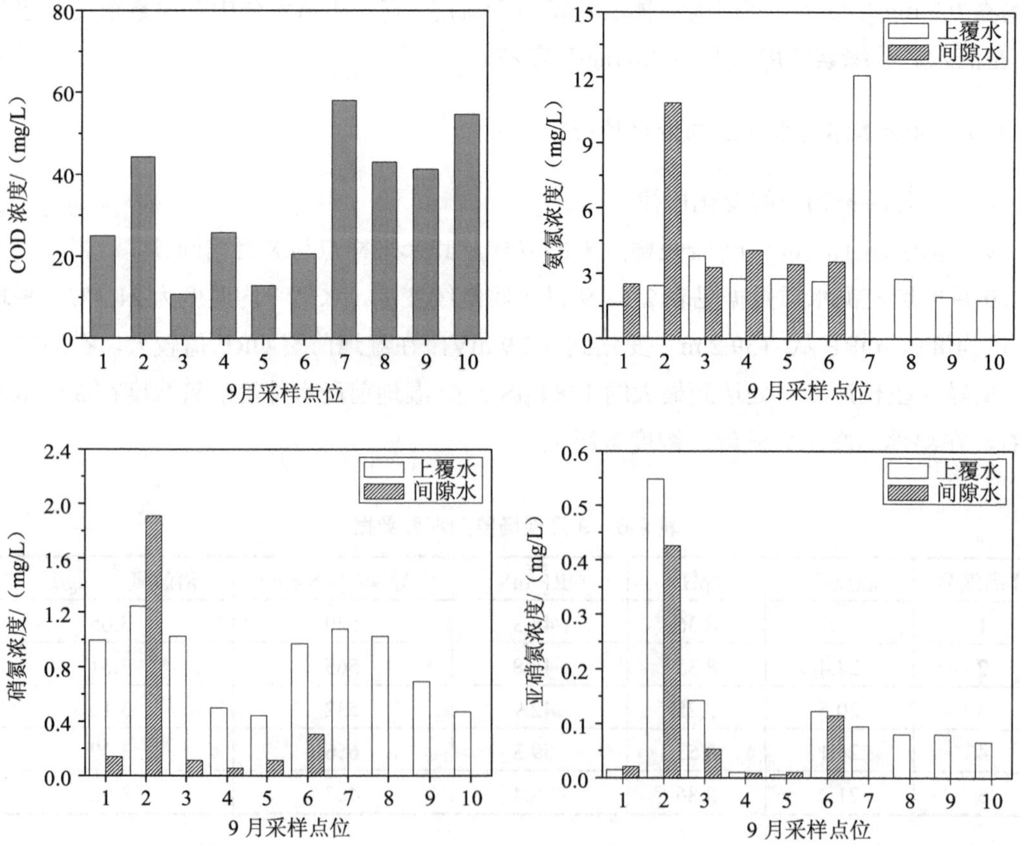

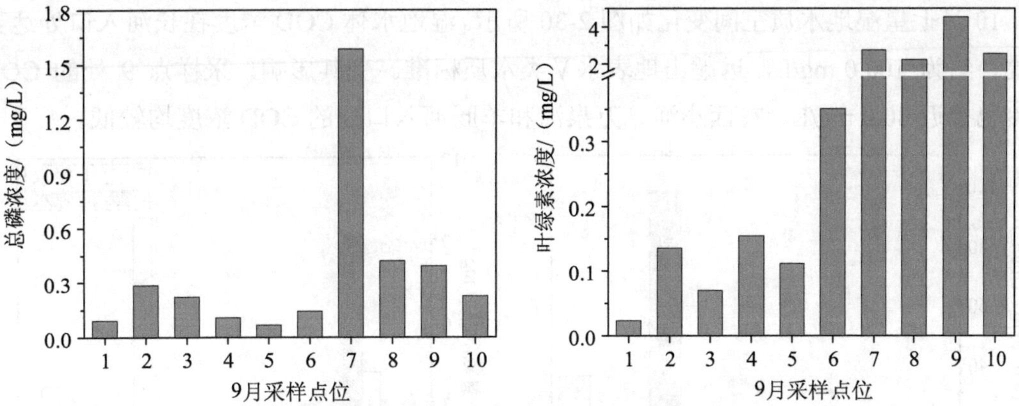

图 2-29　9 月各采样点水质变化

亚硝氮浓度在万泉河入口处达到最大，为 0.55 mg/L 左右。在西小河、羊肠河和长河入口处亚硝氮浓度较低。湿地上覆水中亚硝氮浓度大于间隙水，这是因为沉积物在厌氧环境中以反硝化作用为主，可将其中的亚硝氮转化为气态氮而释放。

湿地水体中总磷浓度在长河入口处最高，达到 1.5 mg/L 以上，是地表水Ⅴ类水质标准的将近 4 倍，营养化程度较高，受其影响，在长河入口下游处水体总磷浓度均在 0.4 mg/L 上下波动。在湿地中的其他点位上，总磷浓度均未超过 0.4 mg/L。西小河、万泉河及羊肠河入口处水体总磷浓度均低于 0.3 mg/L。

在 1 号钢坝闸下游水体中，叶绿素浓度均在 2.0 mg/L 以上，说明湿地后端水体藻类生长旺盛。在西小河、万泉河及羊肠河入口处水体叶绿素浓度较低。

（2）10 月污染物空间变化规律

本次采样由于水位下降，在上次采样的基础上，采样点 8、10 未能取到水样。

10 月现场监测指标变化见表 2-7。10 月水体温度继续下降，平均水温为 12.7℃。水体平均 pH 为 7.89。ORP 值相对较高，平均值达到了–38.9 mV。溶解氧浓度在长河入口处最低，为 2.09 mg/L，其余点位溶解氧浓度较高。

表 2-7　10 月现场监测水质数据

样品编号	温度/℃	pH	ORP/mV	溶解氧/（mg/L）
1	11.6	7.56	–26.3	9.02
2	13.8	7.91	–46.1	7.38
3	13.3	7.61	–29.6	7.31
4	15.3	8.23	–64.7	11.07
5	12.6	8.12	–58.0	11.81
6	12.0	7.60	–28.7	9.94
7	11.1	7.98	–25.2	2.09
9	12.2	8.11	–32.4	4.77

10 月七星湿地水质空间变化如图 2-30 所示。湿地水体 COD 浓度在长河入口处达到最高，约为 100.0 mg/L，远超出地表水Ⅴ类水质标准。受其影响，采样点 9 处的 COD 浓度也接近 40.0 mg/L。在西小河、万泉河和羊肠河入口处的 COD 浓度均较低。

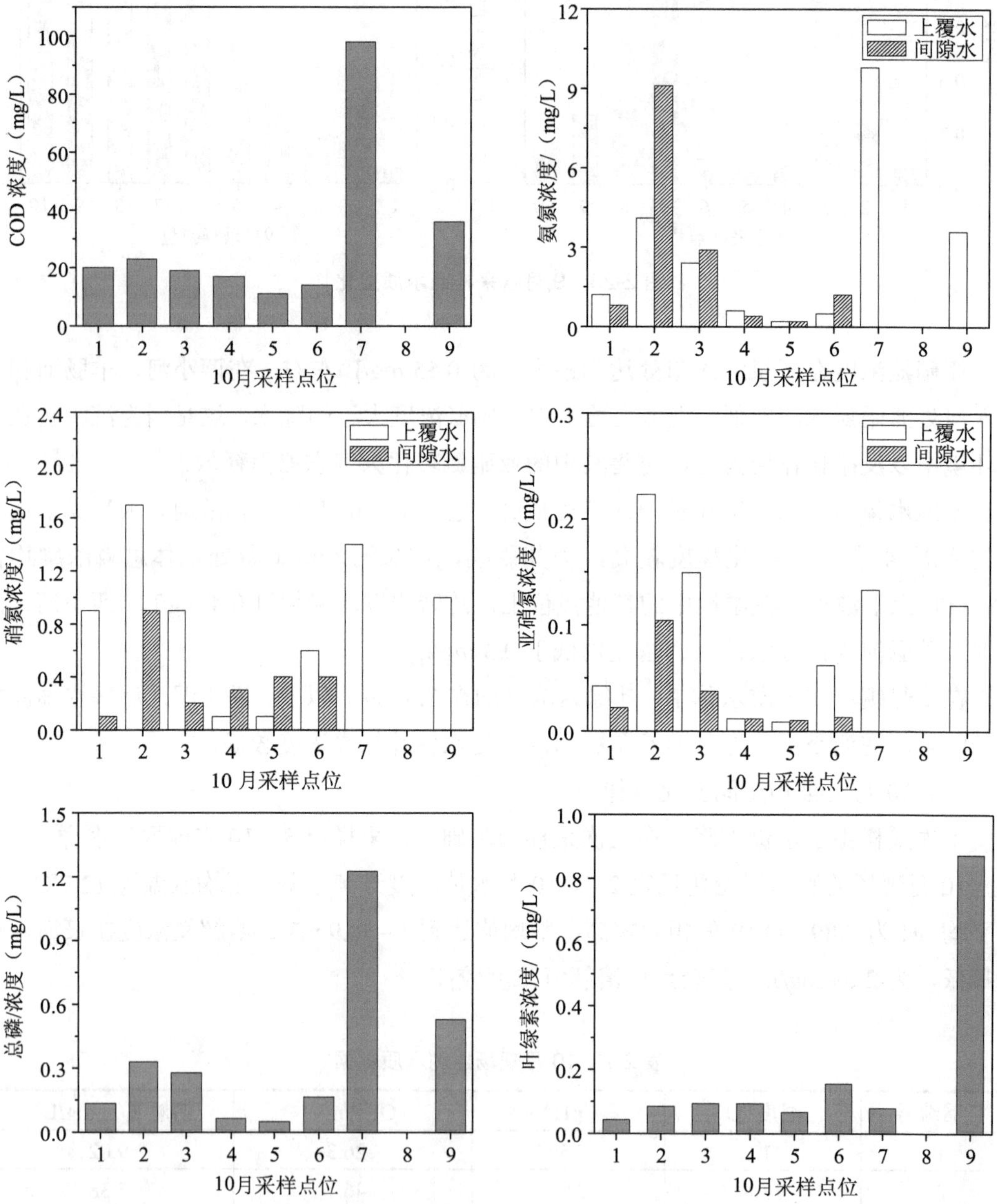

图 2-30　10 月水质空间变化

氨氮浓度在长河入口处最高，接近 10.0 mg/L。其次为万泉河入口处，达到了 4.0 mg/L 以上，超过Ⅴ类水质标准。在西小河和羊肠河入口处，氨氮浓度为 1.5 mg/L 以下。间隙水中氨氮浓度大于上覆水，这是由于上覆水处于好氧状态，硝化作用得以进行，将水体中的氨氮转化为硝氮。

七星湿地中万泉河入口处水体硝氮浓度最高，达到 1.6 mg/L 以上；在长河入口处次之，为 1.2 mg/L 以上。上覆水中硝氮浓度大于间隙水。西小河入口处硝氮浓度在 0.8 mg/L 以上，羊肠河入口处硝氮浓度较低，不足 0.2 mg/L。间隙水中的硝氮浓度也是在万泉河入口处达到最高，其他地方均较低。

七星湿地水体中亚硝氮浓度在万泉河入口处最高，在 0.2 mg/L 以上。在长河入口处达到 0.1 mg/L 以上，在西小河、羊肠河入口处，亚硝氮浓度均不足 0.05 mg/L。上覆水中亚硝氮浓度高于间隙水，是沉积物的厌氧环境有利于反硝化作用的进行，所以间隙水中的亚硝氮可以通过反硝化作用转化成气态氮而释放。

湿地水体中总磷浓度在长河入口处最高，达到 1.2 mg/L 以上，是地表水Ⅴ类标准的 3 倍以上，受其影响，采样点 9 处的总磷浓度也达到 0.5 mg/L 以上。西小河、万泉河及羊肠河入口处的总磷浓度都在 0.4 mg/L 以下，营养化程度较低。

湿地水体中叶绿素浓度在采样点 9 处达到最大值，为 0.8 mg/L 以上，其余采样点处叶绿素浓度均为 0.2 mg/L 以下，这与 10 月温度降低，藻类生长变慢有关系。

2.3.4.4　七星湿地水体污染物时空变化特征

七星湿地 2013 年 7 月—2014 年 6 月水质随时间变化如图 2-31 所示。10 月至次年

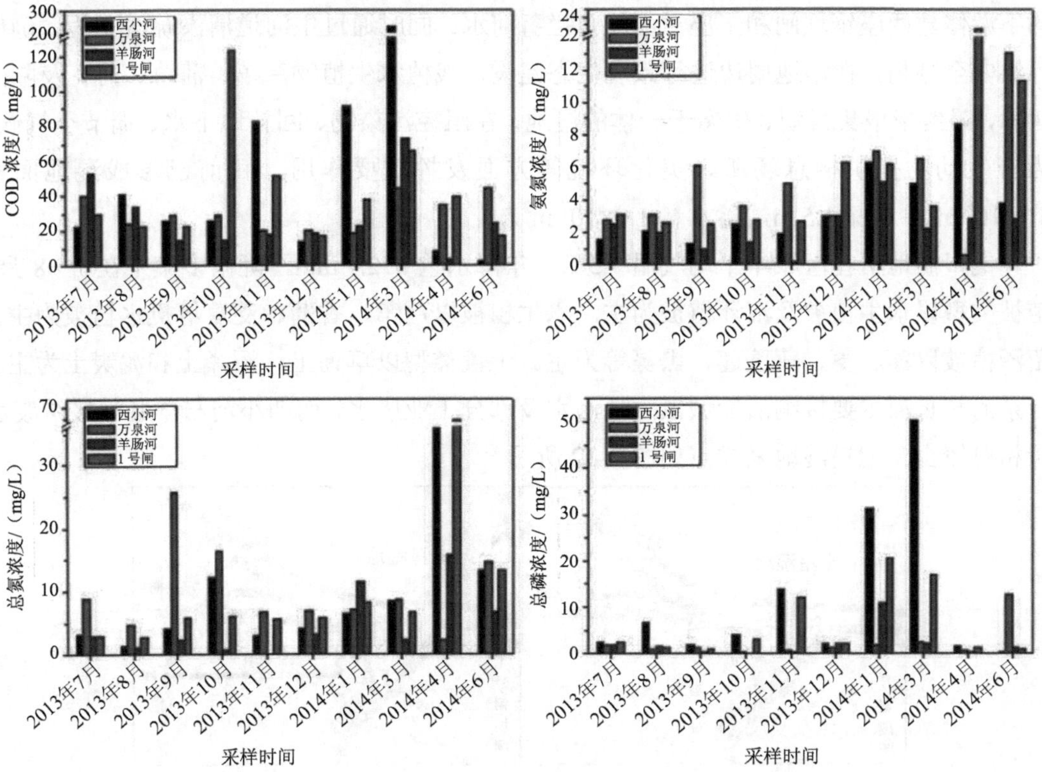

图 2-31　七星湿地水质全年变化

3 月支流河及湿地内部污染物排入，导致 COD 浓度超标严重，其他时段总体能够满足Ⅴ类水质标准。氨氮与总氮污染全年均比较严重，2014 年以来污水大量排入湿地，导致氨氮浓度居高不下。总磷污染也较为严重，尤其在冬季，周边含磷废水排入较多，导致湿地中总磷浓度超标非常严重。

2.4 辽河保护区典型湿地生源要素分析

2.4.1 七星湿地概况

辽河地处我国重工业集中区域，人口稠密，水环境污染严重。经过各方的不懈治理，辽河干流工业点源污染已经基本消除，干流水质得到显著改善。但是，辽河支流污染形势依然严峻，已成为干流污染物的主要来源之一。将大型人工湿地应用于支流污染物阻控在国内是一种新的尝试，七星湿地便属于此类尝试。其目的是要阻控支流河携带的污染物，以减轻辽河干流污染负荷。

七星湿地位于辽河保护区中部，由 4 条支流汇合而成，是辽河保护区内较早开工建设的湿地工程，也是辽河保护区管理局重点建设的大型支流汇合口湿地，在辽河保护区内具有典型性和示范作用。

七星湿地工程借助自然河道水系，在万泉河、西小河、羊肠河及长河 4 条河流回流的下游修建两座钢坝闸和 1 座溢流坝，拦蓄河水；同时通过主河道清淤疏浚工程，确保行洪安全顺畅，在湿地周边进行景观生态建设，栽植水生植物芦苇、蒲草、荷花及陆生树木，最终形成集景观、生态于一体的湿地，在阻控污染物、回补地下水、调节小气候、为野生动物提供栖息场所、美化环境等方面发挥重要作用。目前已形成湿地面积 6.7×10^6 m^2，水深 1.5 m，蓄水量 1.0×10^7 m^3。

七星温地所在区域年平均气温 7.5℃，年降水量 672.9 mm，降雨多集中在 7—8 月。植被类型以水生植被及沼泽植被为主。水生植被以芦苇、香蒲、茭草等挺水植被为主；沼泽植被以莲、菱、萍蓬莲、黑藻等为主。土壤类型以草甸土、沼泽土和泥炭土为主。万泉河与长河主要接纳沿途城镇生活污水及部分工业废水，而西小河与羊肠河接纳废水量相对较少。七星湿地采样点如图 2-32 所示。

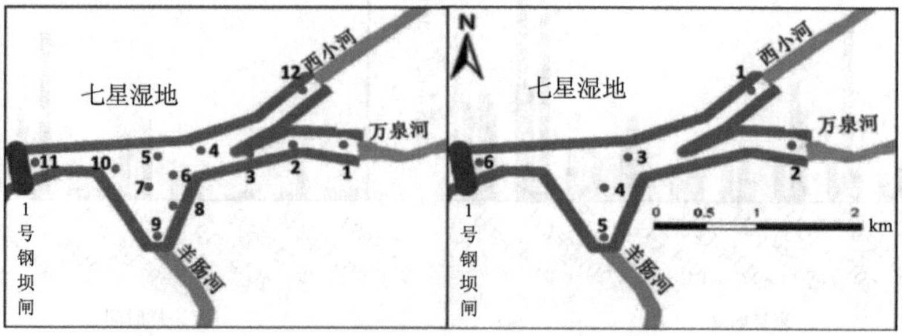

图 2-32 七星湿地采样点布设

2.4.2 样品分析步骤

采集的样品包括水样和底泥。用 250 mL 玻璃瓶对表层水样品进行采集，使用彼得逊采泥器对表层沉积物进行样品采集，并将采集的沉积物样品装在聚乙烯塑料袋中。根据采样点植物覆盖度和多样性，采集整株植物，将植物根茎分割，分别放入聚乙烯塑料袋密封保存。最后将采集的所有样品用低温保存箱保存，送至实验室。

对同一采样点沉积物样品进行离心（4000 r/min，35 min），取上清液，过滤（0.45 μm 滤膜）得间隙水。测试分析方法见表 2-8。

表 2-8 水质指标测试方法

分析项目	分析仪器/方法	方法来源
TOC	TOC 仪（analytik jena multi N/C 3100，Germany）	—
总氮	碱性过硫酸钾法	《水和废水监测分析方法》
氨氮	纳氏试剂法	《水和废水监测分析方法》
硝氮	麝香草酚法	《水和废水监测分析方法》
亚硝氮	*N*-（1-萘基）-乙二胺光度法	《水和废水监测分析方法》
总磷	钼锑抗分光光度法	《水和废水监测分析方法》
正磷酸盐	钼锑抗分光光度法	《水和废水监测分析方法》

将沉积物自然风干，粉碎研磨过 80 目筛，保存于封口袋中备用。沉积物氮测试方法为氯化钾溶液提取-分光光度法。

沉积物中总磷（TP）采用 NaOH 熔融-钼锑抗比色法测定，无机磷（IP）采用标准测量和测试方法（standards measurements and testing，SMT）测定，有机磷（OP）通过 TP 与 IP 差值计算获得。磷形态采用修正的磷形态连续提取法进行分析：将沉积物中的磷分成 6 种形态，弱吸附态磷（NH_4Cl-P）、氧化还原敏感态磷（BD-P）、金属（水合）氧化物结合态磷（NaOH-rP）、有机质和腐殖质中的磷（NaOH-nrP）、钙结合态磷（HCl-P）、残渣态磷（Res-P），其中 NaOH-nrP 由碱提取态磷（NaOH-TP）减去 NaOH-rP 而得；弱吸附态磷（NH_4Cl-P）由于浓度极少，上清液中的浓度可忽略不计；残渣态磷（Res-P）的浓度是由 IP 减去提取态磷（BD-P、NaOH-TP、HCl-P 之和）所得。其余每步提取后，于 4500 r/min 离心 15 min，过 0.45 μm 滤膜（NaOH-TP 不过滤，高温高压消解），取上清液，用钼锑抗法测定。

2.4.3 湿地总有机碳分布

从图 2-33 可以看出各点位的间隙水比上覆水总有机碳（Total organic carbon，TOC）浓度高。其中，3、4、6、11 点位的间隙水 TOC 浓度远高于其他点位。

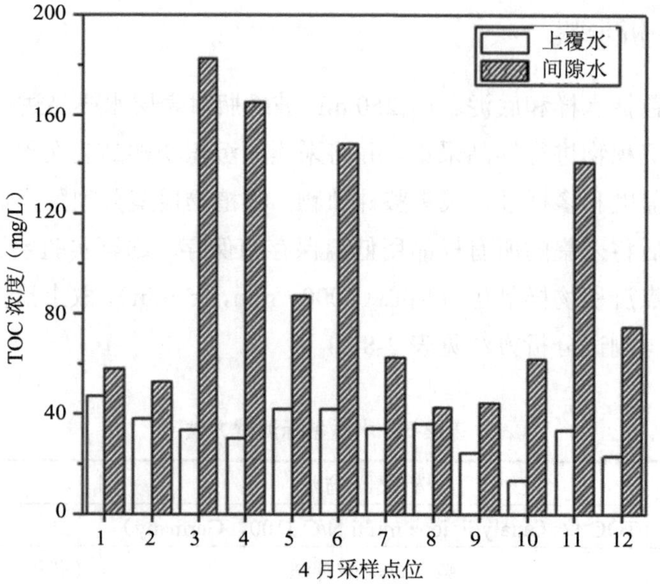

图 2-33　4 月采样点位上覆水和间隙水各点位的 TOC 浓度

从图 2-34 可以看出，5 月各点位的间隙水与上覆水 TOC 浓度基本一致。其中，2、11 点位间隙水 TOC 浓度比上覆水 TOC 浓度高。

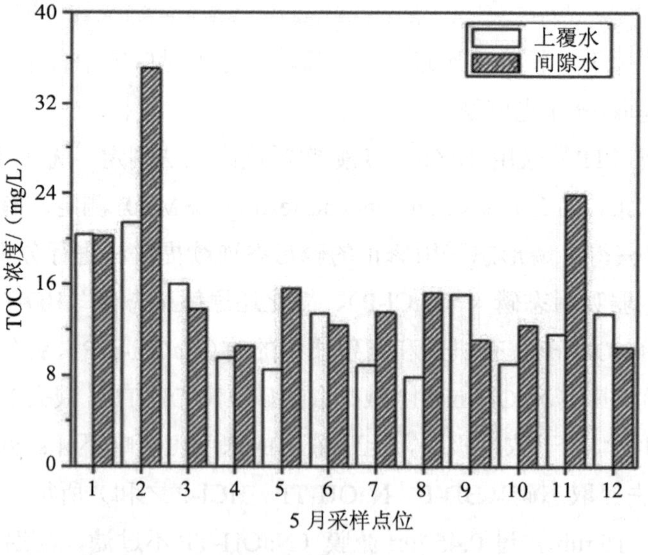

图 2-34　5 月采样点位上覆水和间隙水各点位的 TOC 浓度

从图 2-35 可以看出，6 月各点位的间隙水与上覆水 TOC 浓度基本一致。其中，点位 11 间隙水 TOC 浓度比上覆水 TOC 浓度高。

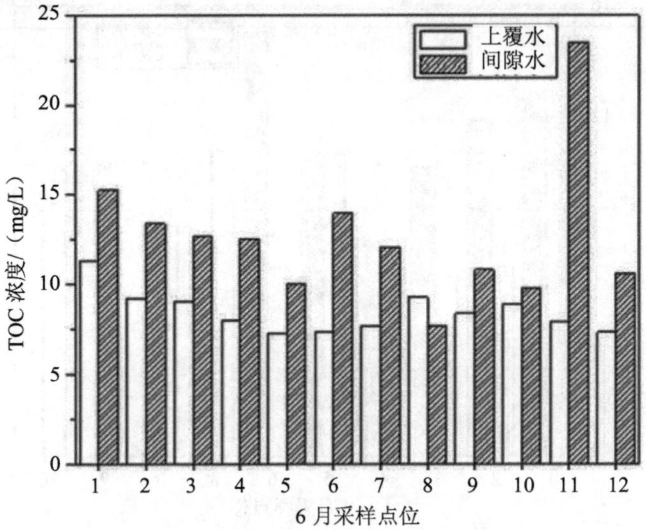

图 2-35　6 月采样点位上覆水和间隙水各点位的 TOC 浓度

从图 2-36 可以看出，8 月各点位的间隙水与上覆水 TOC 浓度基本一致。其中，4、5 点位间隙水 TOC 浓度比上覆水 TOC 浓度高。

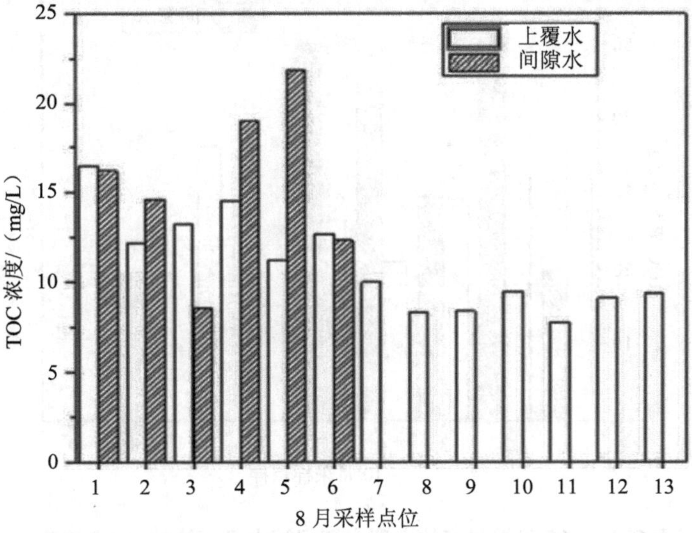

图 2-36　8 月采样点位上覆水和间隙水各点位的 TOC 浓度

从图 2-37 可以看出，9 月各点位的间隙水与上覆水 TOC 浓度基本一致。其中，1、2、3、6 点位间隙水 TOC 浓度比上覆水 TOC 浓度高。

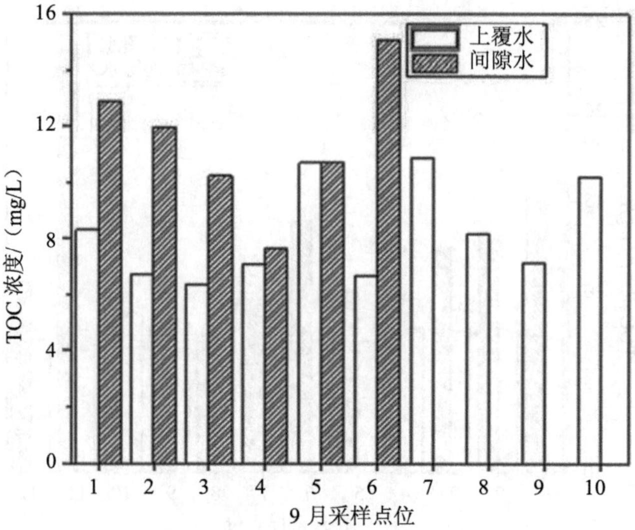

图 2-37　9 月采样点位上覆水和间隙水各点位的 TOC 浓度

从图 2-38 可以看出，10 月 1 号点位间隙水比上覆水的 TOC 浓度低，2、4、5、6 号点位的间隙水比上覆水的 TOC 浓度高。

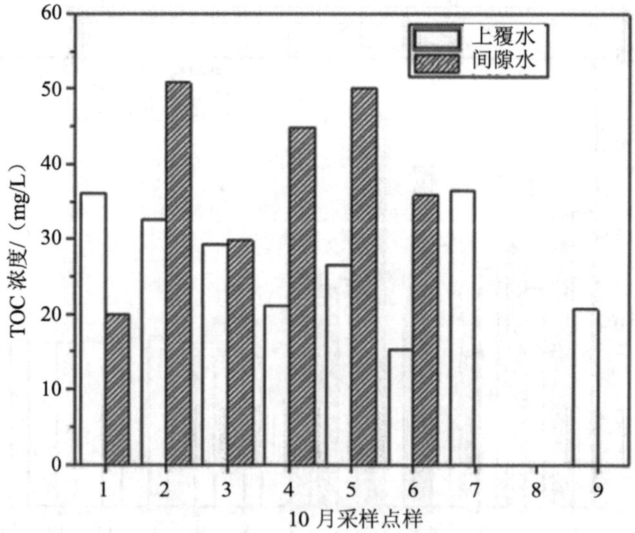

图 2-38　10 月采样点位上覆水和间隙水各点位的 TOC 浓度

2.4.4　湿地氮分布

七星湿地水体中氮的时空分布、沉积物中氮随空间变化特征研究，详见第 5 章“5.3 七星湿地水体各形态氮时空分布特征研究”与“5.4 七星湿地底泥氮的特征研究”。

2.4.5　湿地磷分布

水体中磷随空间的变化特征、水体中磷随时间变化特征、七星湿地沉积物中磷随空间变化特征研究、七星湿地沉积物中磷随时间变化特征研究和沉积物中不同形态磷间相关性的研究，详细阐述分别见第 6 章 6.3.2.2 节、6.3.2.3 节、6.4.1 节、6.4.2 节和 6.4.3 节。

2.5　小结

本章通过分析辽河水环境演变趋势，对辽河保护区的干流、支流及湿地水体进行采样分析，并对七星湿地水体进行监测研究，主要得出以下结论：

1）1987—2003 年辽河污染程度逐渐加重；2004—2010 年辽河水质有好转趋势；自辽河保护区成立以来，辽河保护区水质改善明显。

2）辽河干流水体的 COD 浓度全部达到了Ⅳ类以上水质标准要求，表明干流污染得到了一定的有效控制，但是氨氮污染和总磷污染依然较严重。周边生活污水及农业废水的排放，导致上游支流水体中氨氮和总磷的浓度较高，而下游支流水体受城镇污水及工业废水排放的影响污染更为严重。硝氮等浓度较低，表明水体中的硝化反应能力不高，使氨氮不能及时地转化成硝氮而得到去除。

3）在七星湿地水体中，由于支流河及湿地内部受工厂排污影响，COD、氨氮及总磷等水体主要污染物浓度较高，部分呈极高状态。

第3章 辽河保护区有机物组成及来源解析

近年来的研究表明，在河流及河口中循环的有机物可以反映出该区域的土地利用及气候变化情况，并在一定程度上反映水体污染情况。所以，对有机物的研究也逐渐成为世界各国环境科学研究领域的难点与热点之一，是当今国际在水环境污染控制方面所面临的重点科学问题和基础理论。

河流水体中的有机物质主要包括溶解性有机物（dissolved organic matter，DOM）和悬浮物中的有机物（particulate organic matter，POM）。DOM 广泛存在于自然及人工湿地中，在物质的生物地球化学过程中发挥着重要的作用，它可以吸收光线、缓冲 pH 以及为异养微生物提供能量及营养物，在陆地与水生态系统碳循环过程中也发挥着重要的作用。

本章考察了辽河保护区和七星湿地内 DOM 的变化特征，主要包括上覆水、间隙水以及底质中的 DOM。通过紫外-可见光谱和同步荧光光谱研究 DOM 的分子组成及水体腐殖化程度。通过计算水体中 DOM 的荧光指数，分析其来源。通过三维荧光扫描光谱结合体积积分法及平行因子分析，提取出 DOM 中的各类组分及最大荧光强度，并研究各组分在湿地水体及底质中的分布特征。

3.1 DOM 的作用及常用研究方法概述

3.1.1 河流水体中的 DOM

DOM 是指在各种天然水体中，可以通过 0.45μm 滤膜，具有不同分子量及结构的有机物的连续体或者其混合体。通常来说，DOM 的组分除了包含腐殖酸和富里酸，还包含一些碳水化合物、羧酸、亲水性有机酸、氨基酸等。以氨基酸为例，其在自然水体中可以作为自由态、缩氨酸或者是腐殖质结构中的一个官能团成分存在，占天然水体溶解性有机碳含量的 1%～3%。DOM 普遍存在于自然水体及其沉积物中，其来源主要有土著的（在水体中通过微生物活动产生）和外来的（由土壤和高等植物等产生）两种。DOM 在水生态系统中具有非常重要的作用。DOM 不仅是大部分营养组分和物质能量转换的重要途径，还表现在其作为重金属和有机物的载体时可以有效地抑制有毒污染物的毒性、化学形态和生物吸收功能等。DOM 在生物地球化学、沉积物污染源分析以及光学污染分析等领域都起着非常重要的作用，已经成为近年来的研究热点。

在湿地环境当中，DOM 的不同浓度和组成对生态系统的健康有很重要的影响，一些过程如污染物的迁移转化、营养物吸收及光衰减等都受 DOM 的影响。DOM 作为沉积物的重要组成部分时，其化学组成与地球化学过程及有机物的来源等都有密切的关系，全球碳循环最活跃和最重要的组成部分就包括 DOM 的生物地球化学过程。对 DOM 的跟踪研究可以更好地预测 DOM 对自然过程的影响。DOM 是水生态系统中最具生物活性的碳源，也是微生物新陈代谢的一个重要的能量来源。水体中污染物的迁移转化均与微生物作用密不可分，所以 DOM 对微生物与污染物均可产生影响。

3.1.2 常用 DOM 光谱学分析方法

3.1.2.1 DOM 提取

水样 DOM 提取方法：对采集的水样用 0.45 μm 滤膜过滤，滤液中的有机物即为 DOM。

底质 DOM 提取方法：取底质样品 20 g 放入 250 mL 的锥形瓶中，加入 100 mL 超纯水，使用封口膜封口。将样品置于振荡器上振荡，转速：180 r/min，时间：24 h，温度：25℃。使用高速离心机在 10 000 r/min 的转速下离心提取液 20 min。用 0.45 μm 的滤膜对上清液进行过滤，滤液中的有机物即视为 DOM。

3.1.2.2 紫外-可见光谱扫描

将过滤后的水样使用 UNICO 2600（美国）紫外分光光度仪进行紫外-可见光谱扫描，扫描范围为 190～700 nm，步长设定为 1 nm。以超纯水（Milli-Q）作为参比并调零。

3.1.2.3 三维荧光光谱扫描

将过滤后的水样使用 Hitachi（F-7000，日本）荧光光度仪进行三维荧光扫描。激发光源为 150 W 氙弧灯，光电倍增管（PMT）电压 400 V，信噪比大于 110，带通（bandpass）E_m 和 E_x 都为 10 nm，响应时间自动，扫描光谱进行仪器自动校正。发射波长范围设定为 260～550 nm，步长为 5 nm；激发波长范围设定为 200～450 nm，步长为 5 nm；扫描速度设定为 2 400 nm/min。以超纯水（Milli-Q）作为空白，将样品的扫描结果扣除空白值。

3.1.2.4 腐殖化指数计算

紫外-可见光谱的特征吸光度（special UV absorbance，SUVA）可以作为指示天然有机物来源和结构的指标，有机质在 254 nm 和 280 nm 下的特征吸光度与 DOM 中带苯环化合物的含量有关。

特定波长的紫外/可见吸收比通常被用来指示腐殖酸的腐殖化、团聚化程度和分子量大小，其中应用比较广泛的有 E2/E3（E250/E365）、E2/E4（E240/E420）和 E4/E6（E465/E665）。E2/E3 为波长在 250 nm 和 365 nm 处的吸光度之比，该比值可较好地反映 DOM 的分子状况，比值越大，DOM 的分子量越小。E2/E4 为波长在 240 nm 和 420 nm 处的吸光度之比，该值与 DOM 的分子量和缩聚度有关。E4/E6 为波长在 465 nm 和 665 nm 处的吸光度之比，该比值与分子量、碳含量、芳香度及缩聚程度呈负相关，与氧和羧基化合物及脂肪族化合物含量正相关。

对 240～400 nm 范围内的紫外吸光度进行积分，记为 $A_{240\text{-}400}$。在此区间内的吸收带主要由具有多个共轭系统的苯环结构产生，因此可以研究有机质中含苯环类化合物的变化。

3.1.2.5 三维荧光光谱解析方法

（1）荧光指数计算方法

荧光指数（fluorescence index，FI）是指在激发波长为 370 nm 下，发射波长在 450 nm 处的荧光强度与 500 nm 处荧光强度的比值（f450/500）。它是指示 DOM 来源的一个指标，可以用来区分陆地源和微生物活动产物，已经被证实是一个稳定且有效地指标，即使是在样品保存很久以后依然有效。

（2）体积积分法

荧光体积积分法（fluorescence regional integration，FRI）在 2003 年被提出，用于三维荧光光谱的分析。其主要是按照发射波长和激发波长的不同将三维荧光光谱图划分为不同的区域，这些区域对应不同的 DOM 组分，对不同区域进行体积积分来实现对 DOM 组分的解析（图 3-1、表 3-1）。

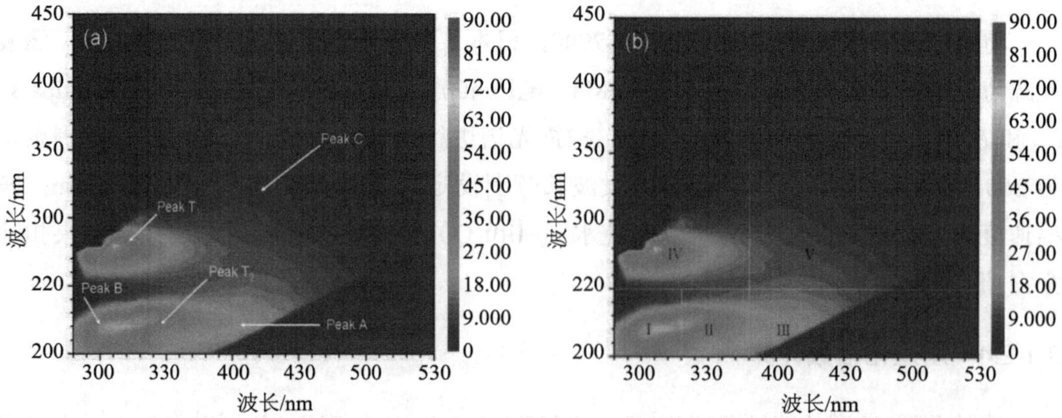

图 3-1 三维荧光图谱与积分区域

表 3-1 各区域分布及成分分类

区域	激发波长/nm	发射波长/nm	属性
区域 I	200～250	260～330	芳香族蛋白质类 I
区域 II	200～250	330～380	芳香族蛋白质类 II
区域III	200～250	380～550	富里酸类
区域IV	250～450	280～380	微生物副产物
区域 V	250～450	380～550	胡敏酸类

FRI 方法是通过对荧光光谱下面的区域进行积分来实现的。对第 i 个区域来说，在其下面的体积（Φ_i）可以通过下式进行计算：

$$\Phi_i = \int_{ex}\int_{em} I(\lambda_{ex}\lambda_{em})\, d\lambda_{ex}\lambda_{em} \tag{3-1}$$

对离散型数据来说，Φ_i 的计算公式可以表达为：

$$\Phi_i = \sum_{ex}\sum_{em} I(\lambda_{ex}\lambda_{em})\, \Delta\lambda_{ex}\Delta\lambda_{em} \tag{3-2}$$

式中，λ_{ex}——激发波长，nm；

λ_{em}——发射波长，nm；

$\Delta\lambda_{ex}$——激发波长间隔，5nm；

$\Delta\lambda_{em}$——发射波长间隔，5nm；

$I(\lambda_{ex}\lambda_{em})$——在特定激发波长和发射波长对应点处的荧光强度。

（3）平行因子法

平行因子（parallel factor analysis，PARAFAC）分析法广泛应用于三维以及高维数据的分析当中。平行因子分析法是基于三线性分解理论的一种数学模型，利用交替最小二乘算法计算的。对于单个水样，其三维荧光光谱数据是一个大小为 $J\times K$ 的矩阵，J 代表发射波长（emission），K 代表激发波长（excitation）。I 个水样就可以产生大小为 $I\times J\times K$ 的三维矩阵。利用平行因子分析法可以将一个三维数据矩阵 $\boldsymbol{X}$ 分解为得分矩阵 $\boldsymbol{A}$，以及载荷矩阵 $\boldsymbol{B}$ 和 $\boldsymbol{C}$。

$$X_{ijk} = \sum_{f=1}^{F} a_{if} b_{jf} c_{kf} + e_{ijk} \tag{3-3}$$

式中，x_{ijk}——第 i 个样品的第 j 个发射波长与第 k 个激发波长处的荧光强度；

F——载荷矩阵的列数，代表因子数；

a_{if}——矩阵 $\boldsymbol{A}$ 中的元素；

b_{jf}——矩阵 $\boldsymbol{B}$ 中的元素；

c_{kf}——矩阵 $\boldsymbol{C}$ 中的元素；

e_{ijk}——相应的残差元素。

与二维数据模型（如主成分分析等）不同，平行因子分析的解是唯一的。从理论上讲，平行因子模型分析所得的因子数应该与混合物中的组分数一致。近些年来，平行因子模型分析法被成功地应用于解析三维荧光光谱数据。

3.2 采样点布设与样品预处理

3.2.1 采样点布设

辽河保护区管理局于 2013 年 10 月、2014 年 3 月、2014 年 4 月及 2014 年 6 月对辽河保护区水质状况进行调研分析。表 3-2 为此次分析的地理坐标，图 3-2 为采样点位置。

表 3-2 采样点地理位置

点位编号	采样点位	纬度（N）	经度（E）
1	西辽河	42°59′06.4″	123°32′44.5″
2	福德店	42°58′45.3″	123°32′54.6″
3	东辽河	42°59′04.3″	123°33′17.7″
4	三河下拉	42°40′34.03″	123°34′28.62″
5	通江口	42°36′58.8″	123°39′38.7″
6	五棵树橡胶坝	42°28′30.8″	123°48′15.6″
7	招苏台河	42°37′42.1″	123°40′12.8″
8	柴河	42°19′15.4″	123°51′54.2″
9	汎河	42°16′05.1″	123°40′15.7″
10	七星山橡胶坝	42°08′58.7″	123°20′56.3″
11	左小河	42°08′00.8″	123°23′10.8″
12	毓宝台坑塘湿地	41°55′12.0″	122°53′30.0″
13	巨流河	42°00′44.8″	122°56′50.3″
14	燕飞里湿地	41°57′28.5″	122°56′50.1″
15	燕飞里入口	41°56′47.6″	122°55′54.6″
16	红庙子橡胶坝	41°26′25.6″	122°38′08.9″
17	本辽辽湿地	41°31′33.8″	122°38′08.6″
18	曙光大桥橡胶坝	41°07′17.4″	121°54′33.6″
19	绕阳河	41°07′02.0″	121°48′41.9″
20	一统河	41°11′07.6″	122°00′37.5″
21	小柳河	41°11′35.7″	122°04′57.7″
22	张家湿地出口	41°22′14.3″	122°25′17.1″
23	大张桥橡胶坝	41°16′36.5″	122°31′15.3″

图 3-2 七星湿地采样点地理位置

七星湿地位于辽河保护区中部，是典型的支流河口湿地，主要是为了阻控西小河、羊肠河、万泉河及长河等支流中的污染物，对支流来水进行净化，减轻辽河干流污染负荷。4 条支流主要接纳铁岭及沈阳等市沿途城镇生活污水及部分工业废水。所在区域内有 2 座钢坝闸拦蓄河水，水体经由 1 座溢流坝进入辽河干流。湿地面积达 6.7×10^6 m^2，水深 1.5 m，蓄水量 1.0×10^7 m^3。

具体采样点的地理位置如图 3-3 所示。

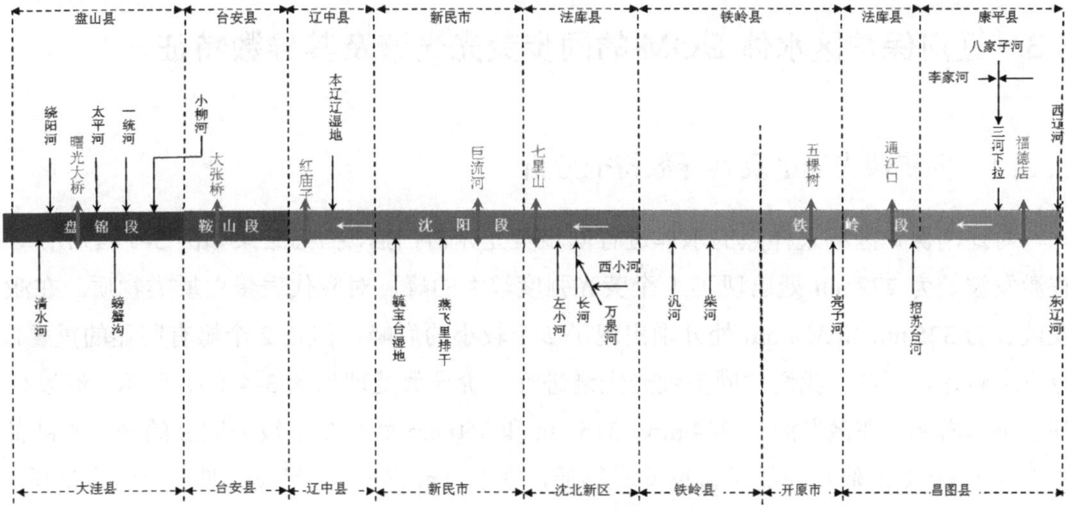

图 3-3 采样点位置

3.2.2 样品采集处理与分析方法

本实验采集的样品是表层水样（0～15 cm）。使用已清洗干净的水样采集器进行采集，混合均匀后置于 250 mL 的玻璃采样瓶（使用前用 10%硝酸浸泡并用超纯水清洗干净）中，利用便携式水质测定仪（thermo orion star）对水体温度（*T*）、pH 和溶解氧进行现场测定。水样放于低温保温箱保存至运回实验室。表层水水质指标测定方法见表 3-3。

表 3-3 水质指标测定方法

分析项目	分析仪器/方法	方法来源
温度	便携式水质测定仪（ThermoOrionStar）	—
pH	便携式水质测定仪（ThermoOrionStar）	—
溶解氧	便携式水质测定仪（ThermoOrionStar）	—
COD	高锰酸钾消解法	《水和废水监测分析方法》
总氮	碱性过硫酸钾法	《水和废水监测分析方法》
氨氮	纳氏试剂法	《水和废水监测分析方法》
硝氮	麝香草酚法	《水和废水监测分析方法》
亚硝酸盐	*N*-（1-萘基）-乙二胺光度法	《水和废水监测分析方法》
叶绿素	叶绿素 a 的测定	《水和废水监测分析方法》
总磷	钼锑抗分光光度法	《水和废水监测分析方法》
正磷酸盐	钼锑抗分光光度法	《水和废水监测分析方法》

3.3 辽河保护区水体 DOM 的同步荧光光谱及其导数特征

3.3.1 同步荧光光谱及其导数特征分析

对辽河保护区各采样点的水体进行同步荧光光谱扫描，扫描结果如图 3-4（a）所示。在激发波长为 272 nm 处出现了 1 个荧光强度较大的峰，对应代表蛋白质类物质。在激发波长为 325 nm 和 364 nm 处分别出现了 2 个较小的肩峰，但是 2 个峰有明显的重叠，分离度较差，因此，我们对同步荧光光谱进行一阶导数处理如图 3-4（b）所示。经过处理后可以看到，在激发波长 264 nm、315 nm 和 360 nm 处有 3 个较为明显的峰。资料表明在 315 nm 处的峰代表的是富里酸类物质，在 360 nm 处的峰代表的是腐殖酸类物质，此处两者实现了较好的分离。由荧光强度可以看出，辽河保护区水体 DOM 中含量最多的是蛋白质类物质，而富里酸及腐殖酸类物质含量很少。河流中的蛋白质类物质主要来源于城镇生活污水，富里酸和腐殖酸类物质来源于污水中较难降解的 DOM 及农业面源。

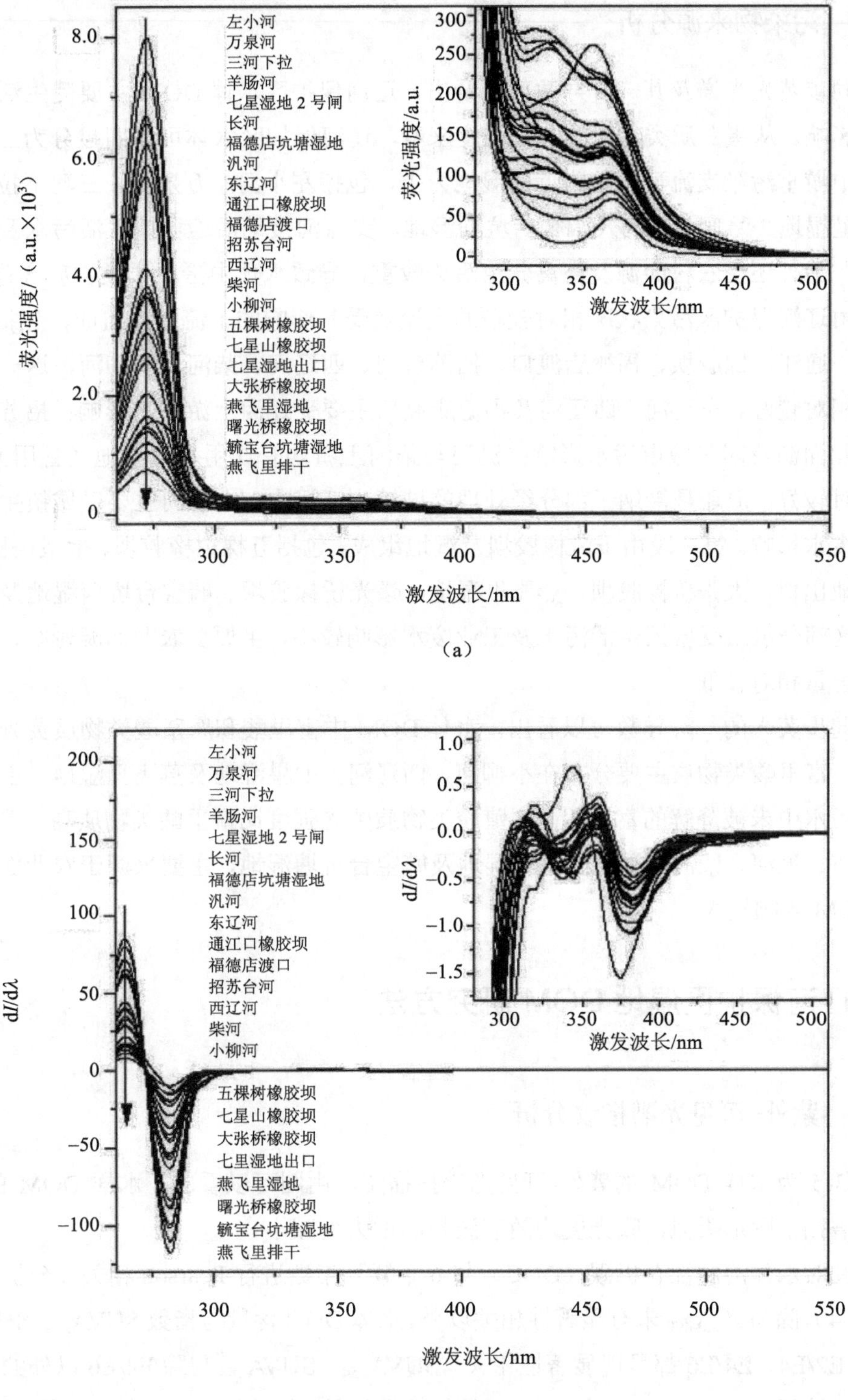

图 3-4　辽河保护区水样的同步荧光光谱图（a）及其一阶导数（b）

3.3.2 污染物来源分析

从同步荧光光谱及其一阶导数可以看出，辽河保护区水体 DOM 主要受生活污水排入河流影响。从蛋白质类物质的荧光强度来看，辽河保护区水体可以明显分为三段。第一段以中游重污染支流河及其附近的湿地为主，包括左小河、万泉河、三河下拉、羊肠河、七星湿地 2 号闸、长河及福德店坑塘湿地。支流河接纳沿途城镇生活污水及部分工业废水，另外还受农村面源及畜禽养殖污染较重，导致水体中蛋白质类物质含量较高。第二段由辽河保护区污染状况相对较轻的支流及受其影响的干流断面组成，包括汎河、东辽河、通江口橡胶坝、福德店渡口、招苏台河、西辽河、柴河及小柳河，这一部分支流水质相对较好。东辽河、西辽河及福德店渡口主要受辽河上游来水影响；招苏台河主要受农业面源及四平城市污水影响；汎河与柴河上游均有饮用水水源地（备用），因此水质相对较好，但还是接纳了部分经处理的城镇生活污水；小柳河主要受城镇生活污水及工业废水影响。第三段由干流橡胶坝及湿地组成，包括五棵树橡胶坝、七星山橡胶坝、七星湿地出口、大张桥橡胶坝、燕飞里湿地、曙光桥橡胶坝、毓宝台坑塘湿地及燕飞里排干，这部分水质受城镇生活污水及工业废水影响较小，主要受农业面源影响，蛋白质类物质含量相对较低。

由同步荧光的一阶导数可以看出，水体 DOM 中富里酸和腐殖酸类物质荧光强度相对较低。富里酸类物质主要分布在小柳河、西辽河、七星湿地及燕飞里湿地，主要来源于生活污水中未被降解的富里酸。腐殖酸类物质荧光强度比富里酸类物质高，主要分布在小柳河、汎河、柴河、福德店坑塘湿地及毓宝台坑塘湿地，主要来源于农业面源，受土壤 DOM 影响较大。

3.4 辽河保护区湿地 DOM 研究方法

3.4.1 紫外-可见光谱指纹分析

图 3-5 为水样 DOM 的紫外-可见光谱扫描图，由图可以看出，水样 DOM 的紫外-可见光谱扫描图形类似，吸光度均随着波长的增大而减小。

通过对水体溶解性有机碳（DOC）与 6 个紫外指数进行 Pearson 相关性分析可以看出（表 3-4），除与 $A_{240\text{-}400}$ 未有显著性相关以外，水体 DOC 含量与指数 $SUVA_{254}$、$SUVA_{280}$、E2/E3、E2/E4、E4/E6 都呈现显著性相关。$SUVA_{254}$、$SUVA_{280}$ 与除 E4/E6 以外的其他指数相关性较好；E2/E3、E2/E4 与 $A_{240\text{-}400}$ 的相关性较差，与其他指数的相关性较好；E4/E6 和 $A_{240\text{-}400}$ 的相关性较好。

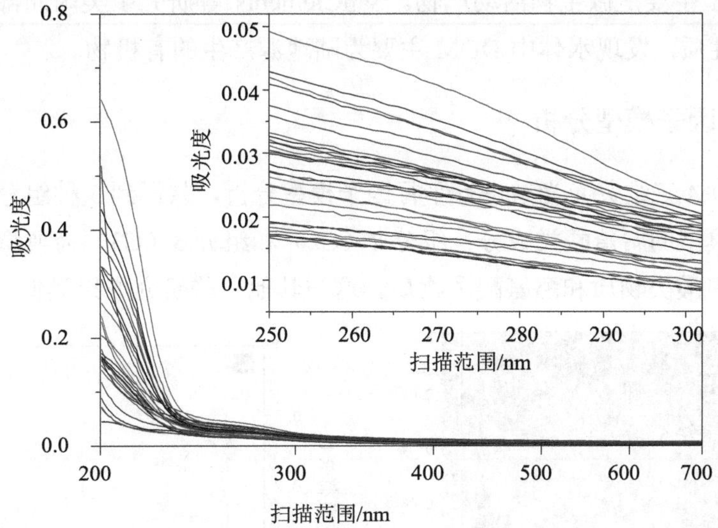

图 3-5　湿地工程水体紫外-可见光谱

表 3-4　水体 DOC 与 6 个紫外指数之间的 Pearson 相关性

	DOC	$SUVA_{254}$	$SUVA_{280}$	E2/E3	E2/E4	E4/E6	$A_{240\text{-}400}$
DOC	1	−0.877**	−0.863**	−0.665**	−0.673**	−0.419*	−0.071
$SUVA_{254}$		1	0.996**	0.626**	0.604**	0.210	0.465*
$SUVA_{280}$			1	0.596**	0.572**	0.172	0.494**
E2/E3				1	0.980**	0.523**	−0.013
E2/E4					1	0.621**	−0.082
E4/E6						1	−0.394*
$A_{240\text{-}400}$							1

注：**：相关性在 0.01 水平显著（双尾）；

*：相关性在 0.05 水平显著（双尾）。

3.4.2　DOM 来源

McKnight 等首次提出使用荧光指数来区分 DOM 的来源。土著微生物活动产生的 DOM 通常包含较低的荧光团和芳香度，其荧光指数为 1.7～1.9；陆地源产生的 DOM 通常是由高芳香度和荧光团物质组成，其荧光指数为 1.2～1.4，而且 pH 对荧光指数几乎没有影响。

通过计算发现，辽河保护区湿地水体荧光指数值为 1.59～2.15，说明水体中的 DOM 主要是土著微生物活动产生的 DOM，如细胞分泌及破裂。其他学者也做过类似的研究，Vazquez 等研究了地中海的某个河流系统，对其荧光指数进行计算发现，在干旱季节河流水体中 DOM 主要是微生物活动产物。SanClements 等研究了美国北部一些酸敏感湖泊中 DOM 的性质，发现水体中 DOM 主要为陆地源产生的有机物。

3.4.3 平行因子模型分析

对水样 DOM 三维荧光光谱进行平行因子模型分析，共得到 3 种组分（图 3-6）。组分 1（C1）是典型的腐殖酸类成分；组分 2（C2）和组分 3（C3）为典型的蛋白质类成分，分别为色氨酸类物质和酪氨酸类物质。这与其他一些研究成果类似。

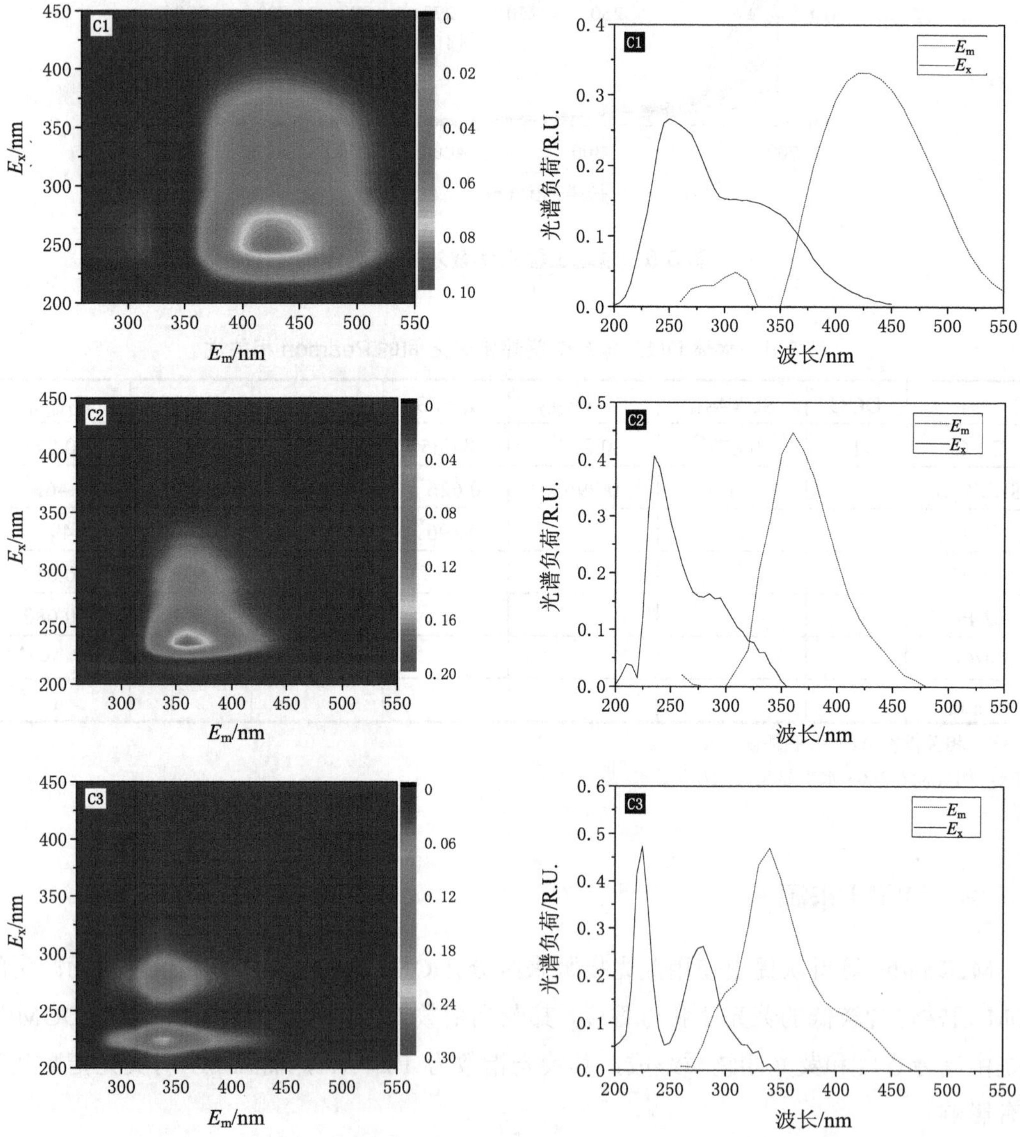

图 3-6 平行因子分析成分及其负荷

组分 1 来源于陆地源，在水环境中由地球驱动或者是原地生成的。组分 1 具有较高的共轭性和芳香荧光团，与蛋白质类物质相比更加稳定，组分 2 为色氨酸类物质，主要与水体中的微生物蛋白及其初级产物有关；组分 3 为酪氨酸类物质，此类物质与微生物蛋白或多肽有关，包含自由或者聚合的酪氨酸，多为污水携带。

3.5　七星湿地水体 DOM 研究

3.5.1　紫外-可见吸收光谱分析

3.5.1.1　水体 DOM 分子特征

通过紫外-可见吸收光谱计算水体的腐殖化指数，包括 $SUVA_{254}$、$SUVA_{280}$、E2/E3、E2/E4、E4/E6 以及 $A_{240\text{-}400}$（图 3-7）。

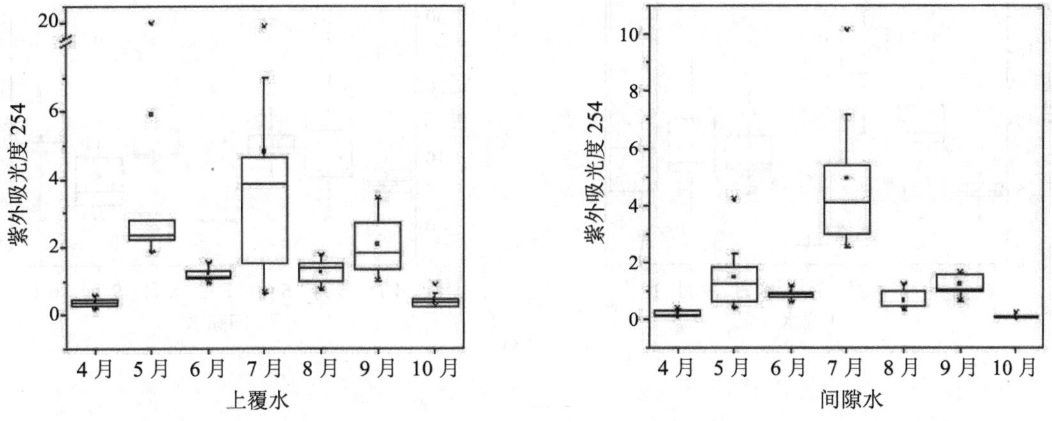

(a)

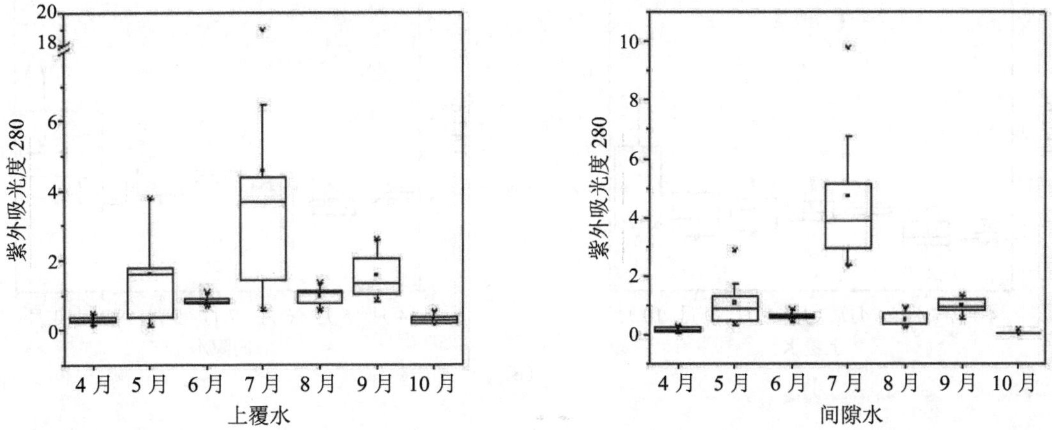

(b)

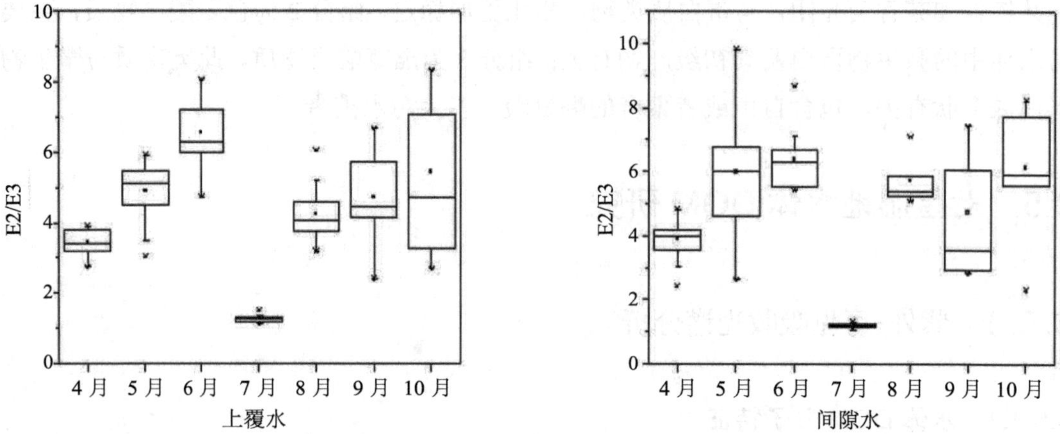
E2/E3
4月 5月 6月 7月 8月 9月 10月
上覆水
E2/E3
4月 5月 6月 7月 8月 9月 10月
间隙水

（c）

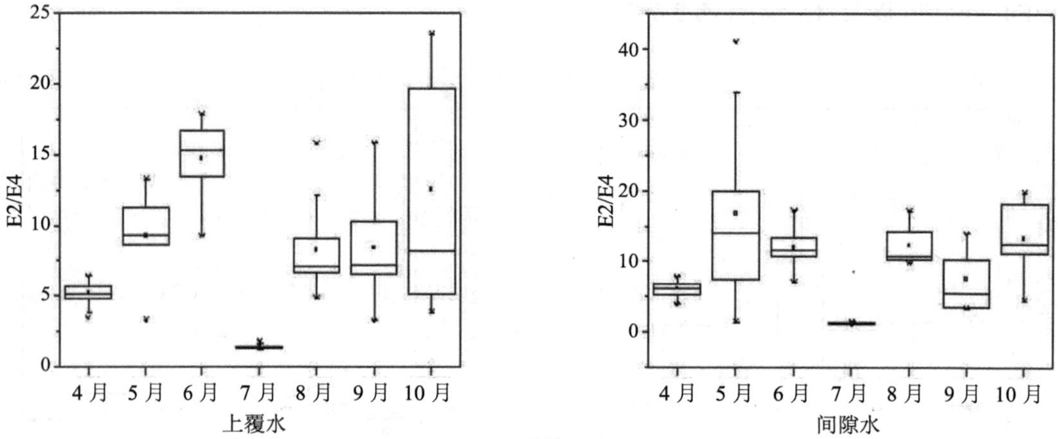
E2/E4
4月 5月 6月 7月 8月 9月 10月
上覆水
E2/E4
4月 5月 6月 7月 8月 9月 10月
间隙水

（d）

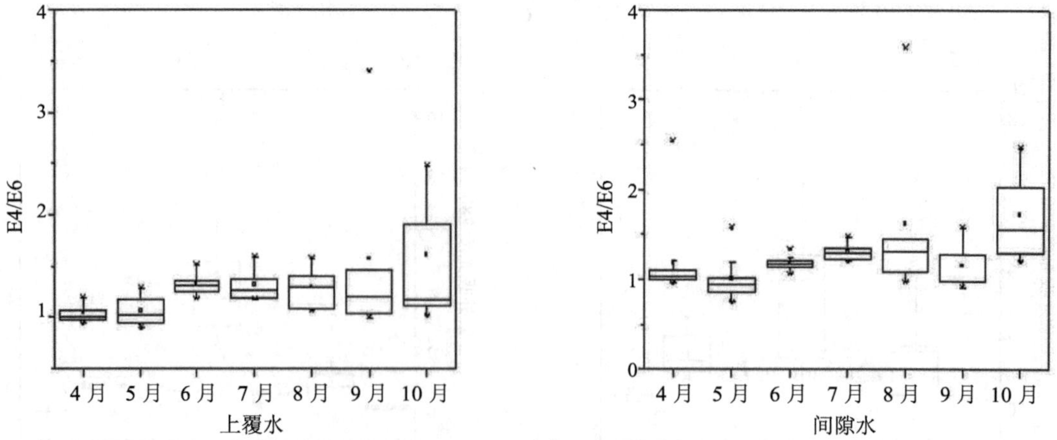
E4/E6
4月 5月 6月 7月 8月 9月 10月
上覆水
E4/E6
4月 5月 6月 7月 8月 9月 10月
间隙水

（e）

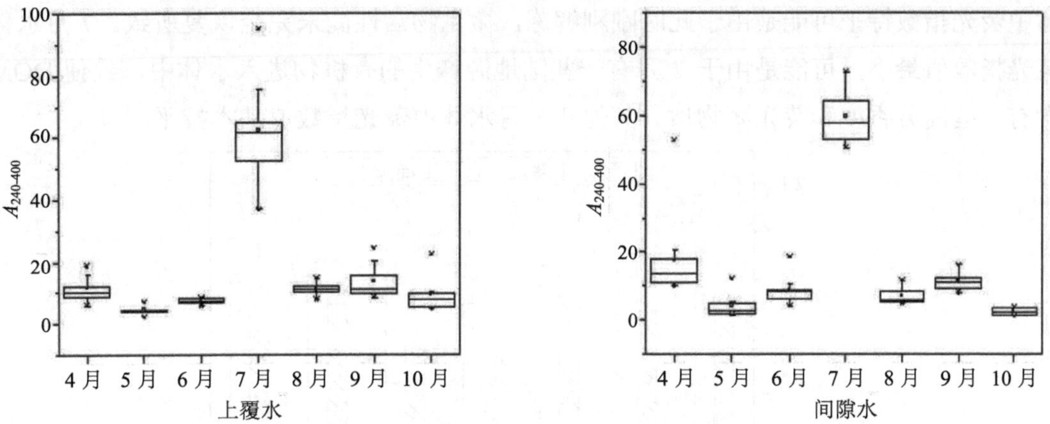

(f)

图 3-7 七星湿地上覆水与间隙水紫外指数的分布

Niahijima 等认为，有机物在 254 nm 处的吸收主要为具有不饱和碳碳键的物质，包括芳香族化合物等，相同 DOC 浓度的有机质在该波长下吸光值的增加意味着非腐殖质向腐殖质转化；280 nm 附近的吸收平台由腐殖质物质中木质素磺酸及其衍生物的光吸收所引起，并且随着腐殖质芳香族和不饱和共轭双键结构的增加，腐殖质物质单位摩尔紫外吸收强度增强；DOM 在 280 nm 处的吸光度与有机质分子量大小呈正相关。

对比各月上覆水与间隙水腐殖化指数的变化（图 3-7），各腐殖化指数在上覆水和间隙水中的规律基本类似。2 个 SUVA（紫外吸光度）值分布模式相似，均表现为上覆水略高于间隙水，研究表明水体腐殖化程度随着 SUVA 的增大而升高，所以上覆水的腐殖化程度要高于间隙水；无论在上覆水还是在间隙水中，7 月的 SUVA 值都达到最大，说明 7 月水体的腐殖化程度最高，这可能与微生物活动有关。3 个比值型的指数也可以在一定程度反映水体腐殖化程度，E2/E3 与 E2/E4 分布规律相似，它们与水体腐殖化程度呈负相关，所以水体 E2/E3 与 E2/E4 的值在 7 月最小，而且间隙水中的值大于上覆水；而 E4/E6 的数值之间并没有明显的变化特征，不能很好地反映水体的腐殖化程度。E2/E3 还与 DOM 的分子量有关，它随着有机物分子量的增加而减少，呈负相关关系，所以可以得出 7 月的 DOM 分子量最大，而且间隙水中 DOM 的分子量大于上覆水。$A_{240\text{-}400}$ 也能较好地反映水体的腐殖化程度。

3.5.1.2 水体 DOM 来源

湿地上覆水与间隙水荧光指数值的变化如图 3-8 所示。由图可知，各月水体的荧光指数值为 1.7～1.9，说明在湿地水体中，土著微生物活动产物是 DOM 的主要来源。除 4 月在上覆水和间隙水中的平均值持平外，其他月均表现为间隙水中的荧光指数值高于上覆水。这可能是由于湿地底质中微生物群落丰富，其代谢活动产物较多。4 月两种水体中荧光指数持平可能是由于此时刚刚解冻，微生物活性尚未完全恢复所致。7 月水体荧光指数值最小，可能是由于 7 月有一些陆地源产生的有机物进入水体中，致使 DOM 含有一些高芳香度和荧光团物质。其他几个月水体中荧光指数值基本持平。

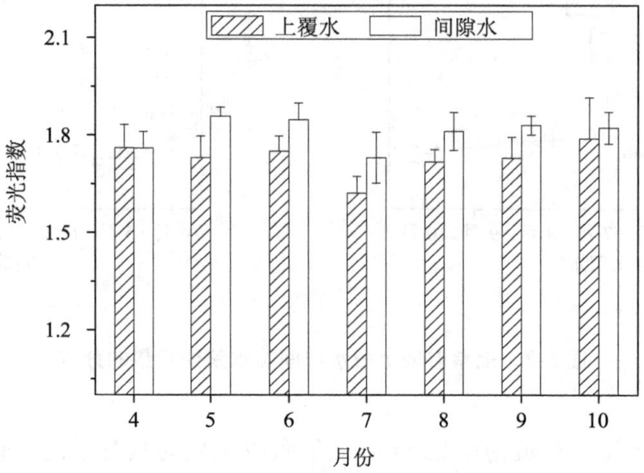

图 3-8 上覆水与间隙水荧光指数值的变化特征

3.5.1.3 体积积分法解析 DOM 组分

对 5 月水样三维荧光扫描光谱进行体积积分分析，解析其中 5 种 DOM 组分。由图 3-9 可见，在 5 种组分当中，两类蛋白质类组分含量最高，其余腐殖酸类及微生物副产物的含量相对较低。

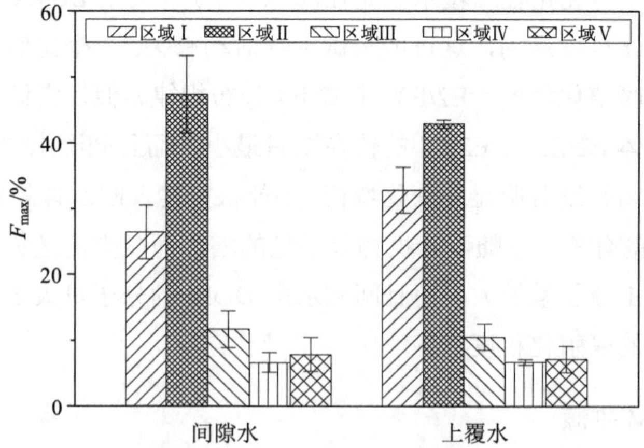

图 3-9 类积分区域的荧光强度分布

体积积分法是基于不同波长下荧光强度不同，预先划定积分区域，每个三维荧光光谱图都可以划分出相同的 5 类组分，与实际水体中 DOM 组分情况可能并不一致，所以并不能根据实际情况真实地反映 DOM 组分。而平行因子对解析多维数据非常有效，因此平行因子是解析不同环境中 DOM 组分更为有效的多变量分析法。

3.5.1.4 平行因子法分析

将各月采集的水样（共 145 个样品）的三维荧光光谱进行平行因子分析，共得到 3 种组分（图 3-10）。组分 1（C1）是典型的腐殖酸类成分；组分 2（C2）和组分 3（C3）为典型的蛋白质类成分，分别为色氨酸类物质和酪氨酸类物质；这与其他一些研究成果有一定的相似性。

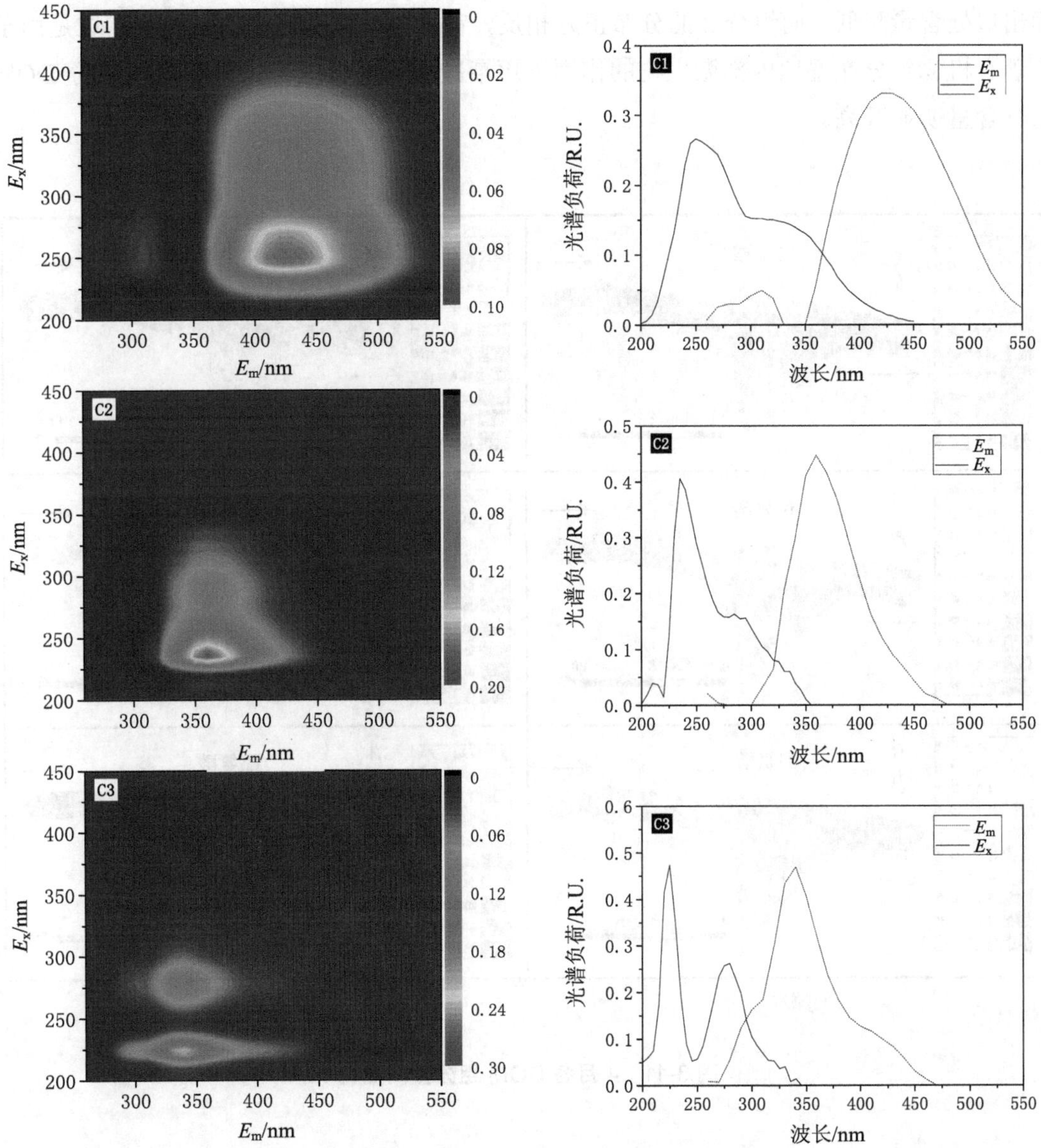

图 3-10 水体 DOM 平行因子分析组分图及载荷

组分 3 来源于陆地源，在水环境中由于地球驱动或者是原地生成的。组分 3 具有较高的共轭性和芳香荧光团，与蛋白质类物质相比更加稳定；组分 2 为色氨酸类物质，主要与水体中的微生物蛋白及其初级产物有关；组分 3 为酪氨酸类物质，代表原地生成的产物，此类物质与微生物蛋白或多肽有关，包含了自由或者聚合的酪氨酸。

利用地理信息系统（geographic information system，GIS）对七星湿地 4 月 DOM 组分空间分布进行克里金插值分析，由结果可知各 DOM 组分在湿地内的空间分布模式并不一致（图 3-11）。在间隙水中，3 种 DOM 组分的分布模式类似，尤其是两种蛋白质类物质在万泉河入口处及湿地出口处含量相对较高，而在湿地中部含量较少，这主要与湿地底质性质相关；在上覆水中，组分 1 和组分 3 分布模式类似，均表现为入口处含量高而出口处含量降低，而组分 2 的分布正好相反，在入口处偏低而出口处较高，这是由于土著有机物组分在湿地内部微生物的作用下逐渐减少，而微生物代谢活动产生的 DOM 组分含量明显升高。

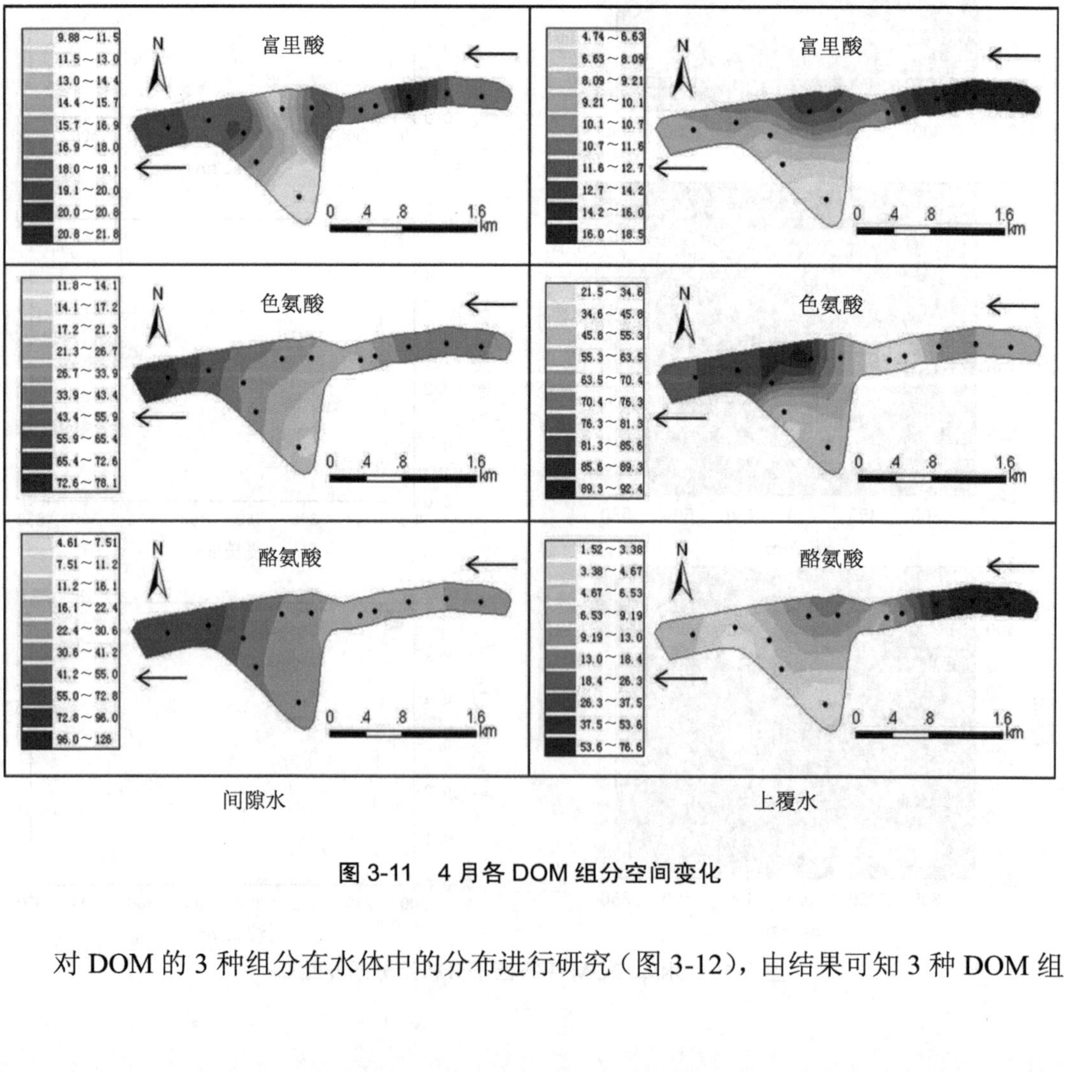

图 3-11　4 月各 DOM 组分空间变化

对 DOM 的 3 种组分在水体中的分布进行研究（图 3-12），由结果可知 3 种 DOM 组分当中，由于微生物活动产生及污水携带的 DOM（组分 2 和组分 3）占主要部分，而具有陆地源来源特征的组分 1 含量较少。因此，在两类蛋白质类组分当中，各月都呈现组分 3 含量高于组分 2 的含量。组分 1 较为稳定，在各月基本表现为间隙水中含量高于上覆水中含量。组分 2 相对稳定，除 5 月以外基本表现为上覆水中含量较高。而组分 3 在各月的变化较大，在间隙水和上覆水中的含量也时大时小，可能与当时湿地水体中的微生物种类和数量有关。

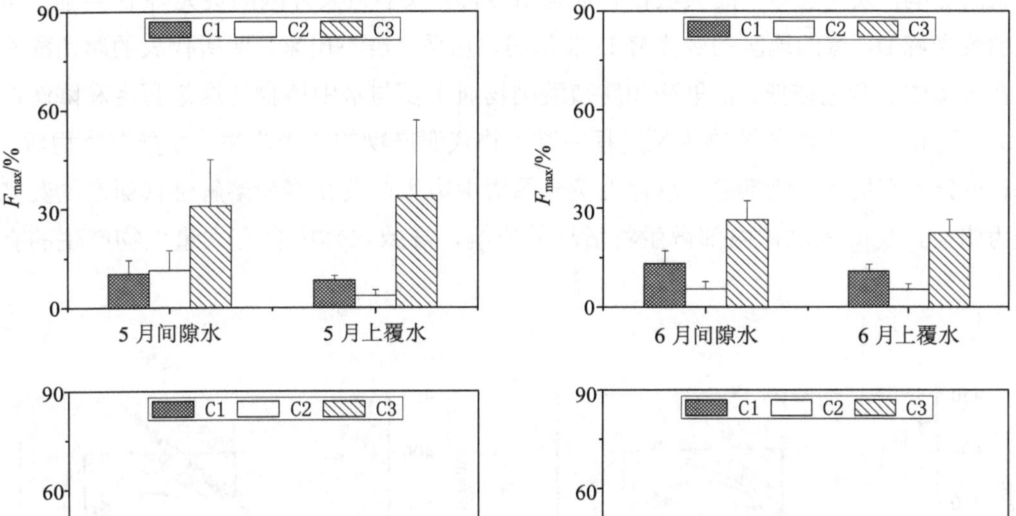

图 3-12　平行因子模型组分在上覆水和间隙水中的分布

3.5.2 三维荧光光谱分析

图 3-13 为 4 月 7 个采样点处水体中 DOM 的三维荧光光谱。3 月和 6 月的三维荧光光谱图的分辨情况与 4 月的基本一致，都是分为 5 个区域。从图中可以看出各采样点处的荧光光谱图可以基本分辨出 4 个荧光峰，其中，峰 A 和峰 B 属于低激发波长色氨酸类物质和富里酸类物质，峰 C 和峰 D 属于溶解性代谢产物和腐殖酸类物质。7 个光谱图中峰 A 处的荧光强度明显要高于其他 3 个峰，这主要是受到周围工农业废水及生活污水污染的影响，致使水体中的类蛋白物质含量较高。大多数紫外区的荧光峰 B 要强于可见区的荧光峰 D，有的地区的荧光峰 D 非常弱，几乎分辨不出来，即所代表的腐殖酸类物质在水体中的含量较低。富里酸和腐殖酸类物质主要与水中植物的腐烂程度和降解产物有关。而峰 C 是由浮游植物生长过程中微生物代谢产物的荧光产生，如蛋白类物质、辅酶、小分子有机酸、色素等。总体上荧光图谱中类蛋白荧光峰和溶解性代谢产物荧光峰较为明显，说明受水体内部微生物活动的影响，导致水体中含有大量生物产生的有机质。

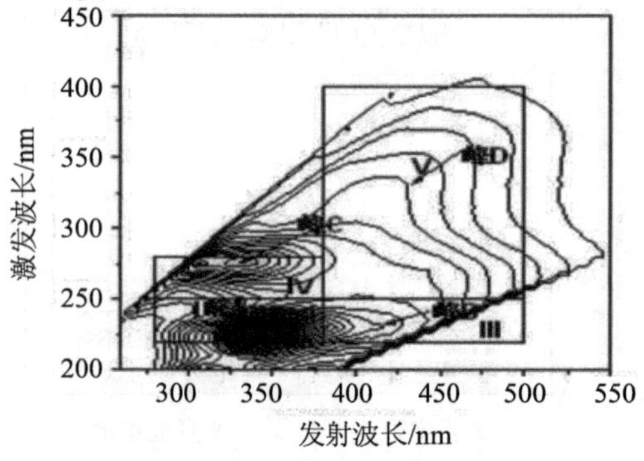

(a) 西小河

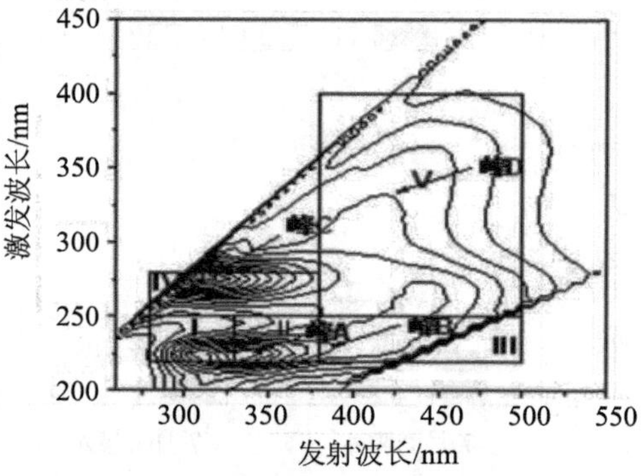

(b) 万泉河

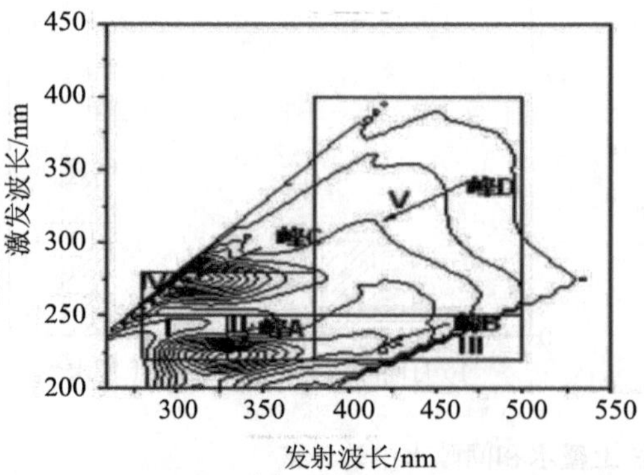

(c) 羊肠河

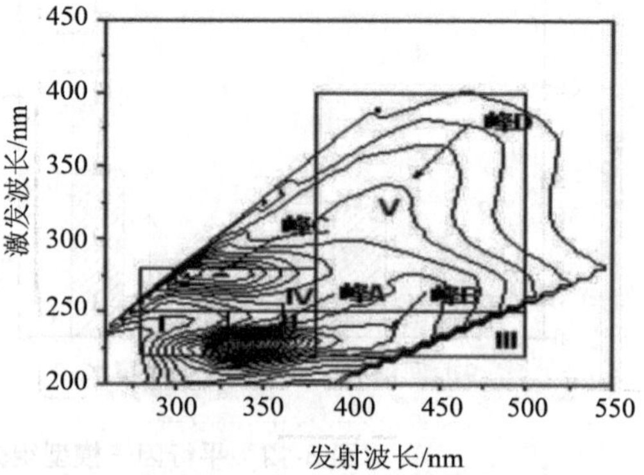

(d) 1 号闸

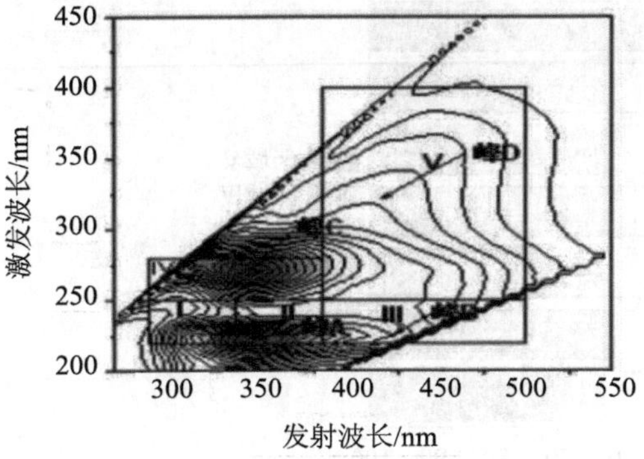

（e）长河

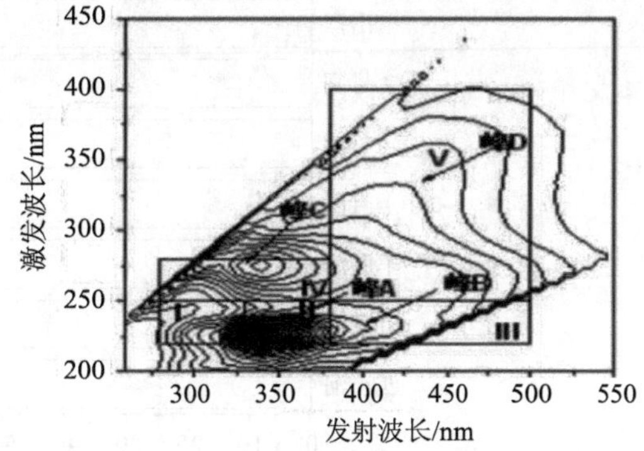

（f）2 号闸

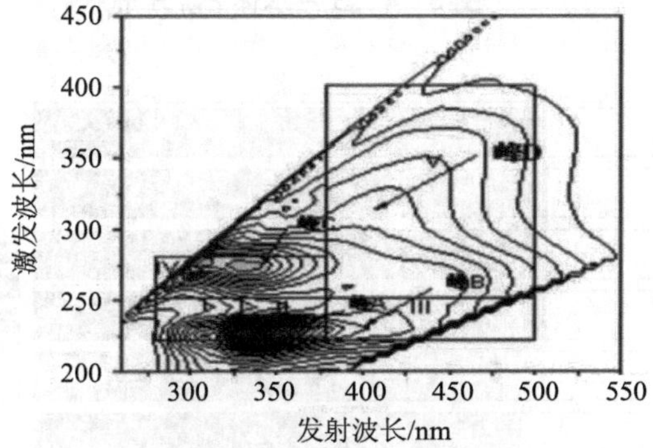

（g）出口

图 3-13　三维荧光光谱

3.5.3　FRI 法分析 DOM 的组分

图 3-14～图 3-16 分别为 3 月、4 月、6 月的区域积分标准体积百分比。从图中可以较为直观地看出各月份的不同采样点处有机物的分布情况及相对含量。3 月的七星湿地 DOM 的组分相对含量与 4 月和 6 月有很大不同，7 个采样点处的区域 I 都占整体有机物含量的 50%以上，而区域 I 所代表的物质是芳香蛋白类物质 I（络氨酸为主），这种氨基酸具有较高的共轭性和芳香荧光团，除西小河处的区域Ⅳ代表的溶解性微生物代谢产物高于区域 II 的芳香蛋白类物质 II 外，其余地区的芳香蛋白类物质 II（色氨酸为主）均排在相对含量的第二位，其次是溶解性微生物代谢产物，最后是富里酸和腐殖酸类物质。

4 月和 6 月七星湿地水体中 DOM 的组成分布情况变化较小，且每个采样点处的有机物相对含量也较为稳定。主要是湿地生态结构的特性使其水体的自净能力较强。整体表现为两类蛋白类物质组分含量相对最高，然后是溶解性微生物代谢产物，而富里酸和腐殖酸类物质组分含量相对较低，部分地区腐殖酸类物质的含量极低，所占比例基本在 2%以内。

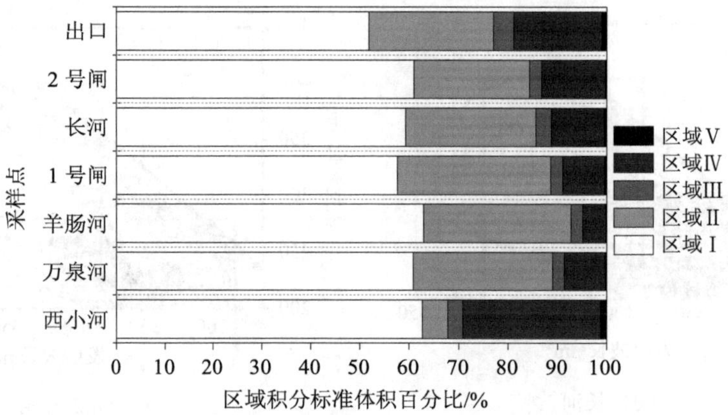

图 3-14 3 月水体 $P_{i,n}$ 分布

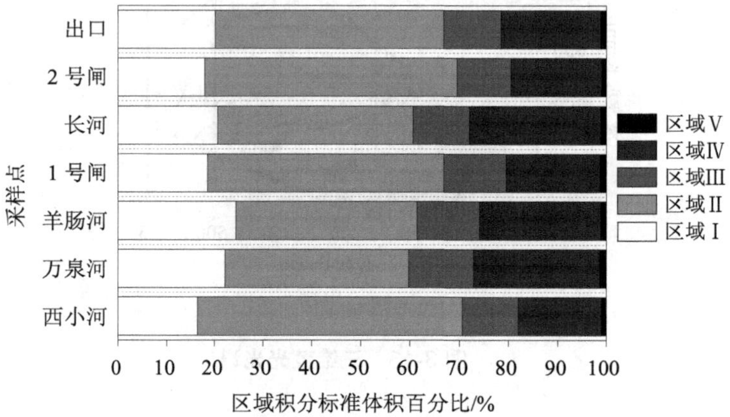

图 3-15 4 月水体 $P_{i,n}$ 分布

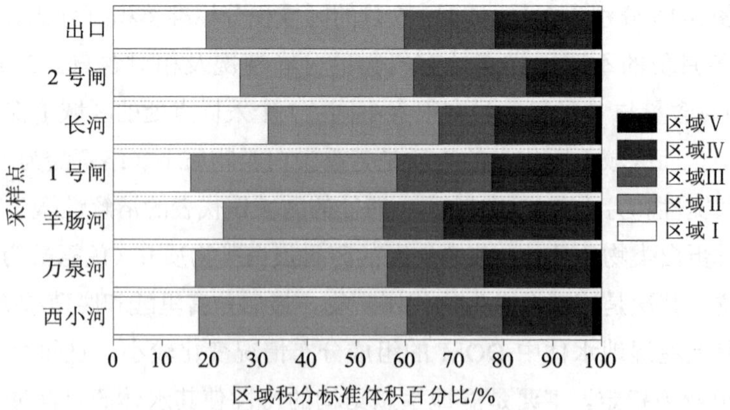

图 3-16 6 月水体 $P_{i,n}$ 分布

3.5.4　水体 DOM 来源

表 3-5～表 3-7 为 3 月、4 月、6 月七星湿地水体中 DOM 的荧光指数 $f_{(450/500)}$ 和腐殖化指数 $r_{(B,D)}$ 的计算结果。研究资料表明，生物来源 DOM 和陆源 DOM 的 2 个端源 $f_{(450/500)}$ 值分别为 1.9 和 1.4，在 3 个不同月份的七星湿地水体中，$f_{(450/500)}$ 的值为分别为 1.73±0.04、1.82±0.05 和 1.79±0.1。此结果说明生物源及微生物活动的产物是七星湿地水体中 DOM 的主要来源，主要是周边生活污水和农业废水的排放导致其水体中的微生物较为活跃，新陈代谢较为旺盛。3 月的 $f_{(450/500)}$ 值要小于 4 月和 6 月的 $f_{(450/500)}$ 值，主要是因为此时的湿地水体刚刚处于解冻状态，微生物的大部分活性还没有得到完全的恢复，或者是由于部分陆地源产生的有机质进入湿地水体中，使 DOM 中含有了一些荧光团和高芳香度的物质。

表 3-5　3 月七星湿地 DOM 的光谱参数

采样点名称	$f_{(450/500)}$	$r_{(B,D)}$
西小河	1.69	1.49
万泉河	1.74	1.56
羊肠河	1.78	1.59
1 号闸	1.68	1.48
长河	1.80	1.63
2 号闸	1.75	1.69
出口	1.72	1.54

表 3-6　4 月七星湿地 DOM 的光谱参数

采样点名称	$f_{(450/500)}$	$r_{(B,D)}$
西小河	1.79	1.59
万泉河	1.89	1.47
羊肠河	1.80	1.58
1 号闸	1.83	1.52
长河	1.87	1.56
2 号闸	1.77	1.66
出口	1.78	1.57

表 3-7　6 月七星湿地 DOM 的光谱参数

采样点名称	$f_{(450/500)}$	$r_{(B,D)}$
西小河	1.86	1.38
万泉河	1.77	1.48

采样点名称	$f_{(450/500)}$	$r_{(B,D)}$
羊肠河	1.99	1.39
1 号闸	1.70	1.36
长河	1.73	1.55
2 号闸	1.75	1.58
出口	1.73	1.49

3 个月份湿地各采样点水体的腐殖化指数 $r_{(B,D)}$ 分别为 1.49～1.69、1.47～1.66，1.36～1.58，其平均值分别为 1.57、1.52 和 1.46。$r_{(B,D)}$ 值发生变化，说明水体中至少有 2 种不同类型的富里酸荧光物质，从各月份的平均值可以看出七星湿地水体中腐殖化程度整体较高，DOM 的结构较复杂，分子量较大。3—4 月不同采样点腐殖化指数均呈上升趋势，4—6 月除西小河和羊肠河 2 个采样点升高外，其他 5 个采样点腐殖化指数下降腐殖化指数降低，表明腐殖化程度增加；反之降低。2 号闸处水体的 $r_{(B,D)}$ 值一直最大，说明该采样点处水体腐殖化程度最低，腐殖酸含量最少。其他采样点处水体的 $r_{(B,D)}$ 变化范围较窄，表明水体受污染程度差别不大。

3.6 七星湿地底质 DOM 研究

3.6.1 底质 DOM 来源

对 4 月湿地底质中 DOM 进行三维荧光光谱扫描，并计算其荧光指数。4 月底质 DOM 荧光指数为 1.56～1.67，这既非典型的陆地源 DOM 又非微生物活动产物，而是介于两者之间。在上覆水和间隙水中 DOM 来源主要是以微生物活动产物为主，而在底质当中，陆地源的 DOM 含量增加，所以导致荧光指数值降低。这也反映出底质与水体中 DOM 的不同来源。

3.6.2 底质 DOM 组分分析

对底质 DOM 三维荧光图进行平行因子模型分析，共解析出 4 种 DOM 组分（图 3-17）。其中，有 3 种组分为腐殖酸类物质（组分 1～3），有 1 种为蛋白质类物质。组分 1 为陆地源腐殖酸类物质，分布较为广泛；组分 2 为陆地源或人类活动（如农业活动等）产生的腐殖酸类物质；组分 3 为陆地源腐殖酸类物质。组分 4 为酪氨酸类物质。

底质 DOM 以腐殖酸类物质为主，3 种腐殖酸类组分共占总体的 2/3 左右，而蛋白质类物质约占总体的 1/3（图 3-18）。在 3 种腐殖酸类组分中，组分 1 含量较为稳定，变化不大；组分 2 占 DOM 的 20%左右；组分 3 变化最大，说明组分 3 稳定性较差。

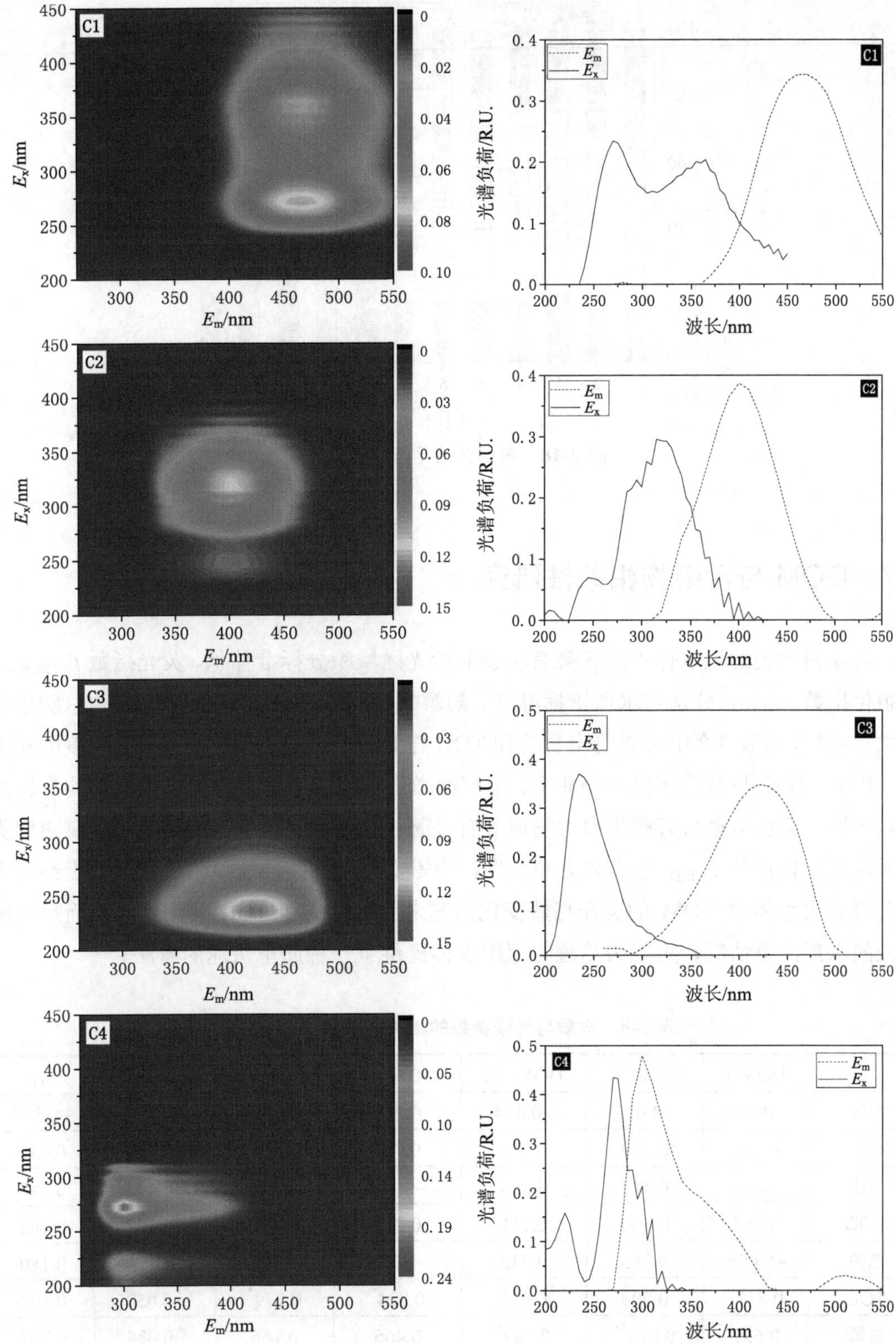

图 3-17　底质 DOM 平行因子模型组分图及负荷

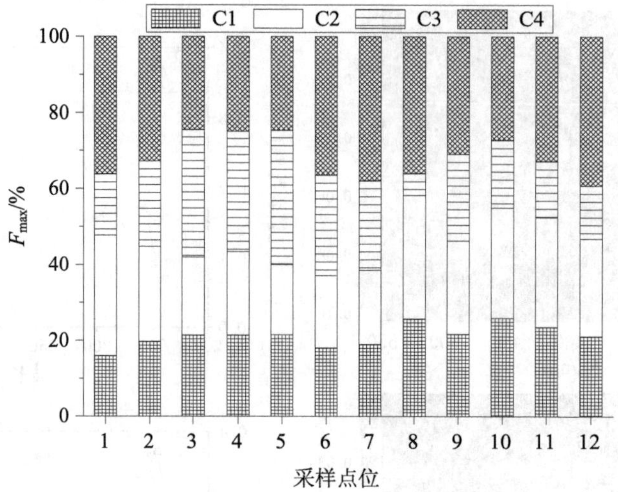

图 3-18 各组分的平行因子得分

3.7 DOM 与污染物相关性研究

将 4 月七星湿地水体中的 5 类有机物的荧光区域积分标准体积、荧光指数 $f_{(450/500)}$、腐殖化指数 $r_{(B,D)}$，分别与水质指标温度、溶解氧、pH、COD、氨氮、TOC 和总磷进行相关性分析，从表 3-8 中可以看出总磷和 TOC 与 DOM 的 5 类有机物有不同程度的相关性。其中，TOC 与芳香蛋白类物质Ⅰ、溶解性微生物代谢产物及腐殖质类物质均有较高的相关性。而总磷也与芳香蛋白类物质Ⅱ有显著正相关性，与富里酸类物质、腐殖酸类物质及腐殖化指数 $r_{(B,D)}$ 也有显著相关性，而氨氮与 $f_{(450/500)}$ 呈负相关性。以上结果表明，可以用水体中 DOM 的荧光指数变化情况来反映总磷和 TOC 等浓度，从而反映出相应的水质污染情况，可以为治理与保护水体提供了一种简单快速的方法。

表 3-8 水质与光谱参数的相关性系数（n =7）

	DOM Ⅰ	DOM Ⅱ	DOM Ⅲ	DOM Ⅳ	DOM Ⅴ	$f_{(450/500)}$	$r_{(B,D)}$
温度	−0.110	−0.613	−0.424	0.268	−0.328	0.731	−0.347
溶解氧	0.494	0.289	0.310	0.443	0.454	−0.219	0.435
pH	0.067	0.148	0.020	−0.102	0.122	−0.492	0.440
COD	0.165	0.150	0.111	0.021	0.279	−0.167	0.162
氨氮	−0.096	0.385	0.232	−0.279	0.205	−0.817*	0.180
TOC	0.811*	0.703	0.693	0.824*	0.779*	−0.053	0.492
总磷	0.659	0.878**	0.789*	0.465	0.766	−0.434	0.737

注：**：在 0.01 水平（双侧）上显著相关；

*：在 0.05 水平（双侧）上显著相关。

3.8 辽河保护区七星湿地POM的研究

3.8.1 POM组分

图3-19～图3-21分别为3月、4月、6月POM的区域积分标准体积百分比。从图可看出各月份不同采样点处悬浮物中有机物的分布情况与对应水体中DOM的分布情况有所差异。在3月七星湿地POM的组分中，芳香蛋白类物质Ⅱ相对含量最多，其次是溶解性微生物代谢产物，芳香蛋白类物质Ⅰ和富里酸类物质含量相当，腐殖酸类物质含量依然最少。6月POM的组分中各有机物的分布情况除溶解性微生物代谢产物含量有所增加外，其余各组分的相对含量与3月的分布情况相类似。4月湿地POM的组成情况与其他2个月略有不同，溶解性微生物代谢产物的相对含量最高，然后是芳香蛋白类物质Ⅱ，芳香蛋白类物质Ⅰ和富里酸类物质，最后是腐殖酸类物质。

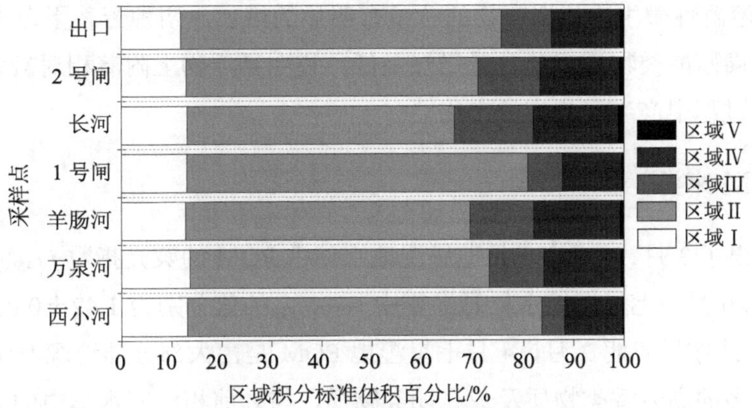

图3-19 2014年3月湿地悬浮物中$P_{i,n}$分布

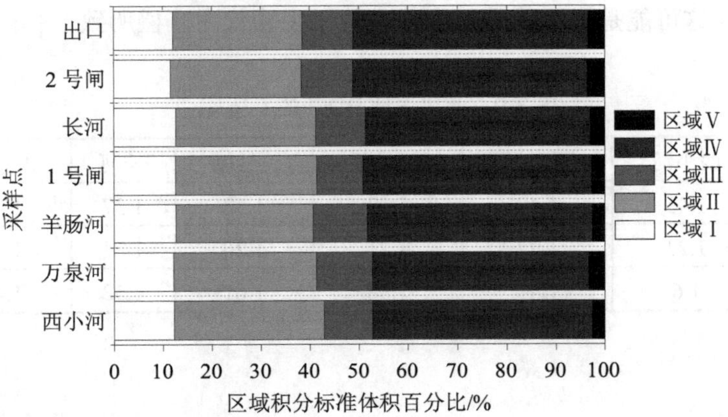

图3-20 2014年4月湿地悬浮物中$P_{i,n}$分布

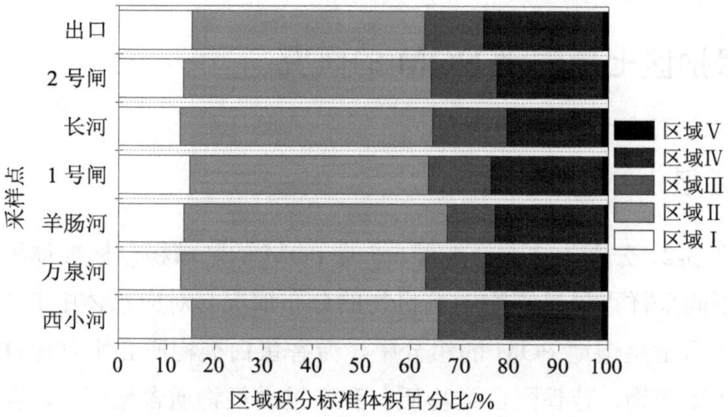

图 3-21 2014 年 6 月湿地悬浮物中 $P_{i,n}$ 分布

从图中可明显看出，由于湿地生态结构的特性使其水体表现出较强的自净能力，使得各月份中每个采样点处悬浮物中有机物相对含量也较为稳定。七星湿地中的 POM 与 DOM 相比，溶解性微生物代谢产物的含量有明显的增加，两种芳香蛋白类物质组分含量依然较高，腐殖酸类物质组分含量仍然最低。说明悬浮物上附着相对较多的微生物，在微生物活动过程中产生了相应的产物。

3.8.2 POM 来源

表 3-9 给出了 3 月、4 月、6 月七星湿地水体中 POM 的荧光指数 $f_{(450/500)}$ 的计算结果。3 月、4 月、6 月的七星湿地水体悬浮物中 $f_{(450/500)}$ 的值分别为 1.42±0.07、1.24±0.02 和 1.5±0.08。此结果表明 3 月、4 月七星湿地 POM 是由大部分陆地源产生的有机物组成的，含有较多的高芳香类物质及荧光团类物质，与之前相对应水体中的 DOM 的来源有所不同。这可能由于 3 月、4 月，气温才刚刚回暖，陆源有机物随悬浮物进入水体，所以 $f_{(450/500)}$ 值在这 2 个月普遍偏低。而在 6 月，七星湿地水体中 POM 中微生物活动产物逐渐增多。这可能是水温回升，水体中的微生物代谢旺盛所致。

表 3-9 七星湿地 POM 的 $f_{(450/500)}$

采样点	西小河	万泉河	羊肠河	1 号闸	长河	2 号闸	出口
3 月	1.45	1.47	1.53	1.32	1.37	1.41	1.39
4 月	1.23	1.27	1.21	1.26	1.24	1.23	1.21
6 月	1.6	1.47	1.38	1.61	1.52	1.48	1.43

3.9 小　结

本章通过对辽河保护区及七星湿地 DOM 进行光谱学分析，得到如下结论：

1）辽河保护区湿地工程水体的腐殖化指数与水体 DOC 具有较好的相关性，除 $A_{240\text{-}400}$ 外，其余指数均与 DOC 具有显著性相关关系。通过对辽河保护区湿地工程水体荧光指数的计算分析可知，水体 DOM 主要来源于土著微生物的活动；利用平行因子模型分析得到 3 种组分，组分 1 为腐殖酸类物质，组分 2 为色氨酸类物质，组分 3 为酪氨酸类物质。

2）七星湿地上覆水的腐殖化程度要高于间隙水，7 月水体的腐殖化程度最高；7 月 DOM 分子量最大，上覆水中的 DOM 分子量小于间隙水。七星湿地各月份水体的荧光指数值基本分布在 1.7～1.9 的范围内，表明水体中 DOM 主要来自土著微生物活动，7 月的荧光指数值偏小，可能是有一些陆地源的有机物进入水体当中所致。湿地水体中主要以蛋白质类物质为主（组分 2 和组分 3），腐殖酸类物质含量较小；在各月水体中基本呈现组分 3 含量高于组分 2，组分 1 介于两者之间；组分 1 和组分 2 整体表现为间隙水中含量高于表层水中含量，组分 3 变化较大，这与各组分稳定程度有关。采用体积积分法将 DOM 分为 5 种组分，包括腐殖酸类物质和蛋白质类物质，所得结果与平行因子有一定的相似性，但是这种方法只基于谱图的区域划分，并不能很好地反映 DOM 成分。

3）对七星湿地底质中 DOM 采用平行因子模型分析出 4 种 DOM 组分，组分 1～3 为腐殖酸类物质，组分 4 为蛋白质类物质。底质 DOM 腐殖酸类组分占 60%以上。

4）通过同步荧光光谱及其导数法分析辽河保护区水体，得到其 DOM 中含量最多的是来自城镇生活污水中的蛋白质类物质，其次是来源于污水中较难降解且受农业面源影响较大的富里酸和腐殖酸类物质。从蛋白质类物质的荧光强度来看，辽河保护区水体可以明显地分为 3 段，可以区分不同污染程度的水体。

5）通过 FRI 法得到 DOM 和 POM 中的 5 个组分芳香蛋白类物质Ⅰ、芳香蛋白类物质Ⅱ、溶解性微生物代谢产物、富里酸、腐殖质类物质的组成比例。主要以蛋白类物质及微生物代谢产物为主，富里酸和腐殖酸含量较低。

6）通过对七星湿地工程水体荧光指数的计算分析可知，生物源是湿地水体 DOM 的主要来源，陆地源是湿地中的 POM 的主要来源，七星湿地水体的腐殖化程度相对较高。

7）湿地水体中的 TOC 与芳香蛋白类物质Ⅰ、溶解性微生物代谢产物及腐殖质类物质均有较高的相关性。总磷与芳香蛋白类物质Ⅱ、富里酸类物质、腐殖酸类物质及腐殖化指数 $r_{(B,D)}$ 存在不同程度的相关关系。

第 4 章　七星湿地底质微生物群落变化规律研究

湿地底质在湿地污染物去除当中起着重要的作用，主要是因为湿地底质提供了微生物栖息的场所，底质中存在丰富的微生物种群，这些微生物与水体中污染物迁移转化过程密切相关。本章利用现代微生物生态学手段，对七星湿地不同采样点不同季节底质微生物群落结构特征进行研究。通过荧光定量聚合酶链式反应（polymerase chain reaction，PCR）研究底质中总细菌、硝化细菌、反硝化细菌及氨氧化细菌的数量变化过程。通过聚合酶链式反应-变形梯度凝胶电泳（polymerase chain reaction- denaturing gradient gel electrophoresis，PCR-DGGE）研究底质中总细菌的变化特征及种群属性。

4.1　河流湿地微生物群落特征

4.1.1　湿地微生物群落功能

微生物既是生态系统当中的初级生产者，同时也是主要的分解者。微生物活动使湿地中的物质循环和能量流动得以进行，而作为分解者，微生物在污染控制中发挥着不可替代的作用。湿地对污水的净化离不开微生物的作用，湿地内的微生物种群和数量构成了湿地中特有的生态系统，其生命活动及新陈代谢产物对湿地系统也会产生极大的影响。尽管湿地对污染物的去除机理有很多种，诸如沉降、过滤、化学沉淀、挥发、吸附以及植物吸收等，然而湿地中绝大多数污染物的去除都与微生物的代谢活动有关，这从一开始就被认为是湿地净化污染物的根本。在湿地生态系统中，有机物的降解和氮化合物的迁移转化等过程主要是由湿地中的微生物活动来完成的。微生物发挥着如此重要的作用，自然成为研究的重点。

4.1.2　现代分子微生态学研究技术

传统的微生物学方法只能研究可培养的微生物种类，而这些微生物只占自然界全部微生物的一小部分（0.1%～10%），很难满足微生物生态学研究的需要。自 20 世纪 80 年代以来，包括荧光原位杂交技术（flourescence in situ hybridization，FISH）、限制性酶切片段长度多态性分析（restriction fragment length polymorphism，RFLP）、变性梯度凝胶电泳（denaturing gradient gel electrophoresis，DGGE）以及克隆文库等在内的微生物分子生物学方法的研究和应用得到了飞速发展。分子微生物生态学具有传统方法所无法比拟的优势和特点，可以对几乎全部微生物种群进行研究，进而更容易地分析环境样品中的微生物群落结构，找出环境处理系统中的优势菌种，对我们了解微生物与环境之间的关系尤为重要。

微生物分子生态学以微生物基因组 DNA（脱氧核糖核酸，deoxyribonucleic acid）的序列信息为依据，通过对环境样品中 DNA 分子种类和数量的分析来反映微生物的区系组成和群落结构。通过直接从环境样品中提取所有微生物的基因组总 DNA，依据核苷酸序列的特征差异，分析 DNA 的种类和数量，进而反映微生物的组成及种群数量比例情况。这种研究方法分析速度快、提供信息量大，因而适合对微生物群落结构复杂的系统进行连续动态的分析，解析微生物群落结构与其功能之间的关系。

4.1.2.1　实时荧光定量 PCR

实时荧光定量 PCR（real-time PCR）技术，是在 PCR 反应体系中加入适当的荧光基团，利用荧光信号积累对整个 PCR 过程进行实时监测，最后通过标准曲线对未知模板进行定量分析的方法。该技术由美国 Applied Biosystems 公司于 1996 年推出，实现了 PCR 由定性到定量的飞跃。相较于常规 PCR，实时荧光定量 PCR 可有效解决 PCR 污染问题，具有特异性强、自动化程度高等特点。常用的定量方法有 3 种：SYBR green I 染料法、TaqMan 探针定量及 Molecular Beacon。

real-time PCR 技术已被广泛应用于自然环境的各种微生物生态学研究中。Garcia-Lledo 等用 real-time PCR 技术研究表面流人工湿地中所有反硝化基因和一氧化二氮还原酶编码基因（*nosZ*）的相对丰度，发现 *nosZ* 的丰度总是低于其他反硝化基因（低至 100 倍），在较高硝氮负荷下，人工湿地显示出较高的 N_2O 排放基因潜能。real-time PCR 结合 PCR-DGGE 及克隆文库等分子手段可以更清楚地了解系统内菌群的时空分布及动态变化。Yun 等研究了若尔盖湿地土壤中好氧与厌氧条件下甲烷氧化菌基因 *pmoA* 的分布及变化，利用 real-time PCR 技术发现若尔盖湿地土壤中好氧条件下的 *pmoA* 基因拷贝数是厌氧条件下的 1.5 倍；克隆文库显示共检测到 4 类甲烷氧化菌；变形梯度凝胶电泳技术（DGGE）条带测序结果显示，在厌氧条件下湿地土壤中的甲烷氧化菌具有更高的多样性。Okabe 等将 real-time PCR 技术成功应用于定量研究环境中的厌氧氨氧化细菌总体数量，发现厌氧氨氧化细菌 16S rRNA 基因拷贝数增加的同时氮去除效率也会增加，作者同时估算了氨氧化细菌的倍增时间，为 3.6～5.4 天。

4.1.2.2　DGGE

变性梯度凝胶电泳技术（DGGE）发明于 20 世纪 80 年代初期，最早应用在基因点突变的检测当中，它的发明大大提高了传统琼脂糖电泳与聚丙烯酰胺凝胶电泳检测的分辨率精度，可以区别一个核苷酸残基的差异。

DGGE 的原理：不同的 DNA 双链（在碱基序列上存在差异）在解链时需要不同的变性剂浓度，DNA 双链解链后在聚丙烯酰胺凝胶中的电泳速度会急剧下降。将 PCR 扩增所得到的等长的 DNA 片段加至含有变性剂梯度的聚丙烯酰胺凝胶中进行电泳，不同序列的 DNA 片段会在各自对应的变性剂浓度下变性，其空间构型发生变化，导致电泳速度急剧下降。因此，不同序列的 DNA 片段就会在胶中的不同位置发生解链、停留，从而彼此分开。每条条带都代表一个特定序列的 DNA 片段。在不同的泳道中停留在相同位置的条带，通常可认为具有相同的 DNA 序列。

为了提高分离效果，通常在 DNA 片段上连接 GC 夹板（一段长度为 30～50 个碱基、富含 GC 的核苷酸序列），这样可以分辨相差一个碱基的序列。DGGE 技术具有快速简便、分离效果好的优点，已经被广泛应用于研究环境样品中的微生物。Legge 等应用 DGGE 技术研究了抗生素环丙沙星对湿地系统中微生物群落的形成、功能和稳定性的影响，发现环丙沙星可以降低 PCR 扩增的 DNA 总数及细菌操作分类单元数的多样性，表明环丙沙星对湿地系统内部固有的细菌群落有不利的影响，最初主要通过抑制细菌同化人类活动产生的碳基化合物而起作用。Ruiz-Rueda 等利用 DGGE 研究了表面流人工湿地系统中芦苇和香蒲根周围氨氧化细菌与反硝化细菌的群落结构特征，发现植物对氨氧化细菌和反硝化细菌有影响，湿地中的植物是反硝化细菌群落结构的重要控制因素，芦苇比香蒲更有利于湿地底质中硝化作用的进行。Calheiros 等研究了不同基质对人工湿地中细菌群落的影响，基质包括两种不同类型的膨胀黏土及细砾石，发现不同的基质对细菌群落多样性有很大的影响。

4.1.2.3 克隆文库

生态系统中微生物物种及其各自的数量和分布对研究它们之间以及它们与环境之间的相互作用至关重要。因此对生态系统中微生物物种数量、分布及丰度进行分析是进行微生物生态学研究的前提条件。构建 16S rDNA 克隆文库是微生物分子生态学中调查环境原核微生物组成的常用方法之一。

环境样品微生物 16S rDNA 文库的构建方法主要有平端连接和粘端连接（“TA 克隆”）两种。通常采用粘端连接方法构建文库，其原理是：在扩增过程中，DNA Taq 聚合酶会向 16S rDNA PCR 产物的 3′端加一个脱氧腺嘌呤核苷酸，使其成为突出末端“A”。接着在连接酶的作用下，这些在 3′端具有突出末端“A”的 PCR 产物可以与在 5′端具有脱氧胸腺嘧啶核苷酸的突出末端“T”的载体相连接。载体上一般具有氨苄西林与卡那霉素等抗生素抗性基因，而实验所使用的宿主细胞并没有该抗性基因，所以只有带有这种质粒的克隆才可以在含有氨苄青霉素或者卡那霉素的平板上面生成。此外，该载体还同时带有 *lacZ* 基因调控序列及部分结构基因序列，在其自连后能够与宿主基因组上的另

一部分 *lacZ* 基因序列互补，在 IPTG 的诱导下会产生有活性的β-半乳糖苷酶，并将 X-Gal 切割成蓝色产物，因此当带有自连载体的克隆生长在涂布有 IPTG 和 X-Gal 的平板上时，会显示为蓝色克隆。而当载体上带有插入目标 PCR 片段时就会使 *lacZ* 基因失活，这时在涂有 IPTG 和 X-Gal 的平板上进行生长时，就会显示为白色克隆。因此，通过“蓝白斑筛选”可以筛选出其中有插入片段的克隆，之后通过 PCR 的方法检验插入片段的大小是否正确。通过这样两步筛选后，就可以得到载体上插入有 16S rDNA 序列的阳性克隆。

通过上述方法获得的克隆子通常只含有几个基因拷贝，难以直接获得其序列信息。所以，通常会对筛选得到的克隆子再进行一轮质粒培养，接着提取质粒进行测序，再与 GeneBank 数据库进行比对，找到与这些序列相对应的微生物的名称与系统发育地位。从理论上来讲，最好将所有质粒都进行测序比对，但是为了减少测序的数量，可先用核酸内切酶对文库进行限制性片段长度多态性分析，之后根据分型的结果把文库分成若干操作分类单元（operational taxonomic unit，OTU），对每个 OTU 选代表克隆进行测序，最后根据测序结果对文库进行微生物生态学的统计分析。

克隆文库是环境分子生态学研究中最基本且最有效的方法。Li 等通过挑选 180 个左右的克隆子研究了翠湖湿地中芦苇根部内生微生物的群落结构和多样性，发现约 78.9%的微生物属于 *Proteobacteria*，还有 9.0%的 *Firmicutes*、6.6%的 *Cytophagal/Flexibacter/Bacteroids*、2.4%的 *Fusobacteria* 以及 3.0%的未知细菌。Moeseneder 等针对 16S rDNA 和 16S rRNA 各自分别挑选 100 个克隆子研究海洋浮游细菌群落，发现在 DNA 克隆当中 *α-Proteobacteria* 占主导地位（52%），而 *γ-Proteobacteria* 在 RNA 克隆中占主导地位（44%）。

4.1.2.4　FISH 技术

20 世纪 80 年代末，在放射性原位杂交技术的基础上发展出了一种非放射性分子细胞遗传学技术，即 DNA 荧光原位杂交技术（fluorescence in situ hybridization，FISH）。其原理是利用具有荧光标记的探针与细胞内特异的互补核酸序列进行杂交，通过激发杂交探针的荧光信号来检测。该技术具有传统方法所不可比拟的优势，其特异性和灵敏性极高，无须单独分离 DNA 或 RNA（核糖核酸，ribonucleic Acid），可以用于研究环境中那些数量较少且较难培养的微生物。FISH 技术将分子生物学的精确性与显微镜的可视性结合在一起，可以提供微生物的数量与空间分布等信息。

Baptista 等研究了 2 个试验规模潜流人工湿地中微生物群落的形成，其中一个种植了植物而另一个没种植任何植物。通过 FISH 定量研究了系统中古细菌、细菌和硫酸盐还原菌，发现这几种细菌在 2 个反应器中的数量很相近，说明植物对这些微生物群落的结构并没有很强烈的作用。Chen 等利用 FISH 技术研究了 SBR 反应器中微生物群落的原位信息，发现糖原累积细菌在污泥发酵液反应器中的数量要远低于醋酸反应器中的数量，这种细菌与一氧化二氮的生成有关，通过对 *nosZ* 基因进行研究发现，发酵液增加了将 N_2O 转化为 N_2 的细菌的数量。Sawaittayothin 等对处理垃圾渗滤液废水的人工湿地系统内微生物进行了研究，FISH 结果显示人工湿地系统中的优势菌群为异养细菌和无机自养细菌，硝化菌在湿地床内没有出现。

4.1.3 总 DNA 提取方法及步骤

采用 QIAamp® DNA Stool Mini Kit（Qiagen，德国）离心式 DNA 快速提取试剂盒对七星湿地底质样品中细菌总 DNA 进行提取，提取方法依照 DNA 试剂盒说明进行。提取到的细菌总 DNA 采用 1%琼脂糖凝胶电泳进行检测，在紫外灯下观察拍照。电泳条件如下：1×TBE 溶液为缓冲液，浓度为 1%的琼脂糖胶，电压为 120 V，电泳时间约 30 min，染料使用 SYBR Safe DNA Gel Stain（Invitrogen，美国），电泳所用 Ladder 为 Lambda - Hind Ⅲ digest。

4.1.3.1 PCR-DGGE

（1）PCR 试验条件优化及扩增

1）PCR 扩增条件优化

在 PCR 扩增反应过程当中，退火温度对扩增产物的纯度以及浓度都会产生重要的影响，所以试验中需要对退火温度进行优化。使用梯度 PCR 仪（mastercycles gradient PCR system，Eppendorf，德国）对扩增反应的退火温度进行优化，该仪器可同时进行 12 个不同退火温度梯度的 PCR 反应。以总细菌通用引物 27F 和 1492R 为例，选取退火温度范围为 48 ～58℃。用 1%琼脂糖电泳检测各退火温度下的扩增效果。结果表明，在退火温度为 53℃的时候，扩增产物的特异性最好。

2）PCR 扩增

为了研究湿地底质在不同季节中微生物种群的分布及其动态变化，使用总细菌通用引物对样品 16S rDNA 进行 PCR 扩增。同时，为了使 PCR 扩增的敏感性更强，以及后续 DGGE 分析更具有针对性，试验中采取了套式 PCR（nested PCR）技术。第一轮 PCR 使用 27F 和 1492R 及其相应的 PCR 扩增条件。第二轮扩增以第一轮 PCR 扩增的产物作为模板，使用 357F-GC 和 518R 为引物进行扩增。这样既增加了反应的特异性，又能得到丰产的特异性靶序列，提高敏感性。

采用 50 μL 反应体系，其中包括 25 μL Green Mix（2×，Promega），0.5 μmol 上下游引物（由上海生工合成），模板 DNA 40 ng，加灭菌蒸馏水至 50 μL。

27F/1492R 扩增条件：95℃预变性 2 min，30×（95℃变性 30 s，53℃退火 30 s，72℃延伸 2 min），72℃延伸 10 min，4℃保存待用。

357F-GC/518R 扩增条件：95℃预变性 2 min，35×（95℃变性 30 s，55℃退火 30 s，72℃延伸 1 min），72℃延伸 10 min，4℃保存待用。

（2）DGGE

使用 D-Code 系统（BioRad，CA，USA）对 PCR 扩增后的产物进行 DGGE 分离。聚丙烯酰胺（37.5∶1）浓度为 8%，变性剂浓度梯度范围为 40%～60%（100%的变性剂中含有 7.0 mol/L 的尿素和 40%的去离子甲酰胺）。胶厚 1 mm，电泳缓冲液为 1×TAE（40 mmol/L Tris 碱，20 mmol/L 冰醋酸，1 mmol/L EDTA 二钠），电压为 60 V，电泳时间为 15 h，电泳温度 60℃。用 SYBR Gold 染料（invitrogen，USA）对泡好的胶进行染色，时间为 40 min，在 Gel-Doc 成像系统中拍照。割下含目的 DNA 条带的凝胶块转移到微量离心管中，用吸头挤碎，加入 20 μL 超纯水在 4℃条件下过夜溶解。之后采用 25 μL 反应体系进行 PCR 扩增：12.5 μL Colorless Mix（2×，Promega），0.5 μmol 上下游引物（357F 和 518R），以 2 μL 过夜溶解后的上清液为模板，加灭菌蒸馏水至 25 μL。PCR 产物用 Agilent2100 生物分析仪检测片段大小，用 QIAquick PCR 纯化试剂盒（Qiagen）对正确产物进行纯化，并用 ABI 96 3730xl DNA 毛细管电泳分析仪（Applied Biosystems，CA，USA）进行序列测定。测定结果与 NCBI 基因数据库（http：//www.ncbi.nlm.nih.gov）中的已知序列进行比对。

4.1.3.2　荧光定量 PCR

用 AB 7500 型荧光定量 PCR 仪对湿地底质中总细菌、硝化细菌、反硝化细菌及氨氧化细菌基因进行定量研究（表 4-1）。

表 4-1　PCR 扩增中使用的引物

引物名称	序列（5′→3′）	目标种群
1055F	ATGGCTGTCGTCAGCT	总细菌
1392R	ACGGGCGGTGTGTAC	
NSR1113F	CCTGCTTTCAGTTGCTACCG	硝化细菌
NSR1264R	GTTTGCAGCGCTTTGTACCG	
nosZ2F	CGCRACGGCAASAAGGTSMSSGT	反硝化细菌
nosZ2R	CAKRTGCAKSGCRTGGCAGAA	
amoA-1F	GGGGTTTCTACTGGTGGT	氨氧化细菌
amoA-2R	CCCCTCKGSAAAGCCTTCTTC	

对细菌总 DNA 进行 PCR 扩增，采取 50 μL 体系扩增，体系如下：2×LAmpMasterMix 25 μL，10 μmol/L 上下游引物各 1 μL，DNA 模板 3 μL，双蒸水 22 μL。

扩增条件为 94℃预变性 5 min 后，30×（94℃30 s，55℃30 s、72℃30 s），最后 1 轮

循环完成后再 72℃延伸 10 min。

反应完毕后，用 1%琼脂糖凝胶电泳检查扩增结果，对目的片段进行琼脂糖凝胶回收，步骤见康为世纪琼脂糖凝胶 DNA 回收试剂盒使用说明。

对回收的 PCR 产物、总细菌、硝化细菌、反硝化细菌和 *amoA* 基因分别进行 TA 连接，连接体系如下：回收后的目的片段 4 μL，T 载体 1 μL，2×Solution buffer 5 μL，共计 10 μL。

22℃连接约 30 min，转化感受态细胞 DH5α，步骤见康为世纪 DH5α 感受态细胞使用说明。

挑取白色菌落，悬于 10 μL 灭菌水中，取 1 μL 作为模板进行菌落 PCR 扩增，其余 4℃保存，菌落 PCR 体系如下：10 μmol/L 上下游引物各 0.2 μL，2×LAmpMasterMix 5.0 μL，DNA 模板 1.0 μL，双蒸水 3.6 μL，共计 10 μL。

扩增条件为 94℃预变性 5 min 后，30×（94℃30 s，55℃30 s，72℃30 s），最后 1 轮循环完成后再 72℃延伸 10 min。反应完毕后，用 1%琼脂糖凝胶电泳检查扩增结果。将上步中鉴定为阳性的剩余菌液进行培养，提取质粒，作为定量的标准品。

荧光定量 PCR 反应体系：用 UltraSYBR Mixture（with Rox）（CWbio.Co.Ltd，*Cat#CW0956*）进行扩增，实验操作按产品说明书进行。扩增程序为 95℃10 min，45×（95℃15 s，60℃60 s）。real-time PCR 反应体系为：UltraSYBR Mixture（2×）10 μL，上游引物（10 μmol/L）0.4 μL，下游引物（10 μmol/L）0.4 μL，DNA 模板 2 μL，然后加入灭菌蒸馏水至 20 μL。

具体实验设计如下：

1）建立筛选引物的标准曲线。为验证质粒标准品与引物扩增效果，将质粒进行 10 倍梯度稀释（10～10^9），稀释后取各浓度下质粒 2 μL 作为模板，用目的引物对其进行扩增。同时在 60～95℃进行溶解曲线分析，并绘制相应的标准曲线。

2）样品 real-time PCR 定量。将质粒标准品从 10～10^{12} 进行 10 倍梯度稀释，每个梯度取 2 μL 作为模板建立标准曲线，与 1）中的目的基因标准曲线设计方法一致，同时将各样本基因组 DNA 取 2 μL 作为模板，都用目的基因引物进行扩增。同时在 60～95℃进行溶解曲线分析。

4.2 微生物群落数量变化规律

4.2.1 质粒克隆结果

（1）PCR 扩增结果

取 5 μL 扩增产物进行琼脂糖电泳检测，结果如图 4-1 所示。

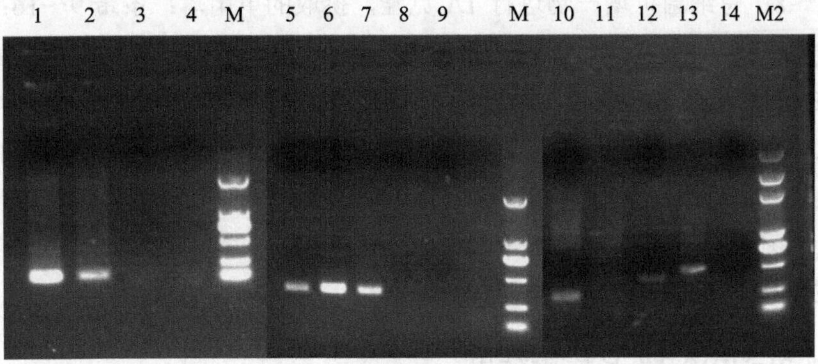

图 4-1　PCR 扩增产物的琼脂糖凝胶电泳

图中 M 和 M2 为 DNA Ladder。M：DM2000（100～2 000 bp）；M2：DM10000（100～10 000 bp）。

条带 1～4 为硝化细菌 NSR 扩增结果，条带 5～9 为总细菌扩增结果，条带 10～11 为反硝化细菌扩增结果，条带 13～14 为氨氧化细菌扩增结果。条带 3、8、11 为 9 号样本扩增结果，条带 4、9、14 为 11 号样本扩增结果。

（2）菌落 PCR 鉴定阳性克隆

每个基因挑 6～8 个菌落进行 PCR 扩增反应，结果如图 4-2 所示。

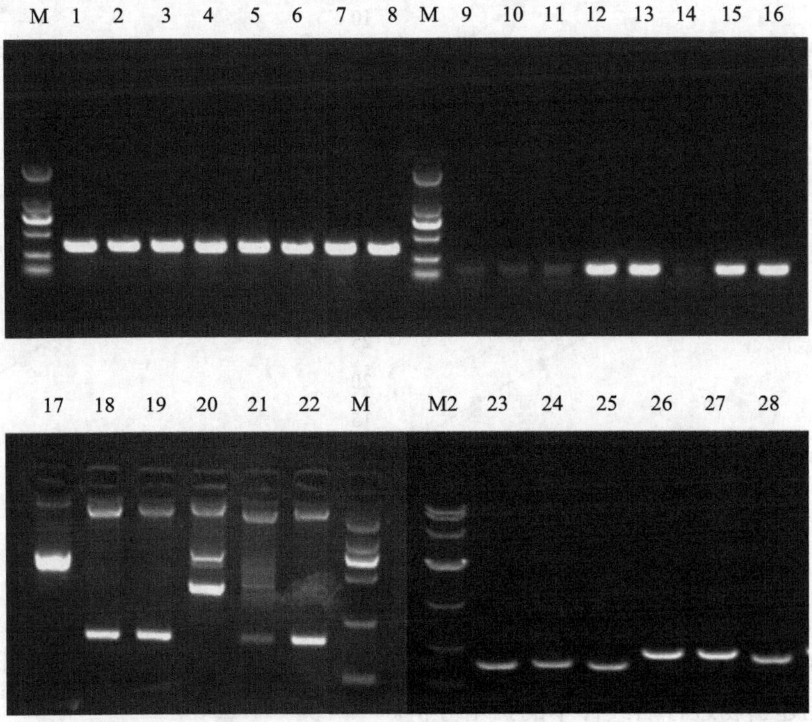

图 4-2　菌落 PCR 鉴定结果

条带 1～8：总细菌扩增产物进行 TA 克隆，挑取的单菌落；条带 9～16：硝化细菌 NSR 扩增产物进行 TA 克隆，挑取的单菌落；条带 17～22：氨氧化细菌扩增产物进行 TA 克隆，挑取的单菌落；条带 23～28：反硝化细菌扩增产物进行 TA 克隆，挑取的单菌落。从上述结果来看，总细菌的 8 个质粒扩增结果大小正确，均为阳性质粒。硝化细菌的 12、13、15 和 16 为阳性质粒；氨氧化细菌的 18、19 和 22 为阳性质粒，其中目的条带的最上端还有一个条带，此条带为质粒，因 PCR 扩增时加入的质粒太多导致。反硝化细菌的 26、27 和 28 为阳性质粒。

4.2.2 real-time PCR 检测结果

4.2.2.1 各基因标准曲线

根据扩增效率高、溶解曲线单峰及线性范围广的原则对各组引物扩增后的标准曲线进行筛选，以下为筛选合格的引物标准曲线（图 4-3）。

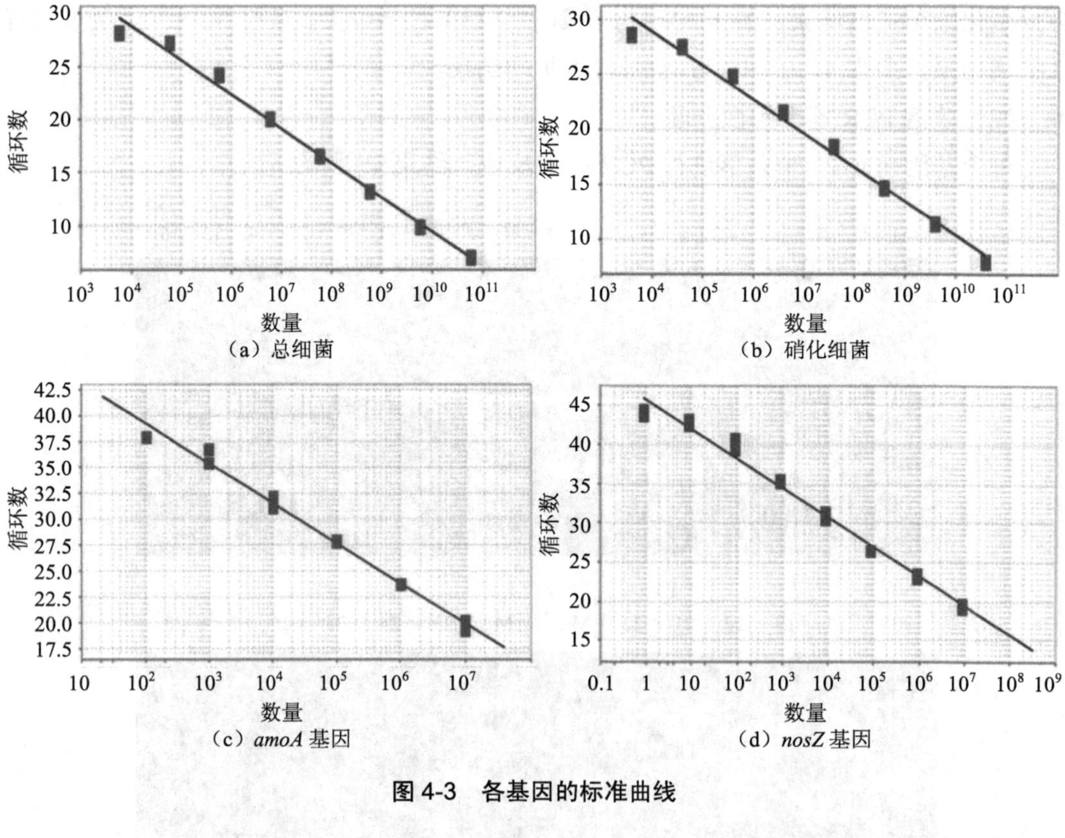

图 4-3 各基因的标准曲线

从图 4-3 可见，各标准曲线的 R^2 均达到 0.99，说明线性相关度很高，因此可采用此种方法和上述引物进行后续样本的扩增分析。

4.2.2.2　各样品标准曲线与溶解曲线

对 4 种微生物样品的标准曲线和溶解曲线进行分析，结果较为理想（图 4-4）。

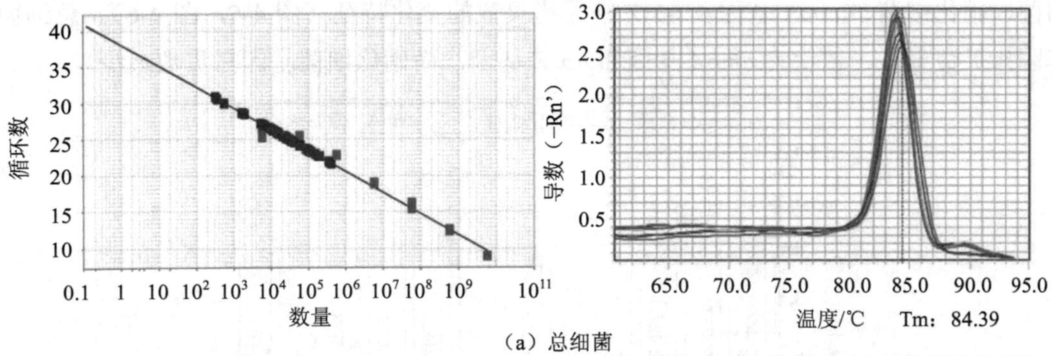

（a）总细菌

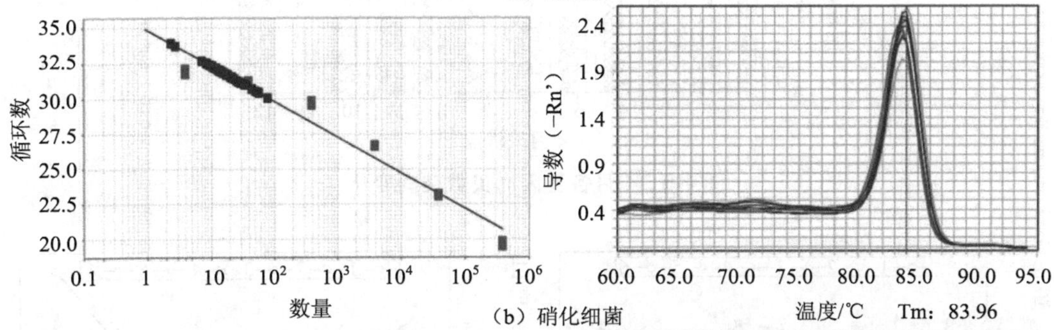

（b）硝化细菌

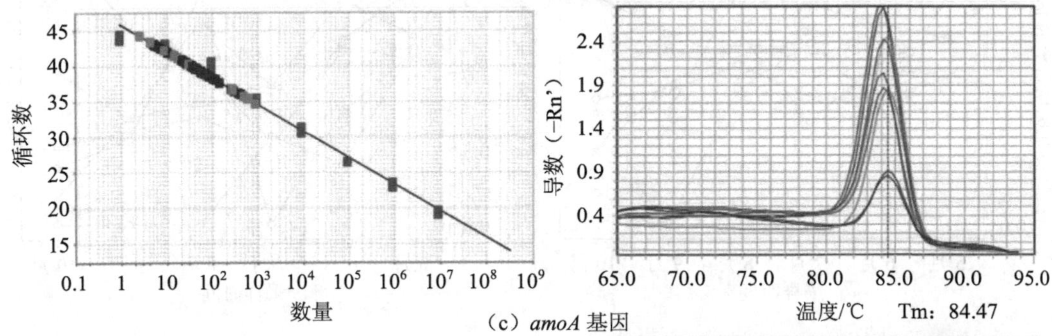

（c）*amoA* 基因

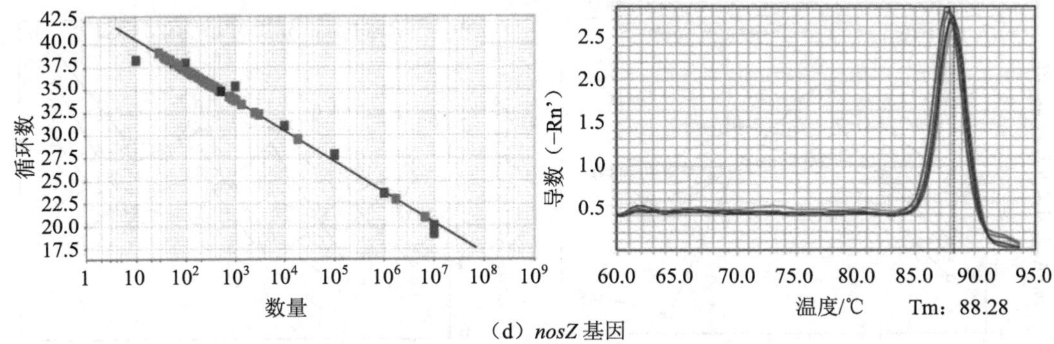

（d）*nosZ* 基因

图 4-4　各基因实时扩增曲线图和溶解曲线图

4.2.3 底质微生物种群数量分析

利用实时荧光定量 PCR 技术研究了湿地底质样品中不同月份、不同采样点处的总细菌、硝化细菌、*amoA* 基因及 *nosZ* 基因拷贝数的变化特征（图 4-5，图 4-6）。总细菌基因拷贝数最多，依次为 *amoA* 基因和 *nosZ* 基因，而硝化细菌基因拷贝数最少。

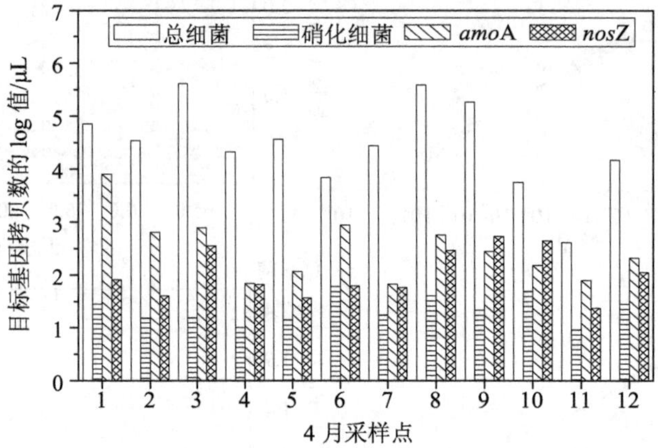

图 4-5　4 月各基因拷贝数空间变化

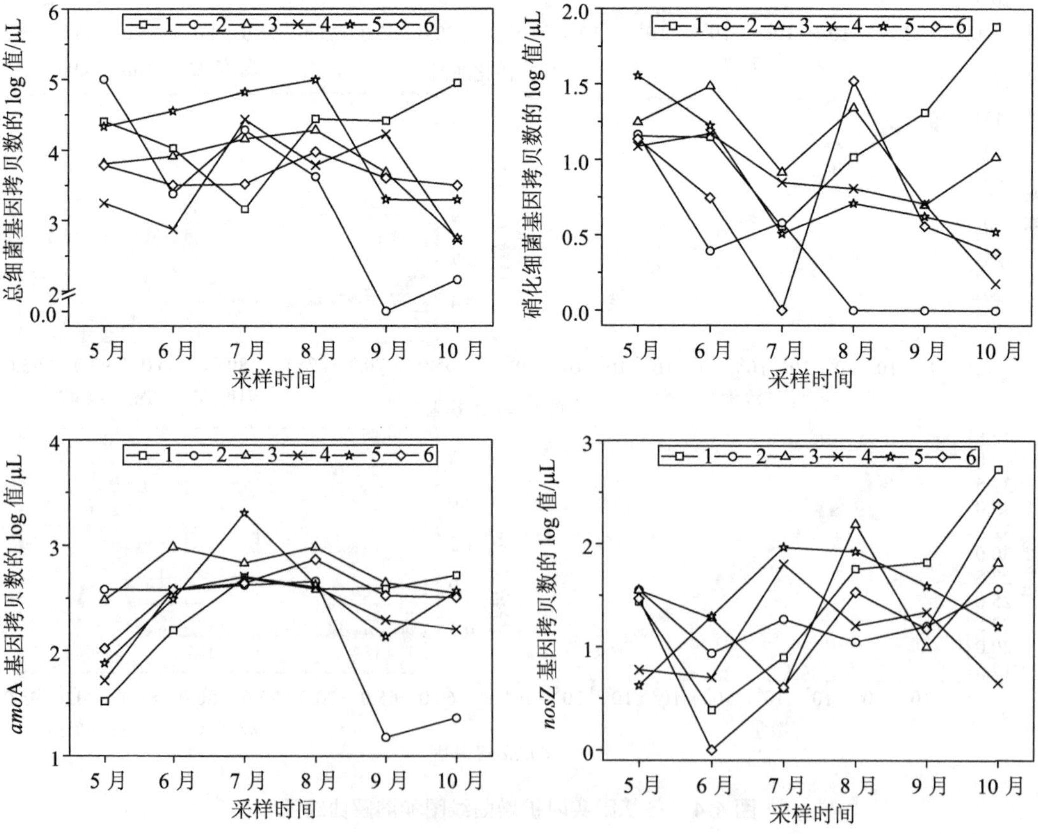

图 4-6　各细菌基因拷贝数的时空变化

由图 4-5 可知，4 月各种细菌基因在万泉河入口处和羊肠河入口处附近含量较高。4 月总细菌的平均含量大约在 1.0×10^5 基因拷贝数/μL，在万泉河入口处，总细菌含量约为 7.1×10^4 基因拷贝数/μL，在羊肠河入口处总细菌数量约为 3.9×10^5 基因拷贝数/μL，在湿地出口处的总细菌数量约为 1.5×10^4 基因拷贝数/μL。4 月底质中硝化细菌含量相对最少，主要是由于底泥为缺氧/厌氧环境，不利于硝化细菌生长，最大值出现在万泉河与西小河汇合处，硝化细菌数量约为 6.1×10 基因拷贝数/μL，在万泉河入口处硝化细菌约为 2.8×10 基因拷贝数/μL，羊肠河入口处硝化细菌含量约为 4.1×10 基因拷贝数/μL，湿地出口处的硝化细菌数量约为 2.8×10 基因拷贝数/μL。万泉河入口处的 *amoA* 基因含量最高，约为 8.0×10^3 基因拷贝数/μL，羊肠河入口处的 *amoA* 基因含量约为 5.7×10^2 基因拷贝数/μL，湿地出口处 *amoA* 基因含量约为 7.9×10 基因拷贝数/μL。*nosZ* 基因含量略高于硝化细菌含量，湿地底质适合反硝化细菌的生存，*nosZ* 基因在万泉河湿地入口处的含量约为 8.2×10 基因拷贝数/μL，在羊肠河入口处含量约为 5.4×10^2 基因拷贝数/μL，湿地出口处含量约为 1.1×10^2 基因拷贝数/μL。

由图 4-6 可知，总细菌含量基本上呈现先上升后降低的趋势，这与水体温度变化规律相似，总细菌含量基本在 8 月达到最大值，相对于水体温度的最高点有一定的延迟。在西小河入口处先下降，在 7 月总细菌基因含量降到最低，约为 1.4×10^3 基因拷贝数/μL，在后面 3 个月总细菌含量有所上升，到 10 月升到 8.9×10^4 基因拷贝数/μL。在万泉河入口处，总细菌含量在 5 月的时候最多，约为 1.0×10^5 基因拷贝数/μL，最后波动下降，主要是在 5 月后修路，造成许多沥青进入河流底质，影响微生物的生长繁殖，在 9 月甚至未有检出，在 10 月降至 1.4×10^2 基因拷贝数/μL。在西小河和万泉河汇合处，底质中微生物数量随着水体温度的升高数量也在增加，8 月达到最大值，约为 1.9×10^4 基因拷贝数/μL；在 9—10 月水温下降后总细菌数量也急剧降低，10 月约为 5.5×10^2 基因拷贝数/μL。在湿地内部，总细菌微生物数量波动变化，但是总体趋势仍为先上升后下降。在羊肠河入口处，8 月底质微生物含量最多，达到 9.8×10^4 基因拷贝数/μL，在 10 月降到约为 2.0×10^3 基因拷贝数/μL。在湿地出口处，底质总细菌在 8 月达到最大，约为 9.4×10^3 基因拷贝数/μL。

硝化细菌在底质中总体含量较低，而且呈逐步下降的趋势。这是因为底泥是缺氧/厌氧环境，不利于硝化细菌的生长。在西小河入口处，底质硝化细菌含量在 7 月最少约为 3.6 基因拷贝数/μL，在 10 月含量升高到 7.6×10 基因拷贝数/μL，变化趋势与总细菌类似，可能是与底质性质相关。在万泉河入口处，硝化细菌含量在 5 月最高，约为 1.4×10 基因拷贝数/μL，到 8 月降到 0，主要是底质受到沥青污染，已经不适合硝化细菌生存。在万泉河和西小河汇合处以及湿地出口处，硝化细菌含量都在波动下降。在湿地内部，硝化细菌呈逐步下降趋势，在 10 月降到最低，约为 1.5 基因拷贝数/μL。在羊肠河入口处，硝化细菌逐步降低，在 10 月为 2.4 基因拷贝数/μL。

底质中 *amoA* 基因含量随时间变化先上升后又略微有所下降，说明水体温度的升高有利于氨氧化细菌生长繁殖，而且氨氧化细菌具有一定的耐低温性，在温度降低后其含量并不会有大幅度的下降。在西小河入口处，5 月含量最低，底质中 *amoA* 基因含量约为 3.3×10 基因拷贝数/μL，随着时间的推移，*amoA* 基因含量增加到 5.2×10^2 基因拷贝数/μL。在万泉河入口处，*amoA* 基因在 8 月含量达到最大，约为 4.5×10^2 基因拷贝数/μL，随后由于底质受到沥青的污染，*amoA* 基因数量急剧下降，在 9 月降至 0，后有小幅度的恢复。在西小河和万泉河汇合处，底质中 *amoA* 基因含量比较平稳，变化幅度不是很大。在湿地内部，*amoA* 基因含量在 5 月最低，约为 3.3×10 基因拷贝数/μL，并在 7 月达到最大，约为 6.8×10^2 基因拷贝数/μL，随后有所下降。在羊肠河入口处，*amoA* 基因含量同样在 7 月达到最大，约为 2.0×10^3 基因拷贝数/μL。在湿地出口处，底质中 *amoA* 基因含量在 8 月达到最大，约为 7.3×10^2 基因拷贝数/μL。

湿地底质中 *nosZ* 基因含量随时间推移呈逐步上升的趋势。在西小河入口处，*nosZ* 基因在 6 月含量最小，约为 2.4 基因拷贝数/μL，随后逐步升高，在 10 月达到 5.3×10^2 基因拷贝数/μL。在万泉河入口处，*nosZ* 基因含量与西小河入口处呈现类似的规律，在 6 月约为 8.6 基因拷贝数/μL，在 10 月上升至 3.7×10 基因拷贝数/μL。在西小河与万泉河汇合处以及湿地出口处，*nosZ* 基因含量呈波动上升趋势。在湿地内部，*nosZ* 基因含量在 7 月达到最大，约为 6.3×10 基因拷贝数/μL。在羊肠河入口处，*nosZ* 基因含量同样在 7 月达到最大，约为 9.2×10 基因拷贝数/μL。

4.3 微生物群落演替及菌种鉴别

试验用 PCR-DGGE 研究了湿地底质中总细菌群落结构的变化特征（图 4-7）。对 DGGE 试验重复进行 3 次，结果表明试验具有较好的重复性。

由图 4-7 可以看出，在 DGGE 电脉图中总细菌条带很多，在每个月都出现特异性较强的条带。4 月万泉河入口处与西小河入口处具有类似的条带分布情况，条带 2～8 均出现且亮度较强，主要以变形菌为主；在万泉河和西小河汇合口优势条带较少而且亮度很低，在湿地出口处也是如此。5 月条带较强的主要是在万泉河入口处、羊肠河入口处以及湿地出口处，条带 14～18 均有出现且亮度较高；而在西小河入口处条带较少而且亮度很低；在西小河入口处与万泉河入口处以及湿地内部，条带模式相近。6 月优势条带主要集中在西小河入口处和万泉河入口处以及湿地出口处，在西小河和万泉河汇合处、湿地内部及羊肠河入口处条带较少且亮度较暗。7 月条带分布规律与 6 月类似，湿地内部的条带也有所增加。在 8 月各个采样点条带模式相似，但是强度不强。9 月泉河入口处条带较多且亮度较强，其他点位条带相似。10 月同样是万泉河湿地入口处条带最多且最亮，在西小河和万泉河汇合处条带最少。

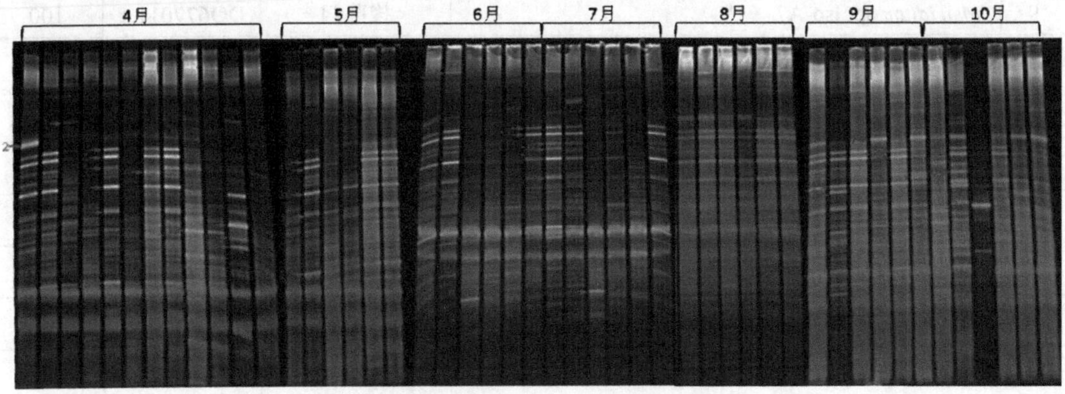

图 4-7　总细菌群落的 DGGE 电泳

将总细菌 DGGE 指纹图谱中的目标条带小心割下，回收其中的 DNA 片段并进行 PCR 扩增后，进行测序分析。将测序结果与 NCBI 数据库中的已知序列进行比对，确定微生物同源性和种属（表 4-2）。经过比对鉴定共得到 33 种微生物，其相似度均在 95%以上。其中，13 种属于变形菌门的 3 个纲，*Beta*-变形菌纲为 9 种；*Alpha*-变形菌纲有 3 种；*Gamma*-变性菌纲有 1 种。属于细菌的微生物共有 12 种；属于厚壁菌门的有 4 种；属于拟杆菌门的有 1 种；属于酸杆菌门的有 1 种；属于梭菌门的有 1 种；属于放线菌门的有 1 种。从功能上来讲，其中有嗜酸细菌（条带 7），有重金属污染土壤中分离得到的细菌 DNA（条带 10），有嗜氢细菌（条带 13），有亚硝化细菌（条带 21），有厌氧细菌（条带 22），有苯基杆菌（条带 29）等，这些细菌在湿地底质中起着与各自功能相对应的作用，为湿地中污染物的迁移转化及去除提供动力。

表 4-2　16S rDNA DGGE 测序条带的种属关系

条带	名称	种属	NCBI 编号	相似度/%
1	Uncultured bacterium clone SIP4-RT-31	细菌	FR774685.1	100
2	Uncultured bacterium clone G3CLN6	细菌	AB696240.1	100
3	*Bosea* sp. AR2	*Alpha*-变形菌纲	JN555588.1	100
4	*Pedobacter* sp. BA-21	拟杆菌门	HF548385.1	100
5	Comamonadaceae bacterium NE2	*Beta*-变形菌纲	JF694750.1	100
6	*Geobacillus* sp. HBB244	厚壁菌门	KC551261.1	100
7	*Acidovorax* sp. JHL-9	*Beta*-变形菌纲	KC197036.1	100
8	Uncultured Acidobacteria bacterium clone N3CHKT5	酸杆菌门	HQ132336.1	99

条带	名称	种属	NCBI 编号	相似度/%
9	*Clostridium* sp. Iso-A7	梭菌门	DQ677011.1	100
10	Metal-contaminated soil clone K20-21	*Beta*-变形菌纲	AF145824.1	98
11	Bacterium enrichment culture clone CH492	细菌	JX473653.1	99
12	Comamonadaceae bacterium SDB-048	*Beta*-变形菌纲	AB730046.1	97
13	*Hydrogenophaga* sp. A11（2012）	*Beta*-变形菌纲	JQ522966.1	99
14	Uncultured bacterium clone EEOTU12	细菌	HM346801.1	95
15	*Acidovorax* sp. enrichment culture clone Van62	*Beta*-变形菌纲	HQ222278.1	99
16	Bacterium enrichment culture clone R4-80B	细菌	GU196242.1	98
17	Uncultured bacterium clone 11MIC032	细菌	JF340932.1	99
18	Micropruina glycogenica strain Lg2	放线菌门	JQ899240.1	99
19	*Acidovorax* sp. PG8-MRL	*Beta*-变形菌纲	KC128840.1	98
20	Bacterium 41-L049616-122-011-A06	细菌	JX228558.1	99
21	Uncultured Nitrosospira sp. clone P95	*Beta*-变形菌纲	GQ255607.1	100
22	Uncultured anaerobic bacterium clone F-10	细菌	KC011385.1	99
23	*Sporosarcina* sp. TmT2-26	厚壁菌门	JX949780.1	99
24	*Thauera* sp. MZ1T strain MZ1	*Beta*-变形菌纲	NR_074711.1	98
25	Bacterium SRMC-27-7	细菌	DQ104947.1	97
26	Uncultured bacterium clone D3BF111	细菌	FQ660203.1	100
27	Staphylococcus caprae	厚壁菌门	HF585506.1	100
28	Pseudomonas baetica	*Gamma*-变性菌纲	HF585429.1	100
29	*Phenylobacterium* sp. enrichment culture clone g184	*Alpha*-变形菌纲	JF345279.1	99
30	Streptococcus pseudopneumoniae IS7493 strain IS7493	厚壁菌门	NR_074987.1	100
31	Uncultured bacterium clone 3_4-C8	细菌	FN824954.1	100
32	Sphingomonas astaxanthinifaciens strain HME8658	*Alpha*-变形菌纲	KC157046.1	100
33	Uncultured bacterium isolate DGGE gel band P30	细菌	GU388399.1	99

4.4 小结

本章通过实时荧光定量 PCR 以及 PCR-DGGE 等方法研究了湿地底质中的微生物群落结构变化特征，得出如下结论：

1）总细菌基因拷贝数最多，依次为 *amoA* 基因和 *nosZ* 基因，而硝化细菌基因拷贝数最少。总细菌基因拷贝数变化与水体温度变化趋势类似；由于底泥为缺氧/厌氧环境，硝化细菌基因拷贝数较少而且呈逐步下降的趋势，不利于硝化细菌生长；*amoA* 基因拷贝数随着时间推移呈现先升高后略微有下降的趋势；*nosZ* 基因总体呈逐步上升的趋势。

2）对各月微生物 DGGE 条带进行分析，共得到 33 种主要的微生物群落结构：变形菌门为优势菌，其中 *Beta*-变形菌纲有 9 种，*Alpha*-变形菌纲有 3 种，*Gamma*-变形菌纲有 1 种；属于细菌的微生物共有 12 种，属于厚壁菌门的有 4 种，属于拟杆菌门的有 1 种，属于酸杆菌门的有 1 种，属于梭菌门的有 1 种，属于放线菌门的有 1 种，这些微生物与水体中特定污染物的去除密切相关。

第 5 章 湿地氮的迁移转化及机理研究

5.1 湿地氮去除机理及其研究进展

5.1.1 氮在水环境中的作用

氮是自然界广泛存在的基本元素之一，是农业生产的重要肥料，人类以及动植物的生长、生存都离不开它。但是，氮在水环境中超标会对人类以及动植物造成危害。湖泊是物质循环和生物栖息的一种开放系统，陆地上的可溶解氮通过水流携带最终汇入湖泊系统。

氮素是河流富营养化的主要污染元素，随着经济快速发展，进入水环境的氮与日俱增，致使陆地湖泊日益呈现富营养化趋势，特别是那些流域范围内人类工农业活动较为活跃的湖泊，表现尤为显著。水体富营养化导致寡营养型水域原有的生物多样性降低、生态系统结构趋于简化，使湖泊生态系统的健康面临越来越大的威胁，极端情况下会出现大规模水华暴发，导致水域生态系统衰退。

水体中的氮极少部分为天然源，天然源主要是土壤中的硝酸盐和有机氮。氮的主要来源是人为源，人为源主要来自城镇生活污水、工业废水、化学肥料和农家肥料。城镇生活污水中主要是氨氮，其次是有机氮。工业废水中除有机氮、氨氮外，也常含有亚硝酸盐氮和硝酸盐氮。农用肥料中有许多是氮肥，含有大量氮素。进入水体的氮主要分为有机氮和无机氮。有机氮可在氨化作用下转化成无机氮，无机氮包括氨氮和硝态氮。硝态氮包括硝氮和亚硝氮。亚硝氮不稳定可氧化成硝氮，或还原成氨氮。氨氮、硝氮和亚硝氮间的转化过程主要受硝化、反硝化、氨化作用影响。而不同形态的氮在水体与沉积物之间的转化也一定程度影响水体中氮的浓度。

沉积物是河流营养盐的蓄积库，是河流营养物重要的内源负荷。水体中的氮素可以通过渗透、地表径流进入沉积物中。氮在沉积物中可矿化与固定（固态的氨转化为铵态氮），被植物吸收，也会产生挥发作用和反硝化作用。累积于沉积物中的氮可以通过与表层水体间的物理、化学、生物作用，重新扩散到表层水中，因此在控制外源的条件下（降水、灌溉等），沉积物作为内源的二次释放也可以使水体中氮长期维持在较高浓度。

高梦南研究了上海某污染河道断面河水底泥中总氮浓度的变化，发现河水难以得到自净机会，底泥中总氮持续累积。他们考察北固湿地氮、磷元素的释放过程，发现不同样点控制区底泥氮、磷释放的空间变异性高；底泥氮、磷释放对水体养分浓度的贡献不容忽视。平谭镇等对惠州西湖底泥中氮、磷释放特征进行了初步研究，结果表明污染严重的湖泊其底泥负荷大。沉积物作为河流营养物质的内源，其污染状况对河流的富营养化程度有重要的影响，即在外源氮输入减少或停止的条件下，沉积物氮释放可能成为影响河流水体氮污染的主要因素，所以了解沉积物氮污染特征对水环境的治理与修复有重要的意义。

5.1.2　人工湿地氮去除机理

人工湿地是 20 世纪 70 年代由德国开始发展的污水处理工艺。70 年代，人工湿地处理系统多利用原有的天然湿地，美国、澳大利亚、荷兰、英国和日本等国曾进行尝试，并将自然湿地系统与氧化塘处理结合起来，以提高氧化塘系统的处理效果。但是，采用自然湿地处理废水不久就暴露出其固有的一些缺点，废水会导致自然湿地系统物种组成种群结构功能发生显著的不可逆变化，自然湿地的总体价值大受影响。80 年代后，人工湿地以人工建造的不同粒径砾石和豆石为填料，并且种植了有净化能力的植物形成新的生态系统，开始了规模性的应用。目前，主要用于治理城市或公路径流、农业面源污染等非点源污染。国外一些技术人员还将其推广应用于处理小城镇、行政单位的污水及垃圾渗滤液。

20 世纪 80 年代中期，我国才开始广泛关注湿地问题。当前国内外对人工湿地污水处理的研究主要涉及以下几点：污染物处理效果及在各种领域的应用，污染物去除机理，相应数学模型的建立，人工湿地强化措施的研究。

5.1.2.1　人工湿地的组成

人工湿地一般由以下 3 个部分组成。

（1）人工基质

人工基质又称填料，是人为设计由不同大小颗粒的砾沙土或其他物质铺成一定厚度供植物生长微生物附着的床体。基质是湿地的载体，污水流经人工湿地时，基质可通过物理、化学和生物作用（如吸收、吸附、过滤、离子交换等）去除污水中的氮。

（2）植物

1953 年，德国的 Dr. Kathe Seidel 发现芦苇能去除大量的有机物和无机物，之后又发现芦苇及其他高大植物可去除碳水化合物和重金属，因此环境学者们开展了对湿地植物作用的研究，发现湿地植物有稳定床体表面、改变水力传导能力、防止系统堵塞、促进微生物的生长繁殖、创造生物共生条件、向基质中释放氧气及景观美学等作用。目前广泛应用于人工湿地的植物有数十种。

（3）微生物种群

人工湿地中的微生物种群在人工湿地污水净化过程中起着极其重要的作用，它们是各类污水中最先出现并对污染物起吸收和降解作用的生物群体，大量的生物化学反应都是在微生物和酶的作用下进行的。在人工湿地系统中，人工基质湿地植物和微生物种群有机结合，互相影响、互相促进，共同完成对污水的净化过程。

5.1.2.2 人工湿地去氮途径

人工湿地对氮的去除主要是依靠基质-植物-微生物之间的相互作用，通过物理化学和生物过程协同完成。人工湿地系统氮的主要转化途径如下。

（1）氨挥发

氨挥发是一个物理化学过程，氨氮在气态和离子态之间平衡研究表明，当 pH＜8.5 时，氨氮的挥发可以忽略，一般人工湿地的 pH 为 7.5～8.0，因此，通过湿地挥发损失的氨氮可以忽略不计。

（2）矿化

矿化（氨化）将有机氮转化为无机氮（尤其是氨氮），湿地中矿化速度与温度、pH、系统的供氧能力、C/N 比、系统中的营养物以及土壤的质地与结构等有关。Kadlec 和 Knight 认为大部分有机氮（几乎是 100%）可以很容易地转化为氨氮，文献中报道的矿化速率为 0.004～0.53 g/（$m^2 \cdot d$）。

（3）硝化-反硝化

硝化-反硝化反应是将铵离子生物氧化为硝酸盐，是一个两步反应，通过两组微生物来完成。亚硝酸盐是反应的中间体，亚硝化细菌的生长是整个硝化过程的限制步骤。反硝化是一个硝酸盐的生物还原过程，即由异养微生物将硝酸根还原为分子氮，包括多步反应，通过硝化/反硝化作用去除氮，被认为是人工湿地去除氮的最主要形式。一般潜流人工湿地中主要是厌氧环境，反硝化速率明显高于硝化速率，硝化作用是脱氮的限制步骤。

（4）植物吸收

水生植物在湿地脱氮过程中起重要作用，植物可将氧气输送至根部，植物根系为微生物提供附着介质，并直接同化吸收氮素。植物主要吸收氨氮和硝态氮，优先吸收氨氮。大部分学者认为植物吸收只占湿地脱氮的一小部分，植物主要是通过对其他过程的影响来间接促进氮素的去除。

（5）吸附

离子态氨氮可以通过离子交换反应被吸附到基质无机沉淀和土壤的活性部位，但介质活性部位对氨氮的离子交换不可能作为氨氮去除的长期汇，通常认为氨氮吸附是快速可逆的，因为系统中的氨氮通过硝化作用而减少，系统会自动重新建立交换平衡。

5.1.3 微生物氮循环作用

氮的微生物新陈代谢在地球氮循环中起重要作用，当然在湿地的局部氮循环中也是极其重要的。在根区微环境中，从化合态氮到气态氮从而去除氮污染物质的转化主要是硝化/反硝化起作用。

硝化作用的反应过程为 $NH_4^+ \longrightarrow NO_2^- \longrightarrow NO_3^-$。氨氮向亚硝酸氮的转化中是亚硝酸单胞菌属、亚硝酸球菌属及亚硝酸螺菌属等在发挥着作用，在湿地和其他生态系统中亚硝酸螺菌属比亚硝酸单胞菌属更普遍。亚硝酸氮向硝酸氮的转化主要是硝化杆菌属、硝化球菌属起作用，它们都是好氧菌，适宜在中性和偏碱性的环境中生长，是化能自由菌，不需要有机营养。

通过反硝化作用硝酸氮被还原为氨或气态氮。大多数细菌、放线菌和真菌都能利用硝酸氮为营养，在硝酸还原酶的作用下将硝酸还原为氨，进而合成氨基酸、蛋白质和其他含氮有机物。硝酸氮向气态氮的转化主要通过反硝化菌在厌氧条件下进行。反硝化细菌主要有施式假单胞菌、脱氮假单胞菌、荧光假单胞菌、色杆菌属的紫色杆菌、脱氮色杆菌等。

微生物是实现氮循环的重要参与者，其中，硝化反应中化能自养硝化菌是从氨氮向亚硝酸氮氧化的过程中得到能量，反硝化将硝酸氮转化为氧化二氮或氮气，使细菌在缺氧条件下获取能量。同时，在缺氧条件下，硝酸氮还原为氨氮的异化作用能够消除过剩的还原能力，产生用于同化作用的氨氮，或者促进微生物的厌氧生长。

此外，湿地植物根区微环境中可能存在的厌氧氨氧化作用将会对湿地氮循环产生何种影响还有待研究，但对厌氧氨氧化反应和具有这一特性的厌氧氨氧化菌已经有了很多研究成果。

5.1.4 现代微生物研究方法

5.1.4.1 PCR-DGGE 指纹图谱技术

变性梯度凝胶电泳（denaturing gradient gel electrophoresis，DGGE）技术，是20世纪80年代初由 Fischer 和 Ler-man 最早提出的，应用于检测 DNA 突变的电泳技术。1993年，Muyzer 等第一次将这种技术应用于微生物菌苔和生物膜系统群落多样性的研究，证明 DGGE 技术在研究环境微生物群落多样性和种群差异方面有明显的优越性。此后，DGGE 技术开始在环境微生物研究中广泛应用并得到发展。Legge 等利用 DGGE 技术研究抗生素环丙沙星对微生物群落在湿地系统中的形成、功能及稳定性的影响，发现环丙沙星能够降低 PCR 扩增的 DNA 片段总量和细菌分类单元数的多样性，这表明环丙沙星对湿地系统内部原有的细菌群落有不利的影响。

PCR-DGGE 技术是根据核酸序列的不同，分离大小相近而序列组成不同的 DNA 片段的一种技术方法。该技术是在普通的聚丙烯酰胺凝胶基础上，添加了变性剂（尿素和甲酰胺）梯度，序列不同的 DNA 片段会因为碱基组成及排列的差异性，使双链 DNA 分子迁移到一定的变性剂浓度并在达到其解链温度时，便开始部分解链。而部分解链的 DNA 分子的迁移率随解链程度增大而减小，从而使序列不同大小相近的 DNA 片段滞留于凝胶的不同位置，形成相互分开的条带。从理论上来讲，只要选择的电泳条件足够精细，就能将仅有 1 个碱基差异的 DNA 片段分开。

5.1.4.2 DGGE 在微生物生态学中的应用进展

最初，DGGE 在微生物生态学中主要用于监测复杂细菌的群落基因多样性。经过将近 20 年的发展，DGGE 技术的用途越来越广泛。Muyzerand Smalla 等对 DGGE 的用途进行了详细的综述。

（1）研究微生物种群多样性

从环境样品直接提取出总 DNA，运用 PCR 扩增技术，得到含有特定目的 DNA 序列产物，然后通过 DGGE 得到指纹图谱。由于每个条带可能就代表一种不同的微生物物种，所以，通过 DGGE 图谱中条带的数量，可反映该环境微生物群落中优势种群的数量。为了得到更翔实的信息，通常将条带切下，重新扩增后测序，继而得到部分系统发育信息。

Salles 等用设计的伯克氏菌属（*Burkholderik*）特异性引物进行 PCR-DGGE 检测，分析两块草地样地中 *Burkholderik* 属群落的多样性，揭示主体和根际土壤样品中生物多样性的不同。

Ferris 等通过 DGGE 技术对美国黄石公园温泉中不同温度的菌藻中细菌的多样性进行了比较，发现不同温度得到的样品，其带谱差异很大，说明其中的细菌多样性有很大不同。经过 DGGE 条带测序，将其与纯培养和克隆得到的序列进行比较，并检测到一些尚未确定其系统发育地位的未知细菌类群。

（2）用于环境中微生物变化的动态监测

DGGE 具有可同时对多个样品进行分析的优点，因此适合于对环境中微生物时空上的动态变化进行监测。Duineveld 等应用 DGGE 技术研究了菊花在生长过程中其根际细菌种群多样性的动态变化。通过 UPGMA 算法进行聚类分析发现，菊花生长过程中的根际细菌种群的 DGGE 带谱与通过纯培养方法得到的研究结果一致。因此，研究认为根之间的相似性达到 82%，没有发生显著性变化。因此，根的生长过程对其根际优势细菌种群的影响不大。

Schafer 等用 PCR-DGGE 研究中等生态系统实验中营养对地中海细菌群落活力和多样性的影响，发现源于 DNA 和 RNA 的细菌群落的 DGGE 指纹随时间发生变化，表明不同培养期细菌群落组成和最有活力细菌种群的变化。

（3）有助于发现新的微生物

目前，在自然界中可获得纯培养的微生物仅占 1%～15%。这些微生物也只是在人工的营养条件及培养条件下容易形成克隆，而不一定是天然的优势菌群。而分子生物技术通常只能检测优势种群的存在，因此，自然界中还有很大一部分微生物还没被发现。应用 DGGE 技术与富集培养相结合将有助于发现新的微生物。Teske 等成功地应用这种方法从一个菌藻系共生体中分离纯化得到两个纯的菌种：*Desulfovibrio* sp.与 *Arcobacter* sp.。

5.2 样品采集与分析方法

5.2.1 样品采集

采集的样品包括水样、底泥和植物。用 250 mL 玻璃瓶对表层水样品进行采集，使用彼得逊采泥器对表层沉积物进行样品采集，并将采集的沉积物样品装在聚乙烯塑料袋中。根据采样点植物覆盖度和多样性，采集整株植物，将植物根茎分割，分别放入聚乙烯塑料袋密封保存。最后将采集的所有样品用低温保存箱保存，送至实验室。

对同一采样点的沉积物样品进行离心（4 000 r/min，35 min），取上清液，过滤（0.45 μm 滤膜）得间隙水。测试分析方法见表 5-1。

表 5-1 水质指标测试方法

分析项目	分析仪器/方法	方法来源
流速	浮标法	—
水温	便携式水质测定仪（Thermo Orion Star）	—
pH	便携式水质测定仪（Thermo Orion Star）	—
溶解氧	便携式水质测定仪（Thermo Orion Star）	—
COD	高锰酸钾消解法	《水和废水监测分析方法》
总氮	碱性过硫酸钾法	《水和废水监测分析方法》
氨氮	纳氏试剂法	《水和废水监测分析方法》
硝氮	麝香草酚法	《水和废水监测分析方法》
亚硝氮	*N*-（1-萘基）-乙二胺光度法	《水和废水监测分析方法》
叶绿素	叶绿素 a 的测定	《水和废水监测分析方法》

将沉积物自然风干，粉碎研磨过 80 目筛，保存于封口袋中备用。沉积物测试方法为氯化钾溶液提取-分光光度法。

5.2.2 植物根周、根际微生物分析方法

（1）前处理

1）将根部底泥保存于 2 mL 灭菌离心管中，作为根周样品存于–20℃冰箱。

2）清洗根部底泥，注意不能碰触根毛。

3）将清洗后的样品放入灭菌的三角瓶中，加入 50 mL 超纯水，涡旋 15 min 后超声 10 min。

4）将液体倒入 50 mL 灭菌离心管高速离心（Themro，USA，12 000 r/min）10 min。

5）弃去上清液，加入 2 mL 超纯水混匀，倒入 2 mL 灭菌离心管中，作为根际样品于–20℃下保存。

（2）总 DNA 提取

采用德国 Qiagen 公司生产的 QIAamp® DNA Stool Mini Kit 离心式快速 DNA 提取试剂盒对植物根际、根周微生物进行总 DNA 提取，对提取的结果采用 2%的琼脂糖凝胶电泳进行检测，并利用凝胶成像系统（Biorad GelDoc XR，USA）观察拍照。

（3）PCR 技术

为研究七星湿地不同条件下植物微生物群落结构及微生物对氮迁移转化的影响作用，以 β-氨氧化细菌（β-AOB）通用引物对样品 16SrDNA 进行 PCR 扩增。扩增使用德国 Eppendorf 公司生产的梯度 PCR 仪（Mastercycles gradient PCR system），程序模式为套式 PCR（nestedPCR）技术，主要为了增加反应的特异性和敏感性，还可得到更多的特异性靶序列。PCR 第一轮扩增采用引物 CTO189F 和 CTO654R 及相对应的条件，第二轮扩增以第一轮 PCR 产物为模板，引物为 357F-GC 和 518R，并依照相对应的程序进行扩增。扩增中所用到的引物（由上海生工合成）序列如下：

CTO189F：5′-GGAGRAAAGYAGGGGATCG-3′

CTO654R：5′-CTAGCYTTGTAGTTTCAAACGC-3′

357F-GC：5′-CGC CCG CCG CGC CCC GCG CCC GGC CCG CCG CCCCCG CCC CCC TAC GGG AGG CAG CAG-3′

518R：5′-ATT ACC GCG GCT GCT GG-3′

为了增强 PCR 的特异性，首先要对退火温度进行梯度测试，以第一轮 PCR 为例：测试温度范围为 45～53℃（图 5-1），温度梯度按照由左往右的顺序依次为 45.1℃、46.4℃、48.0℃、49.6℃、51.1℃、52.5℃。结果表明，在退火温度为 48.0℃的时候，扩增效果最好。

CTO189F/654R 扩增条件：使用 25 μL 反应体系，其中包括 12.5 μLGreenMix（2×，Promega）、0.5 μmol CTO 189F/654R，0.5μLBSA（上海生工），模板 DNA40ng，加双蒸水（Promega）至 25 μL。扩增程序：2 min 预变性 95℃，35×（95℃变性 60 s、48℃退火 60 s、72℃延伸 1 min），延伸 72℃10 min，4℃保存待用。

357F-GC/518R 扩增条件：使用 50 μL 反应体系，其中包括 1.25U Taq 酶、5 μL10×PCR buffer、800 μmol/L dNTPs（大连宝生物）、0.5 μmol357F-GC/518R，0.5 μLBSA、2 μL 模板，最后加双蒸水至 50 μL。扩增程序：2 min 预变性 95℃，35×（95℃变性 30 s、退火 55℃ 30 s、72℃延伸 1 min），延伸 72℃10 min，4℃保存待用。

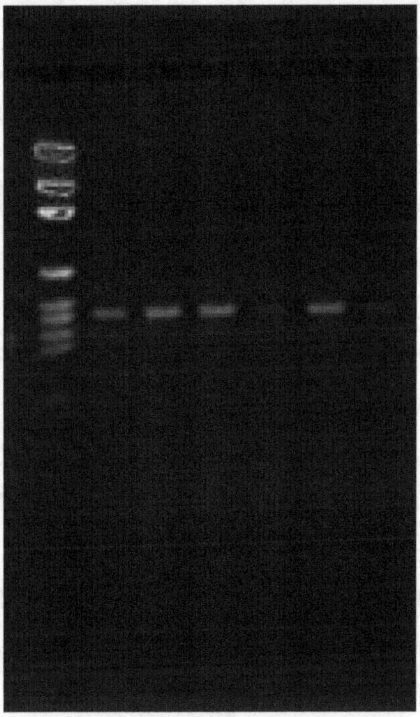

图 5-1　氨氧化细菌第一次扩增梯度测试

（4）琼脂糖电泳

1）量取 50 mL 的 TBE（1X，上海生工），倒入锥形瓶中，加 5 μL SYBR Safe DNA gel stain（10 000×）染色剂，摇匀，称 0.5 g 琼脂糖（大连宝生物）倒入锥形瓶中，用一合适的烧杯反扣在锥形瓶上。用微波炉加热，直到全部溶解。取出，放置至不烫手。

2）选择合适的梳子插到制胶板上，将琼脂糖溶液倒入制胶槽，加的时候注意不要产生气泡，如不慎产生气泡，用枪头戳破气泡。

3）琼脂糖凝固后，把梳子取下来，将凝胶板放入电泳仪中用 TBE 淹没，待梳子空隙中有溶液后，取出放在制胶槽中。分别在琼脂糖胶板梳孔中加入需要电泳的样品，如先与染料混匀。

4）连接仪器，红线接正极，黑线接负极，电泳槽内加 1X 的 TBE 溶液（约 1 L，TBE 浑浊时需更换 TBE）至淹没琼脂糖凝胶，将加好样品的凝胶板放入电泳槽中，样品由负极往正极移动，打开仪器。参数：60 V，90 min。

5）仔细观察，待前端黄色跑至凝胶板末端处取出，利用凝胶成像系统（Biorad GelDoc

XR，USA）观察拍照。

（5）DGGE

本试验中所用的灌胶仪器为 D-Code（BioRad，USA）型灌胶系统，这是一种由齿轮控制的手动系统，通过滑动杆调节齿轮传送并混合密度不同的溶液制备出不同浓度梯度的聚丙烯酰胺凝胶。

1）变性胶的制备：制备变性剂浓度为 40%～60%（100%的变性剂是 7 mol/L 尿素和 40%去离子甲酰胺的混合物）的 8%聚丙烯酞胺凝胶（厚度为 1 mm）用于总细菌的 DGGE 分析，变性剂的浓度是从凝胶的上端向下端依次递增。

2）PCR 扩增产物的加样：待胶完全凝固后，用超纯水洗净，在每个加样孔加入 PCR 产物 25 μL，放入装有电泳缓冲液 1× TAE（40 mmol/L Tris 碱，20 mmol/L 冰醋酸，1 mmol/L EDTA 二钠）的装置中。电泳电压为 60 V，电泳温度为 60℃，电泳时间 15 h。

3）染色：电泳结束后，将胶卸下洗净，用 SYBR Gold 染料（Invitrogen，USA）对凝胶进行染色，左右小幅振荡 60 min。

4）切胶：染色完成后，利用 Gel-Doc 成像系统观察拍照。打开紫外灯，割下含有目的的 DNA 条带的凝胶块，将其转移到 200 μLPCR 管，用已灭菌枪头挤碎，加 20～30 μL 双蒸水，在 4℃条件下过夜溶解。

5）PCR 扩增：采用 25 μL 反应体系对割胶产物进行 PCR 扩增，扩增条件：0.625U Taq 酶、0.5 μmol 357F/518R、2.5 μL 的 10×PCR buffer、400μmol dNTPs、0.5 μLBSA、2 μL 模板，最后加双蒸水至 25 μL。扩增程序与 357F-GC/518R 扩增程序相同。

6）测序分析：将扩增产物送到上海生工生物工程（上海）股份有限公司测序，将测定结果与 NCBI 基因数据库（http：//www.ncbi.nlm.nih.gov）中的已知序列进行比对，推测微生物的种属。

（6）DGGE 结果分析

本节采用 Bio-Rad 公司的凝胶定量软件 Quantity One 对 DGGE 进行图谱分析，分析过程主要使用轨迹定量法。该方法的最大优点是它可完全抛弃人为主观因素，进行全自动定量。首先对图谱进行优化处理，然后经过泳道识别、条带识别和配对 3 个步骤，对图谱中的条带进行定量分析。根据结果，继续对泳道间进行对比分析，通过 Dice 对不同的泳道计算其 Dice 相似性系数，采用非加权配对算数平均法（UPGMA）进行聚类分析（cluster analysis），并构建聚类图。

多样性指数的统计分析采用 Shannon-Wiener 多样性指数（H'），其表达式如下：

$$H' = -\sum (n_i / N)\ln(n_i / N) \tag{5-1}$$

式中，H'——多样性指数；

n_i——样品第 i 个条带的强度；

N——所有条带的强度之和。

使用均匀度指数（E）对不同样品的种类分布状况进行表征，其计算公式为

$$E = H' / \ln S \tag{5-2}$$

式中，S——每个样品中条带的总数，$E \leqslant 1$。

使用丰度指数（R）对样品中微生物种群的丰富度进行表征，其计算公式为

$$R = (S-1) / \ln N \tag{5-3}$$

使用优势度指数（D）对样品中优势种群的优势程度进行表征，其计算公式为

$$D = -\sum (n_i / N) \tag{5-4}$$

5.3 七星湿地水体各形态氮时空分布特征研究

5.3.1 现场水质监测指标分析

辽河保护区现场水质指标如图 5-2 所示。各采样点温度分布在 9.30～16.10℃，平均温度为 13.12℃，下游温度较低，主要与采样时间及采样地理位置的纬度有关。水体的 pH 为 7.41～9.10，呈弱碱性，采样点 16～18 水体的 pH 相对较低，下游水体的 pH 较高。受水体中污染物种类和浓度以及微生物活动影响，各采样点的溶解氧浓度变化较大，为 2.86～10.11 mg/L。各采样点的平均溶解氧浓度为 7.38 mg/L，在螃蟹沟处水体溶解氧浓度达到最小，为 2.86 mg/L。根据《地表水环境质量标准》（GB 3838—2002），除采样点 8、16～18、25 和 30 外，其他各采样点均可达Ⅱ类水质标准。水体中含氧量较为充足。

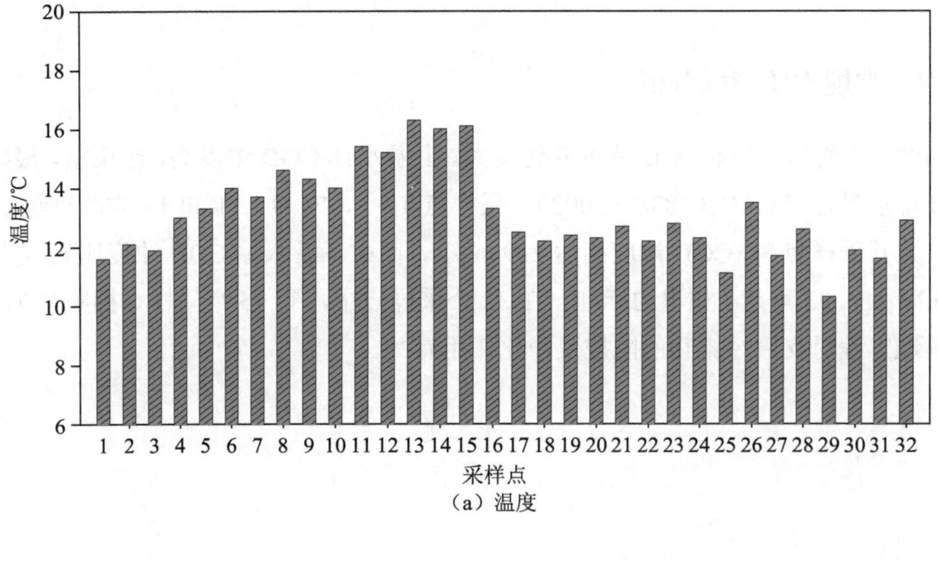

（a）温度

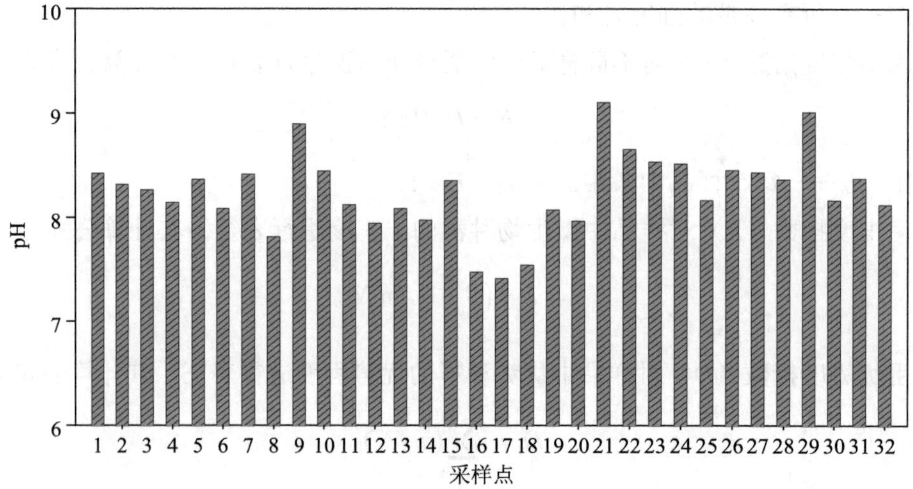

（b）pH

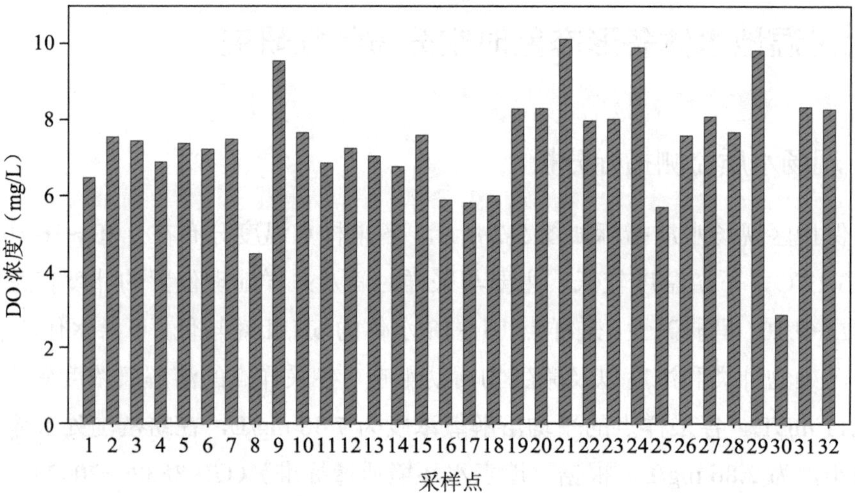

（c）DO

图 5-2　湿地工程现场指标变化

5.3.2　常规水质指标分析

如图 5-3 所示，水体 COD 浓度变化较大。上游水体 COD 浓度高，污染重，根据《地表水环境质量标准》（GB 3838—2002），采样点 1～5、7、9、11 和 13 均严重超出Ⅴ类标准。尤其采样点 3，COD 浓度高达 229 mg/L。而中下游水体 COD 浓度明显减少，采样点 12、18、23 可达Ⅰ类水的标准。在 32 个采样点中，有 15 个采样点摆脱Ⅴ类水质，这与湿地工程对支流污染物的阻控及净化作用有关。

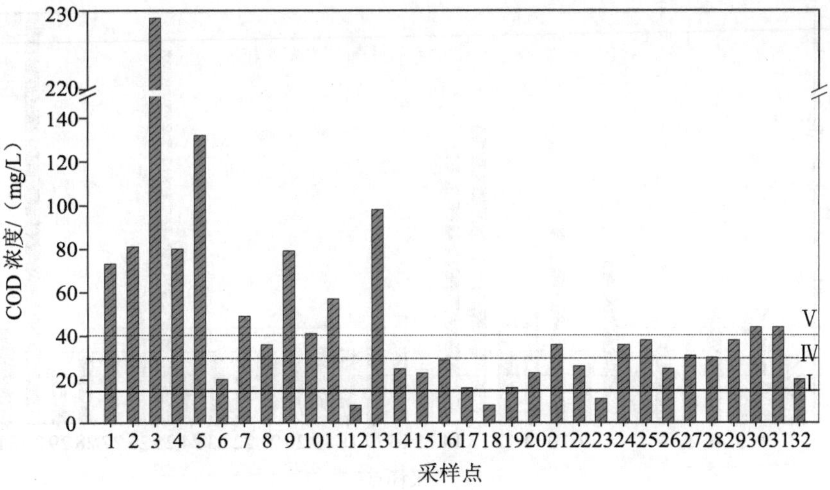

图 5-3　水体 COD 浓度

如图 5-4 所示，中下游各采样点总氮浓度差异较大。在所有采样点中，总氮平均浓度为 15.48 mg/L。根据《地表水环境质量标准》（GB 3838—2002），所有采样点水体多为劣Ⅴ类水质。水体总氮在采样点 22、25 和 30 处浓度尤为高，均达 30 mg/L 以上。相比之下，总氮浓度较小的采样点 6、18、21 和 29 均为人工湿地。

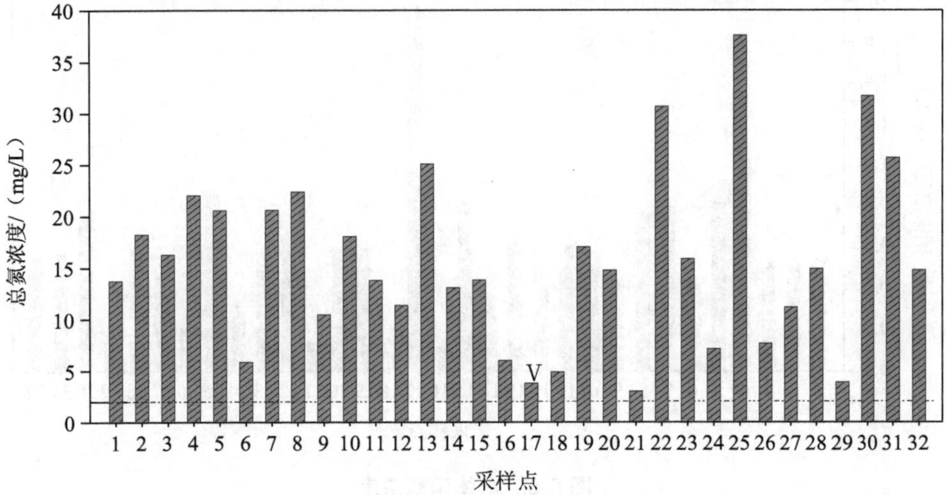

图 5-4　水体总氮浓度

如图 5-5 所示，辽河保护区内水体呈现为上游和中下游水体中氨氮浓度较低，采样点 2、3 浓度低于 1 mg/L。水体氨氮在采样点 8～14 处和采样点 25～30 处浓度较高，采样点 13、25、和 30 处氨氮浓度均在 8 mg/L 以上。根据《地表水环境质量标准》（GB 3838—2002），水体处于劣Ⅴ类的有 11 个点位，其他采样点水体为Ⅴ类及以上水质。

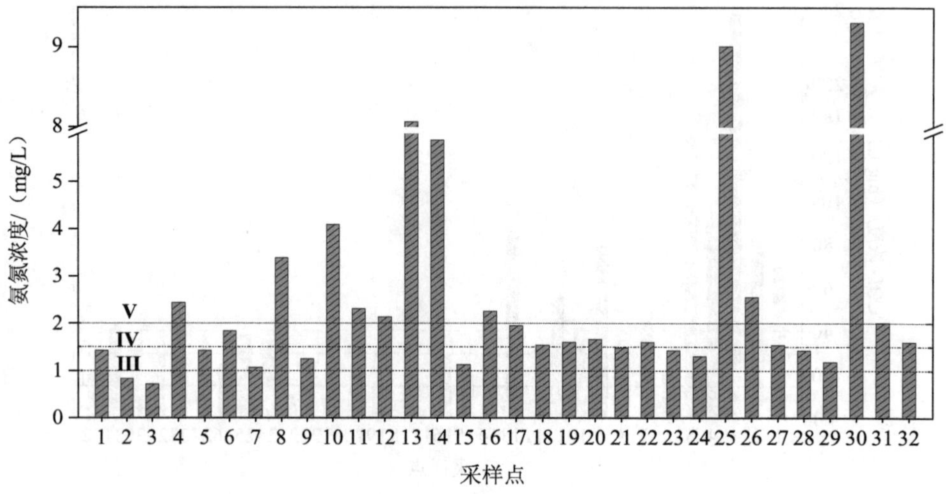

图 5-5 水体氨氮浓度

如图 5-6 所示，辽河保护区内水体硝氮平均浓度为 0.58 mg/L。水体在采样点 4、17 处硝氮浓度大于 1 mg/L，而采样点 16、18、21 和 29 处较低，均在 0.2 mg/L 以下，其中 3 处采样点为人工湿地。

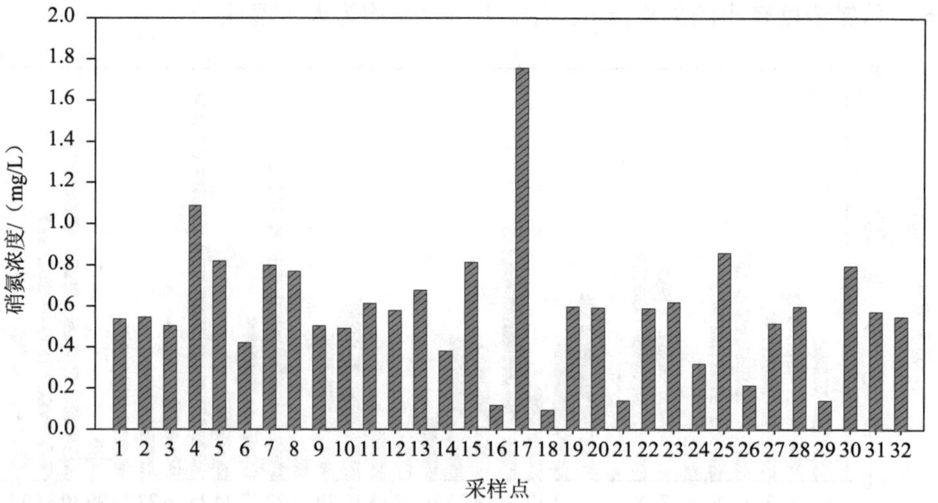

图 5-6 水体硝氮浓度

如图 5-7 所示，亚硝氮在辽河保护区湿地水体中浓度的分布规律与硝氮类似，水体中的平均浓度达到了 0.10 mg/L。

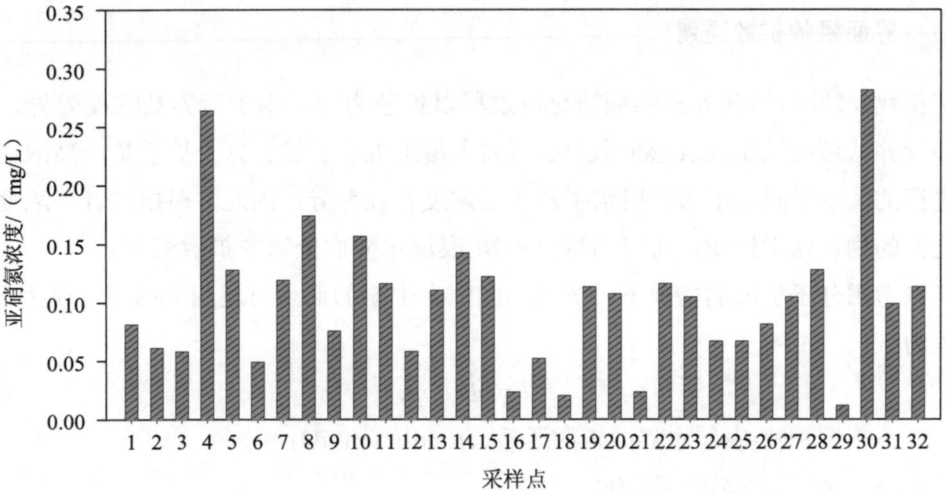

图 5-7　水体亚硝氮浓度

如图 5-8 所示，叶绿素在下游水体中的浓度高于上游，这与下游水生生物生长较旺盛有关。叶绿素在水体中的平均浓度达到 0.44 mg/L。

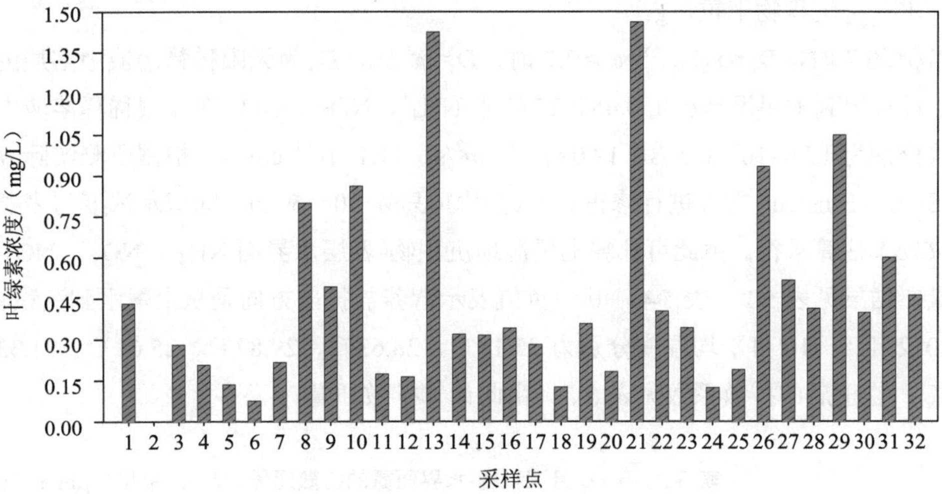

图 5-8　水体叶绿素浓度

5.3.3　七星湿地水体中氮的时空分布

在湿地生态系统中，氮在表层水与间隙水以及沉积物之间以不同形态相互迁移转化，研究不同形态氮在七星湿地中的分布特征，进而研究其迁移转化规律，可以更好地将湿地工程应用于支流河口。

5.3.3.1 界面氮的扩散通量

沉积物-水界面间营养盐的频繁交换过程以扩散为主。由于营养盐浓度差异，间隙水中的营养盐可向沉积物表层扩散，进而向上覆水混合扩散。分子扩散是由高浓度向低浓度进行的，由于间隙水与表层水中营养盐浓度存在差异，因此，根据二者间浓度梯度以及它们的物理化学性质，可以估算沉积物-表层水界面处氮的扩散通量。

在只考虑分子扩散的情况下，沉积物间隙水中氮的通量可运用 Fick 第一定律计算，其方程为

$$F=\varphi D_s a_c/a_x \tag{5-5}$$

式中，F —— 沉积物-表层水界面扩散通量，μmol/（m²·d）；

φ —— 表层沉积物的孔隙度，%；

D_s —— 表层沉积物中物质的扩散系数，cm²/s；

a_c/a_x——界面浓度梯度，μmol/（L·cm）。

在 105℃下烘烤 6 h，孔隙度φ按下式计算。

$$\varphi =（W_w-W_d）\times 100/（W_w-W_d+W_d/2.5） \tag{5-6}$$

式中，W_w——沉积物鲜重，g；

W_d——沉积物干重，g。

当$\varphi \leqslant 0.7$ 时，$D_s=\varphi \cdot D_0$；当$\varphi > 0.7$ 时，$D_s=\varphi^2 \cdot D_0$，D_0 为无限稀释溶液中溶质的扩散系数。计算得到七星湿地φ为 0.45。25℃时 NH_4^+、NO_3^-、NO_2^-在无限稀释溶液中的扩散系数分别为 17.6×10^{-6} cm²/s、19.0×10^{-6} cm²/s、19.1×10^{-6} cm²/s，根据所测实际温度，应用 Stokes-Einstein 方程进行修正。a_c/a_x 用沉积物（0～5 cm）间隙水浓度与表层水浓度差$\Delta C/\Delta X$ 估算求得。由此可计算七星湿地沉积物-表层水界面 NH_4^+、NO_3^-、NO_2^-的扩散通量，结果见表 5-2～表 5-4。其中负值表示营养盐扩散方向是从上覆水到沉积物。

2012 年 5—10 月平均温度分别为 25.18℃、28.63℃、29.87℃、25.61℃、21.33℃、12.74℃。修正后的扩散系数见表 5-5。由此计算扩散通量。

表 5-2 5—6 月沉积物-水界面氮的扩散通量 单位：μmol/（m²·d）

采样点	5 月			6 月		
	NH_4^+	NO_3^-	NO_2^-	NH_4^+	NO_3^-	NO_2^-
1	0.789 4	0.186 0	0.027 4	11.656 7	−1.007 3	−0.422 2
2	−1.869 7	0.855 8	0.012 7	2.505 1	−0.755 4	−0.253 3
3	−0.332 4	3.386 2	0.074 5	1.278 1	−1.533 8	−0.363 1
4	−0.747 9	−0.520 9	0.015 6	1.022 5	−0.869 9	−0.218 3
5	−0.997 2	−0.372 1	−0.056 8	0.818 0	−0.732 5	−0.176 1
6	0.207 7	0.427 9	−0.011 7	0.460 1	0.045 7	0.018 0

采样点	5 月			6 月		
	NH_4^+	NO_3^-	NO_2^-	NH_4^+	NO_3^-	NO_2^-
7	−0.249 3	0.353 5	−0.074 5	0.818 0	−0.274 7	0.025 3
8	0.373 9	4.074 6	−0.088 2	1.073 6	−0.595 2	−0.015 6
9	−0.249 3	0.055 8	−0.107 8	1.738 2	0.091 5	−0.003 6
10	−0.415 1	−0.037 2	−0.119 6	1.431 5	−0.480 7	−0.086 8
11	0.041 5	2.325 7	0.269 6	0.613 5	−0.732 5	−0.056 7
12	−0.623 2	−0.353 5	−0.035 3	0.409 0	−0.778 3	−0.018 1

表 5-3　7—8 月沉积物-水界面氮的扩散通量　　单位：μmol/（m^2·d）

采样点	7 月			8 月		
	NH_4^+	NO_3^-	NO_2^-	NH_4^+	NO_3^-	NO_2^-
1	10.416 4	−2.209 4	−0.337 6	1.003 1	−0.745 4	−0.017 1
2	3.837 6	−1.939 3	−0.266 5			
3	3.453 8	−2.626 7	−0.331 2			
4	3.234 5	−1.669 3	−0.103 5	8.558 8	0.305 8	−0.005 0
5	3.070 1	−1.939 3	−0.133 2			
6	3.070 1	−0.122 7	0.003 8	1.707 5	−0.133 8	−0.175 2
7	1.315 7	0.785 5	0.007 7			
8	1.260 9	−0.073 6	−0.060 8			
9	1.041 7	−0.049 1	−0.230 3	1.323 3	−0.038 2	−0.001 0
10	1.589 8	−0.711 9	−0.055 6			
11	3.508 7	−1.865 7	−0.042 7	0.981 8	−0.019 1	−0.003 0
12	2.192 9	−1.448 3	0.007 7	1.323 3	−0.344 0	−0.022 1

表 5-4　9—10 月沉积物-水界面氮的扩散通量

采样点	9 月			10 月		
	NH_4^+	NO_3^-	NO_2^-	NH_4^+	NO_3^-	NO_2^-
1	0.513 1	−0.315 9	0.003 0	−0.102 8	−0.197 3	−0.005 0
2	4.537 8	−0.301 5	−0.063 5	1.285 3	−0.197 3	−0.029 4
3	−0.288 6	−0.215 4	−0.046 9	0.128 5	−0.172 6	−0.027 6
4	0.705 5	0.071 8	−0.000 7	−0.051 4	0.049 3	0
5	0.352 7	0.043 0	0.002 2	0	0.074 0	0.000 3
6	0.481 0	−0.258 4	−0.003 7	0.179 9	−0.049 3	−0.012 2

表 5-5 温度修正后的扩散系数 单位：$\times 10^{-6}$ cm^2/s

月份	NH_4^+	NO_3^-	NO_2^-
5	20.0	19.2	19.3
6	24.7	23.7	23.8
7	26.4	25.4	25.5
8	20.6	19.8	19.9
9	15.5	14.8	14.9
10	7.35	7.05	7.09

由表 5-2 可以看出，5 月各采样点氨氮主要由表层水向沉积物扩散。说明表层水是水体中氨氮的重要来源。硝氮主要由沉积物向表层水扩散。尤其采样点 3、8、11 硝氮的扩散通量比较大。位于湿地中心的 5～10 号采样点及 12 号采样点亚硝氮均是由表层水向沉积物扩散。亚硝氮在表层水和间隙水中浓度都较低，所以扩散通量也较小。

6 月各采样点氨氮均是由沉积物向表层水扩散。说明沉积物是水体中氨氮的重要来源。1 号采样点尤为明显。硝氮和亚硝氮主要由表层水向沉积物扩散。5—6 月氨氮开始由沉积物向表层水扩散。

由表 5-3 可知，7 月各采样点氨氮均是由沉积物向表层水扩散。说明沉积物是水体中氨氮的重要来源。氨氮、硝氮扩散通量都相对较大，表明有大量氨氮在沉积物-水界面附近被硝化。硝氮和亚硝氮主要由表层水向沉积物扩散。

8 月各采样点氨氮均是由沉积物向表层水扩散。其中 4 号采样点扩散通量最大。除 4 号采样点的硝氮扩散通量为正，其他各采样点硝氮和亚硝氮均为负值，说明沉积物是水体中硝氮、亚硝氮的重要来源。

如表 5-4 所示，9 月氨氮扩散通量减小，2 号采样点扩散通量较大，3 号采样点出现负值。10 月氨氮扩散通量持续减小，硝氮和亚硝氮扩散通量也偏小，可见 10 月表层水与间隙水间氮浓度趋于动态平衡。

综上所述，可以看出这 6 个月期间，除 5 月外，氨氮扩散通量基本为正值，说明沉积物是氨氮的重要输入源之一。

5.3.3.2 2013 年七星湿地 7—10 月氮的时空变化特征

（1）水质现场指标的时空变化特征

如图 5-9 所示，水体温度随季节变化呈下降趋势：7 月的平均水温为 28.1℃，8 月平均水温为 26.64℃，9 月平均水温降至 20.6℃，10 月降至 14.82℃。采样点 4、5 位于湿地中心内部，水流缓慢，植物繁茂。每次采样的温度都略高于其他采样点，这主要是地理位置、环境不同所致。水体中 pH 均呈弱碱性，主要原因是受到湿地及其流域自然环境的影响，再加上水生植物和浮游生物的光合和呼吸作用使得水体 pH 上升，呈弱碱性。水体中各采样点的溶解氧浓度变化范围较大，为 1.40～12.03 mg/L，其除了容易受到水体中微生物活动及污染物种类和浓度变化的影响，还易受雨水的影响。下雨之后，生活和生产中的污染物会随着水流进入河流，对水体造成影响，导致个别采样点溶解氧的降低（如 8 月 5 日采样点 1）。各采样点平均溶解氧浓度为 5.36 mg/L，为Ⅲ类水质。

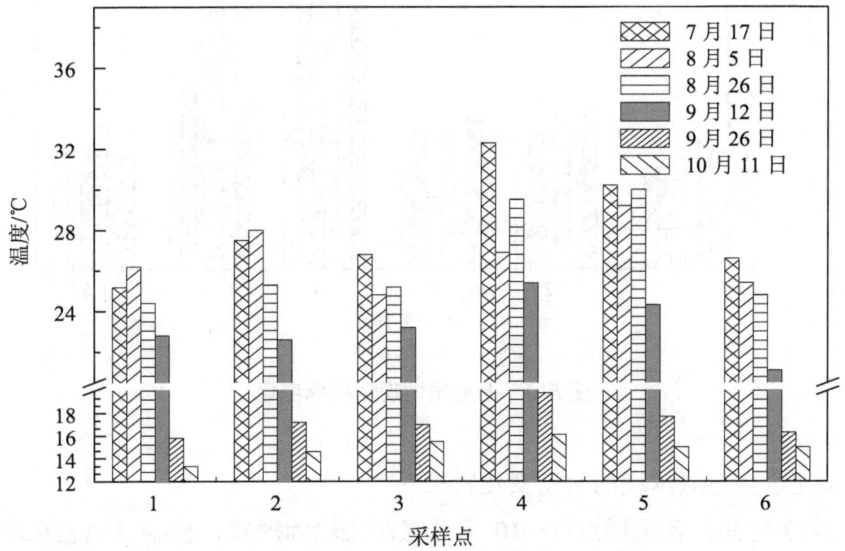

（a）温度

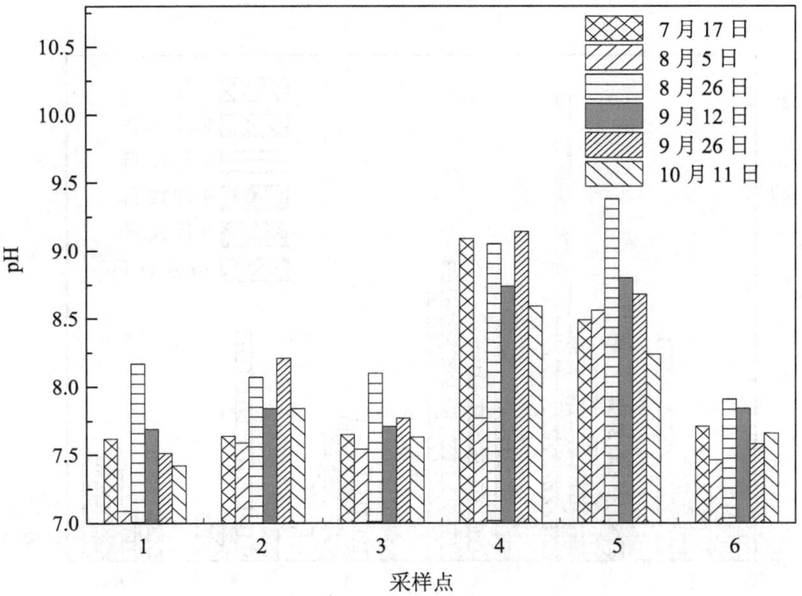

（b）pH

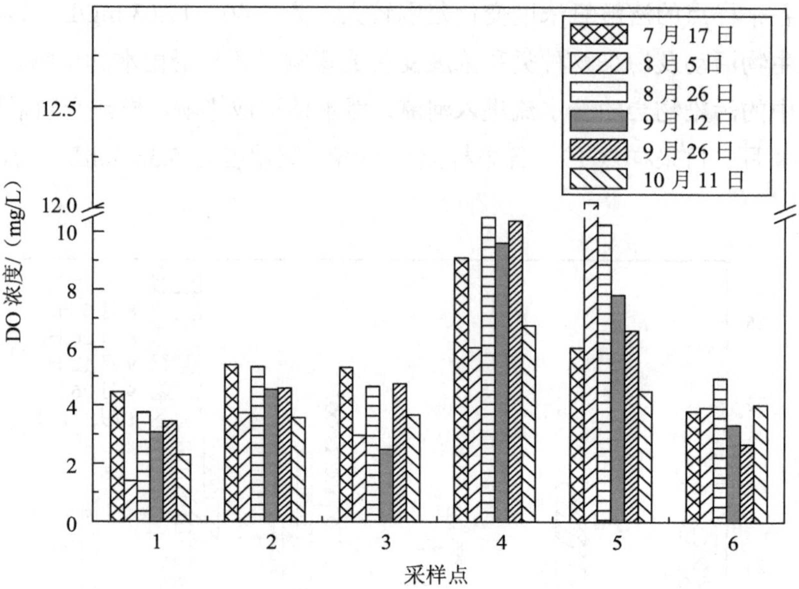

（c）DO

图 5-9 七星湿地现场指标变化

（2）湿地水体总氮浓度的时空变化特征

由图 5-10 可知，各采样点 7—10 月总氮污染较为严重，根据《地表水环境质量标准》（GB 3838—2002），除 7 月 17 日采样点 4 和 8 月 5 日采样点 4、5，其余各采样点总氮浓度均超过Ⅴ类水质标准。

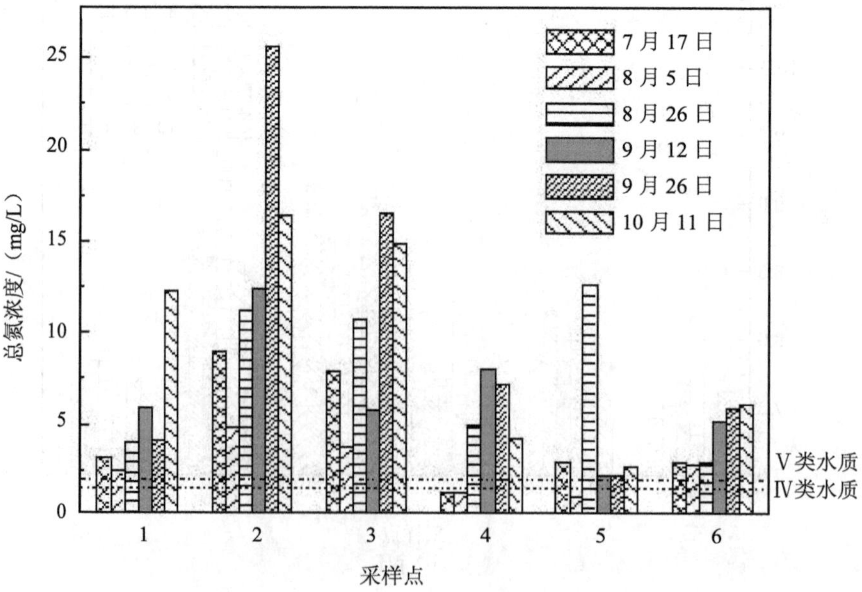

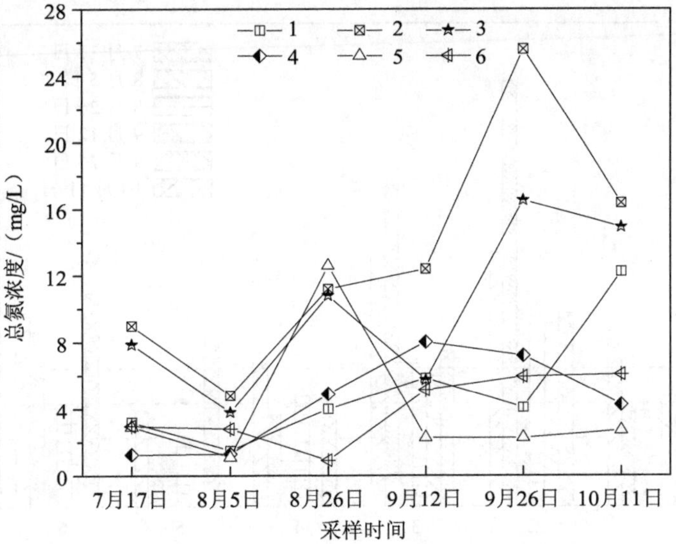

图 5-10　水体中总氮浓度

7—10 月，各采样点水体在 7 月和 8 月上旬总氮浓度相对较低，9 月下旬和 10 月浓度较高。这可能与夏季微生物活跃，植物生长旺盛有关，占总氮浓度较大的有机氮与氨氮被动植物吸收转化，因此夏季总氮相对较小。而 9 月下旬及 10 月，温度急剧下降，进入冬季，微生物数量减少，植物开始死亡，释放氮等营养物质，故总氮较大。

经长期监测可知，万泉河（采样点 2）常年污染程度较重，故在西小河和万泉河交汇口处水体总氮浓度也较大，多在 10 mg/L 以上。但如图 5-10 所示，在水体流经湿地后，在一号钢坝闸（采样点 6）处，总氮浓度大幅下降，浓度在 5 mg/L 左右。

（3）湿地水体氨氮浓度的时空变化特征

由图 5-11 可知，7—10 月万泉河氨氮污染重、浓度高，水体多为劣Ⅴ类水质，西小河污染相对较轻。但万泉河水体氨氮浓度过高，因此在西小河和万泉河汇入口处氨氮浓度同样较高。而在羊肠河入口处和湿地内部氨氮浓度较低，在一号钢坝闸处水体多为Ⅴ类及Ⅴ类以下水质，表明水体流经湿地过程中氨氮浓度逐渐降低。

氨氮浓度 7 月为 1.54～3.09 mg/L，8 月上旬（8 月 5 日）为 1.9～3.15 mg/L，8 月下旬（8 月 26 日）为 0.7～1.74 mg/L，9 月上旬（9 月 12 日）为 0.65～2.84 mg/L，9 月 26 日为 1.0～6.16 mg/L，10 月为 1.39～3.67 mg/L。可见，氨氮浓度由 8 月下旬大幅下降，9 月上旬开始逐步上升，规律较为明显。7 月到 8 月下旬，枯水期后水流量逐渐增大，温度也逐渐升高，氨氮的挥发对氨氮浓度的降低也可起到作用，起主要作用的应该是在微生物和植物的作用下，水体中频繁发生的硝化反应。

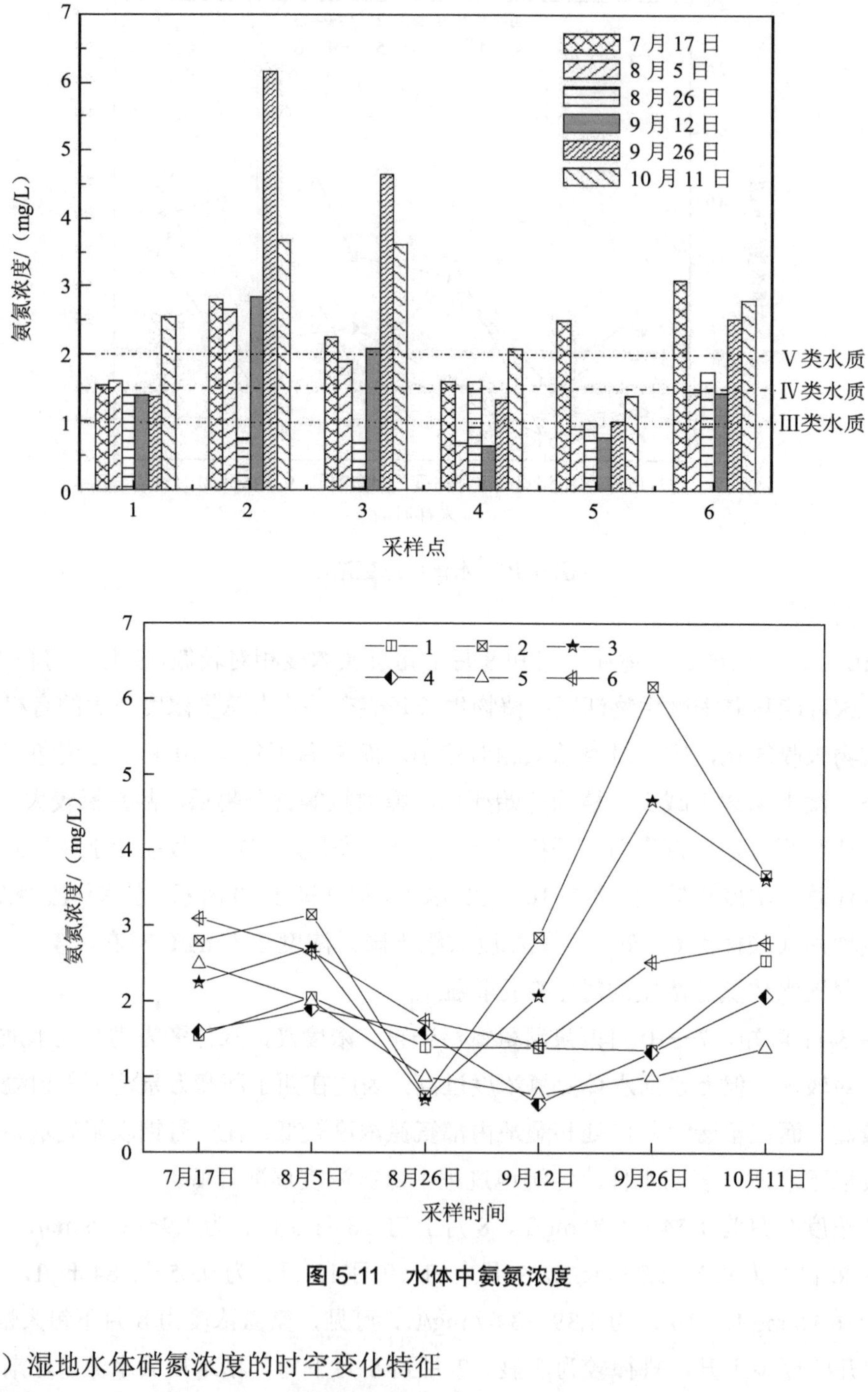

图 5-11 水体中氨氮浓度

（4）湿地水体硝氮浓度的时空变化特征

如图 5-12 所示，水体中硝氮浓度 7 月为 0.33～4.65 mg/L，8 月上旬为 0.14～0.44 mg/L，8 月下旬为 0.04～0.46 mg/L，9 月上旬为 0.11～0.17 mg/L，9 月下旬为 0.11～0.49 mg/L，10 月为 0.12～0.52 mg/L。7 月采样点硝氮浓度较大，7 月到 9 月上旬硝氮浓度呈下降趋势，9 月上旬到 10 月上旬呈逐渐上升趋势。

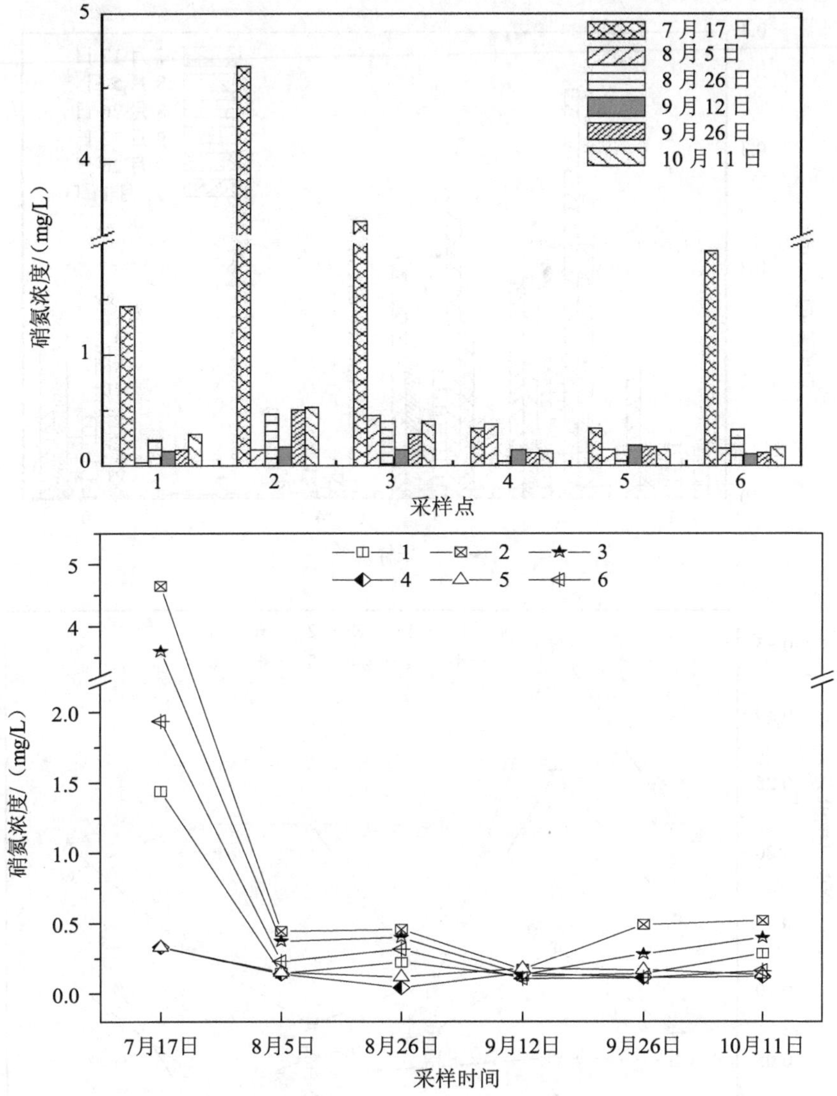

图 5-12　水体中硝氮浓度

各采样点硝氮浓度随时间变化趋势相似，在 7 月水体硝氮浓度均较大可能是由于 7 月高溶解氧浓度不利于沉积物中的氨氮向表层水扩散释放，而有利于氨氮的氧化。各月采样点 4 的硝氮浓度均较小，这是由于湿地中心植物茂密，生长旺盛，植物吸收利用硝酸盐，反硝化作用的结果。

（5）湿地水体亚硝氮浓度的时空变化特征

如图 5-13 所示，亚硝氮在水体中浓度均较低，万泉河（采样点 2）、万泉河与西小河汇入口（采样点 3）和一号钢坝闸处（采样点 6）浓度相对较高。且各月一号钢坝闸处亚硝氮浓度与采样点 2、3 变化趋势相似。这可能是表层水中硝化作用与沉积物中反硝化作用的结果。湿地内部（采样点 4）和羊肠河（采样点 5）亚硝氮浓度较低。

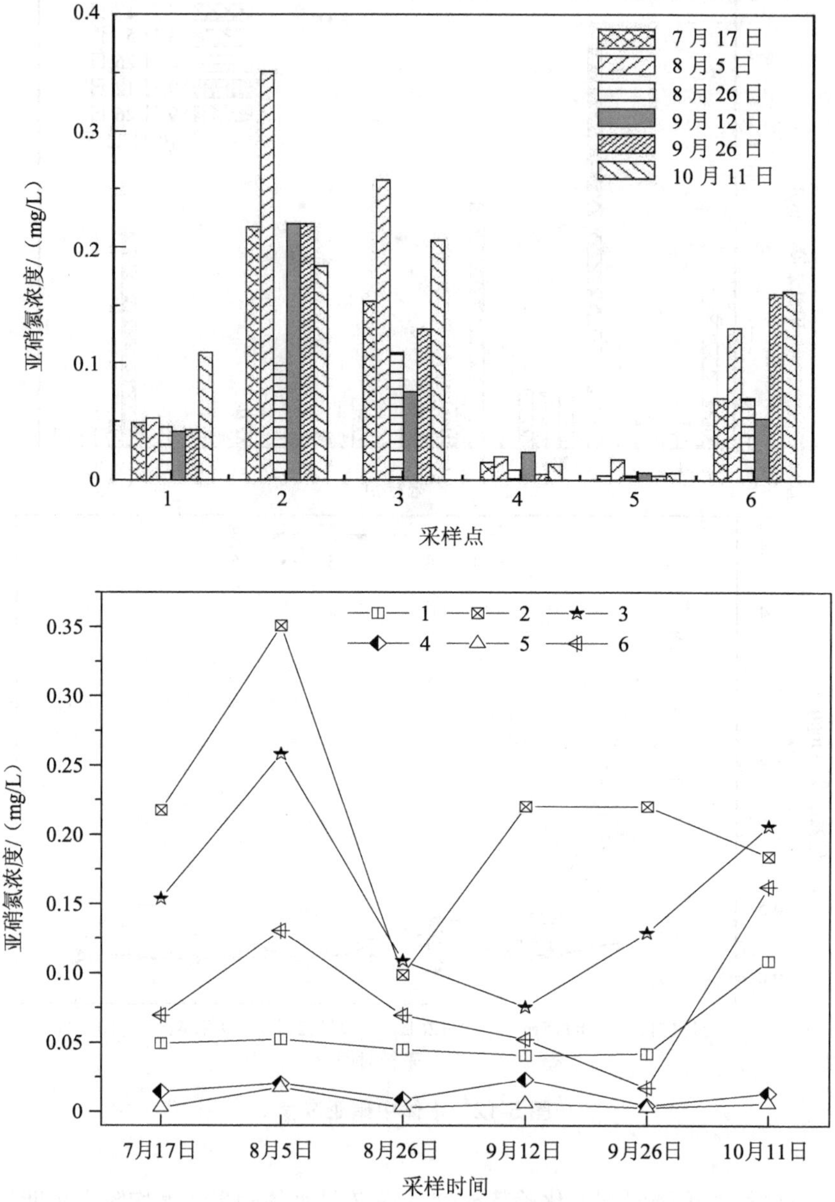

图 5-13　水体中亚硝氮浓度

5.4　七星湿地底泥氮的特征研究

5.4.1　春季沉积物中氨氮、硝氮、亚硝氮的空间变化规律

5 月七星湿地沉积物中氨氮、硝氮、亚硝氮浓度分布如图 5-14 所示。由图可知沉积

物中氨氮浓度为 0.16～18.36 mg/g，在采样点 2 出现最大值，主要原因是万泉河河水由于受工农业影响输入氮较多，且由 5.3 节结论可知，5 月氨氮是由表层水向沉积物扩散，因此万泉河水体氨氮的高浓度导致万泉河处沉积物中氨氮浓度较高。

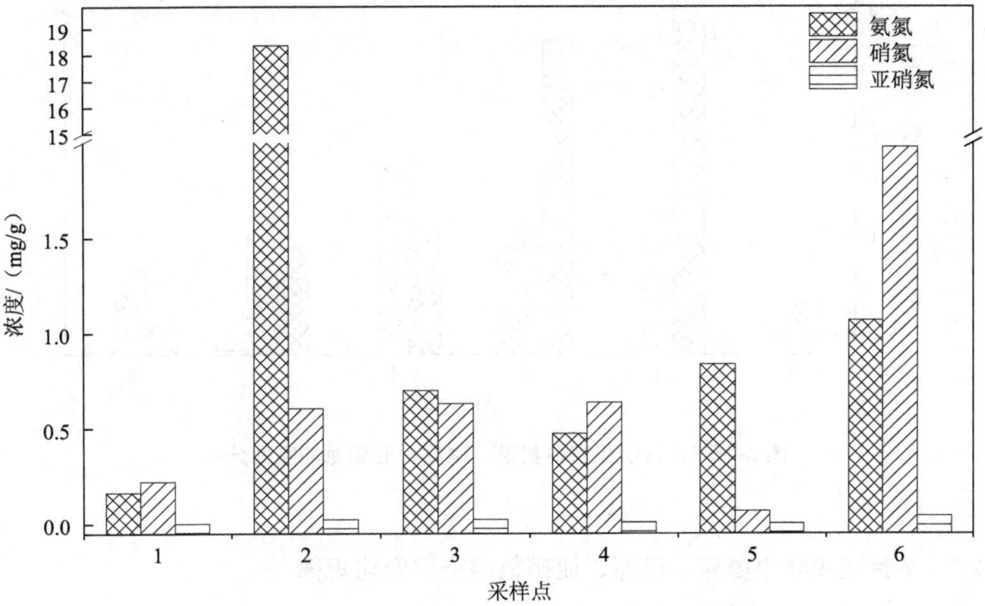

图 5-14　5 月沉积物中氨氮、硝氮、亚硝氮的空间分布

沉积物中硝氮浓度在 0.07～1.98 mg/g，在采样点 5 出现最小值。在采样点 1、4、6 处硝氮浓度要高于氨氮。沉积物中亚硝氮浓度均较低，亚硝氮浓度范围在 0.003～0.045 mg/g。

5.4.2　夏季沉积物中氨氮、硝氮、亚硝氮的空间变化规律

5.4.2.1　6 月沉积物中氨氮、硝氮、亚硝氮的空间变化规律

6 月七星湿地沉积物中氨氮、硝氮、亚硝氮浓度分布如图 5-15 所示。由图可知沉积物中氨氮浓度为 0.23～25.12 mg/g，在采样点 6 出现最小值，在万泉河以及西小河和万泉河入口处氨氮浓度尤为高。

沉积物中硝氮浓度在 0.36～1.62 mg/g，在采样点 1 和 6 处浓度最低。除氨氮浓度高的采样点 2、3，其他各采样点在 6 月硝氮浓度均高于氨氮浓度。这与 5.3 节氨氮在 6 月是由沉积物向表层水扩散，而硝氮是由表层水向沉积物扩散的结论相一致。这可能是氨氮氧化及硝化作用的结果。沉积物中亚硝氮浓度均较低，在 0.001～0.032 mg/g。

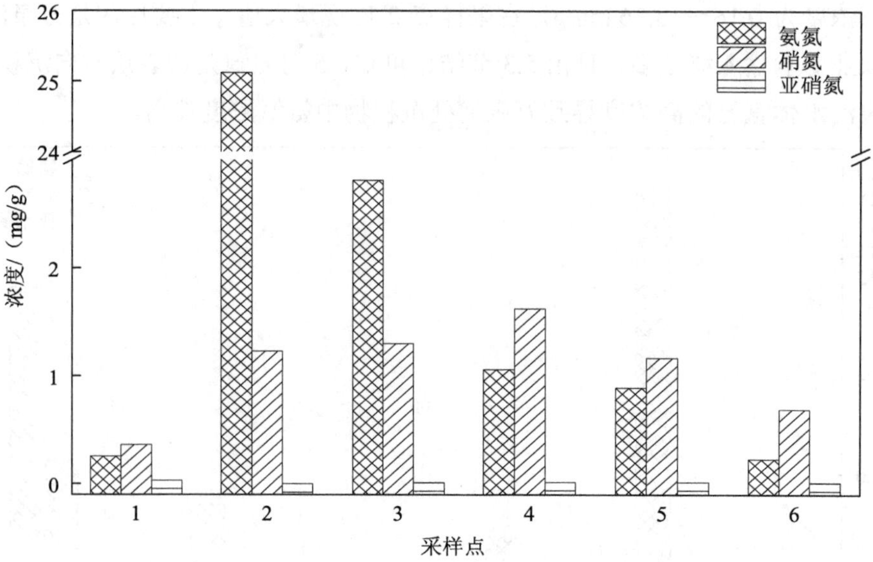

图 5-15　6 月沉积物中氨氮、硝氮、亚硝氮的空间分布

5.4.2.2　7 月沉积物中氨氮、硝氮、亚硝氮的空间变化规律

7 月七星湿地沉积物中氨氮、硝氮、亚硝氮浓度分布如图 5-16 所示。由图可知沉积物中氨氮浓度为 0.27～13.24 mg/g，在采样点 5 和 6 处浓度较低。

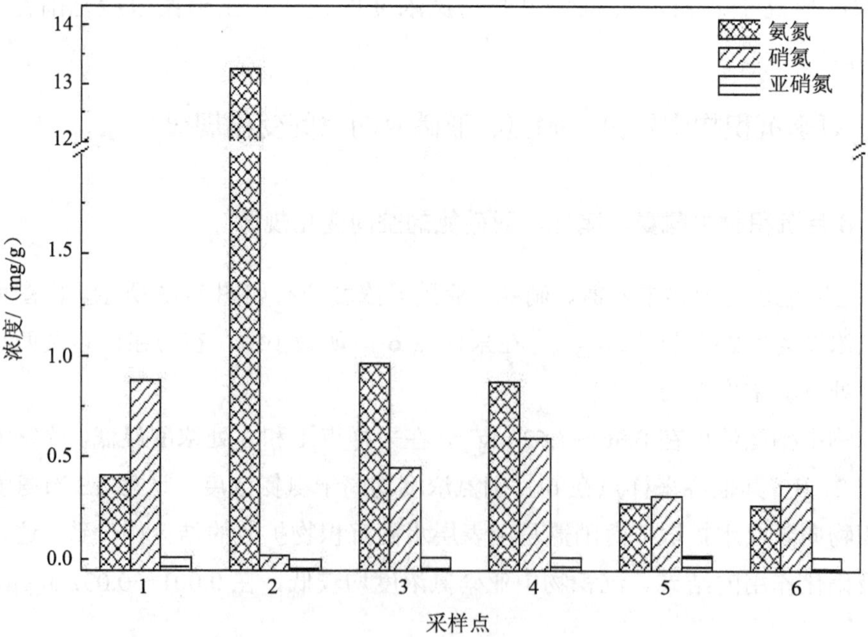

图 5-16　7 月沉积物中氨氮、硝氮、亚硝氮的空间分布

沉积物中硝氮浓度为 0.02～0.88 mg/g，在采样点 2 出现最小值。沉积物中亚硝氮浓度均较低，为 0.008～0.015 mg/g。

5.4.2.3　8 月沉积物中氨氮、硝氮、亚硝氮的空间变化规律

8 月七星湿地沉积物中氨氮、硝氮、亚硝氮浓度分布如图 5-17 所示。由图可知沉积物中氨氮浓度为 0.25～25.88 mg/g，在采样点 5 处含量最低。

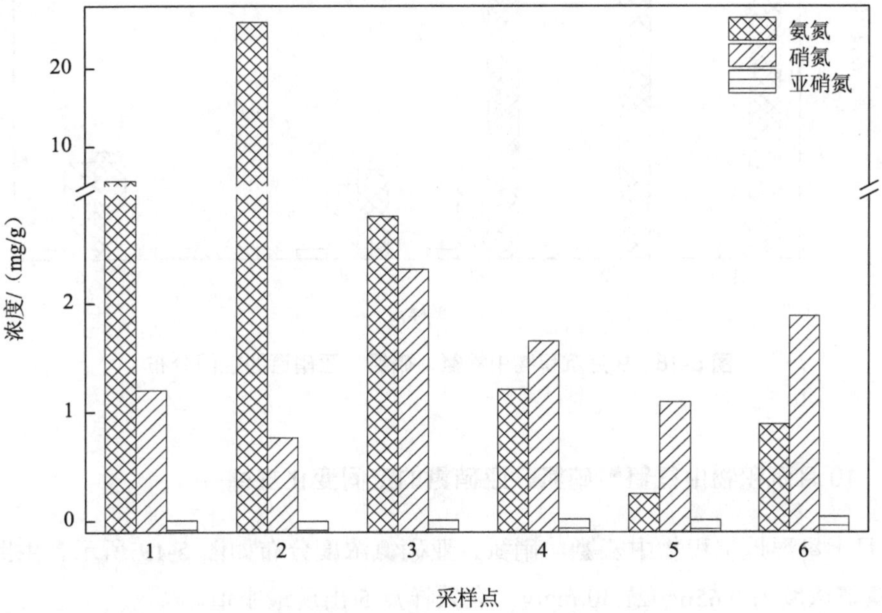

图 5-17　8 月沉积物中氨氮、硝氮、亚硝氮的空间分布

沉积物中硝氮浓度为 0.77～1.88 mg/g，在采样点 2 出现最小值。沉积物中亚硝氮浓度均较低，为 0.001～0.045 mg/g。

5.4.3　秋季沉积物中氨氮、硝氮、亚硝氮的空间变化规律

5.4.3.1　9 月沉积物中氨氮、硝氮、亚硝氮的空间变化规律

9 月七星湿地沉积物中氨氮、硝氮、亚硝氮浓度分布如图 5-18 所示。由图可知沉积物中氨氮浓度为 0.13～26.04 mg/g，在采样点 5 出现最小值。

沉积物中硝氮浓度为 0.044～0.921 mg/g，在采样点 2 出现最小值。沉积物中亚硝氮浓度均较低，为 0.003～0.016 mg/g。

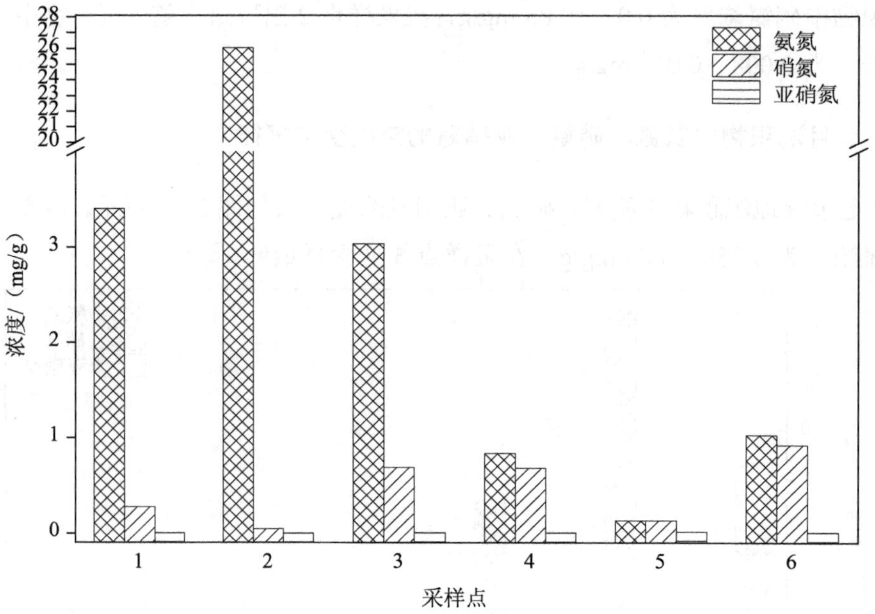

图 5-18　9 月沉积物中氨氮、硝氮、亚硝氮的空间分布

5.4.3.2　10 月沉积物中氨氮、硝氮、亚硝氮的空间变化规律

10 月七星湿地沉积物中氨氮、硝氮、亚硝氮浓度分布如图 5-19 所示。由图可知沉积物中氨氮浓度为 0.656～21.30 mg/g，在采样点 5 出现最小值。

沉积物中硝氮浓度为 0.15～2.70 mg/g，在采样点 5 出现最小值。沉积物中亚硝氮浓度均较低，为 0.001～0.034 mg/g。

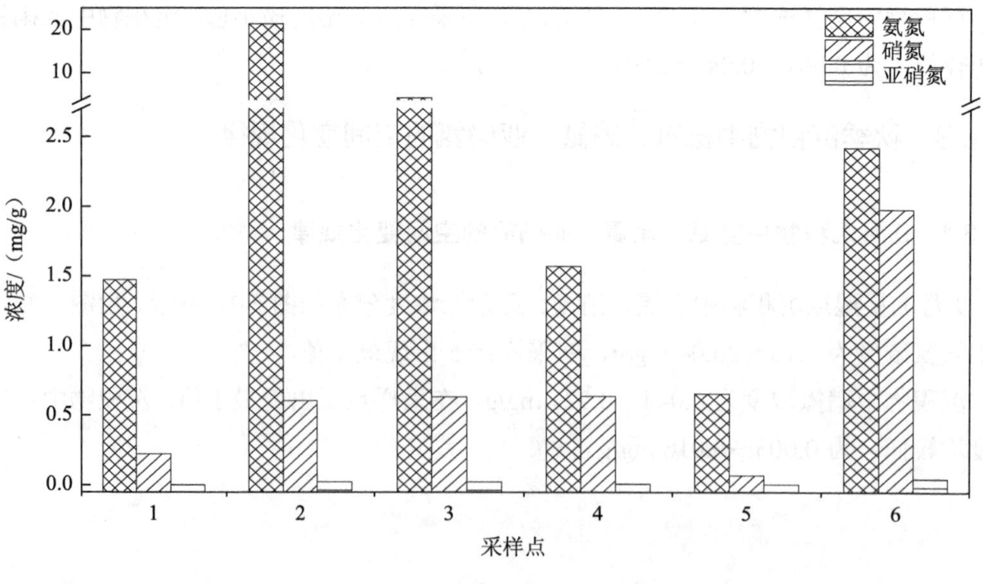

图 5-19　10 月沉积物中氨氮、硝氮、亚硝氮的空间分布

5.5　植物根际及根周微生物群落研究

2013 年 7 月 17 日、8 月 6 日、8 月 25 日、9 月 11 日、9 月 27 日和 10 月 11 日，在七星湿地西小河和万泉河汇入口（采样点 3）和湿地内部（采样点 4）进行了 6 次采样，采集覆盖率较高的植物。另外 8 月 6 日还对福德店进行了采样。具体采样地点和采样植物见表 5-6。采样后按照前处理方法（见 5.2.2 节）对植物根际、根周进行前处理，并提取总 DNA，放入–20℃冰箱进行保存。

表 5-6　植物样品采集信息

编号	采样点	植物名称	根围位置
7 月 17 日			
1	3 号采样点	茭草	根际
2	4 号采样点	香蒲	根际
3	4 号采样点	菖蒲	根际
4	4 号采样点	芦苇	根际
5	3 号采样点	茭草	根周
6	4 号采样点	香蒲	根周
7	4 号采样点	菖蒲	根周
8	4 号采样点	芦苇	根周
8 月 6 日			
1	福德店	香蒲	根际
2	福德店	芦苇	根际
3	3 号采样点	茭草	根际
4	3 号采样点	菖蒲	根际
5	4 号采样点	芦苇	根际
6	4 号采样点	菖蒲	根际
7	4 号采样点	香蒲	根际
8	福德店	香蒲	根周
9	3 号采样点	茭草	根周
10	3 号采样点	菖蒲	根周
11	4 号采样点	芦苇	根周
12	4 号采样点	菖蒲	根周
13	4 号采样点	香蒲	根周

编号	采样点	植物名称	根围位置
8 月 25 日/9 月 11 日			
1	3 号采样点	茭草	根际
2	4 号采样点	芦苇	根际
3	4 号采样点	菖蒲	根际
4	4 号采样点	香蒲	根际
5	3 号采样点	茭草	根周
6	4 号采样点	芦苇	根周
7	4 号采样点	菖蒲	根周
8	4 号采样点	香蒲	根周
9 月 27 日			
1	4 号采样点	芦苇	根际
2	4 号采样点	菖蒲	根际
3	4 号采样点	香蒲	根际
4	3 号采样点	芦苇	根周
5	3 号采样点	菖蒲	根周
6	4 号采样点	芦苇	根周
7	4 号采样点	菖蒲	根周
8	4 号采样点	香蒲	根周
10 月 11 日			
1	4 号采样点	菖蒲	根周
2	4 号采样点	香蒲	根周
3	4 号采样点	菖蒲	根际
4	4 号采样点	香蒲	根际
5	4 号采样点	芦苇	根际
6	4 号采样点	菖蒲	根周
7	4 号采样点	香蒲	根周
8	4 号采样点	芦苇	根周

5.5.1 DGGE 指纹图谱

由图 5-20 可以看出，7 月、8 月、9 月氨氧化细菌条带很多，说明该群落的多样性较好，且均有特异性较强的条带。10 月氨氧化细菌条带较少，这可能与温度降低、微生物减少有关。在 7 月 17 日，4 号采样点的菖蒲根际、芦苇根际、香蒲根周和芦苇根周（条带 3、4、6、8）的氨氧化细菌条带较多，并且亮度较高。而 3 号采样点的茭草根周和 4 号采样点的菖蒲根周处（条带 5、7）优势条带较少，而且亮度较低。4 号点位的菖蒲根际氨氧化细菌比根周优势条带多，与香蒲相比菖蒲和芦苇的优势条带较多、亮度也较好，这说明菖蒲和芦苇对污染物的去除效果更好。

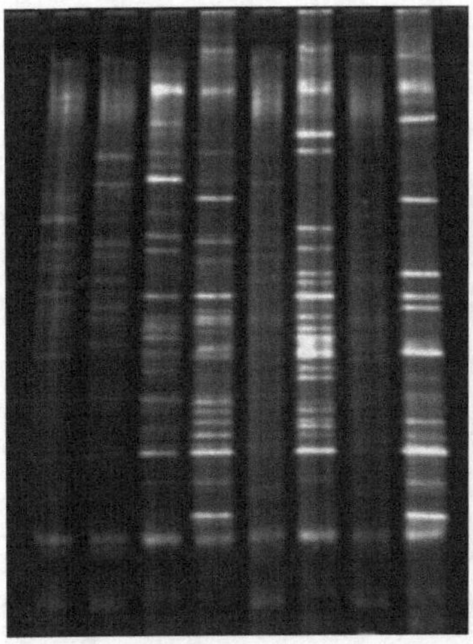

7 月 17 日

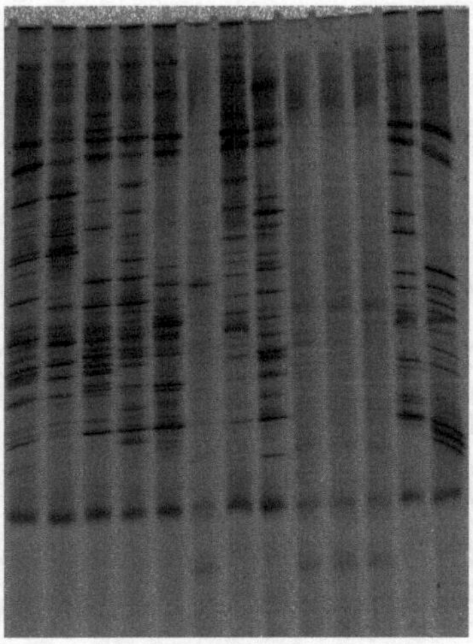

8 月 6 日

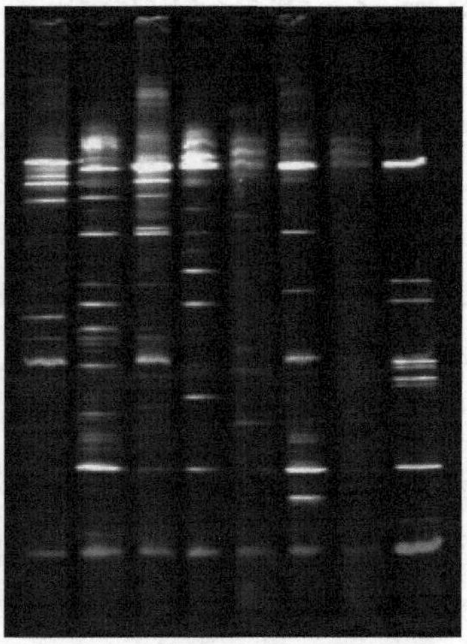

8 月 26 日

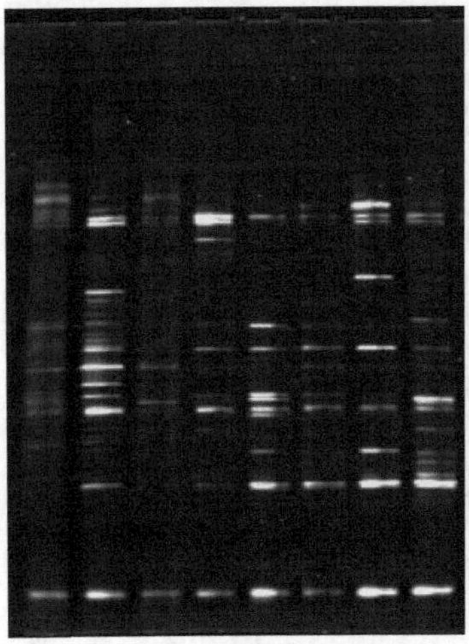

9 月 12 日

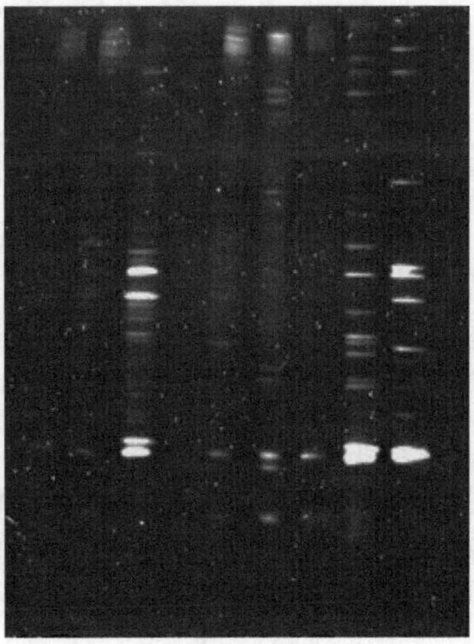

9 月 26 日

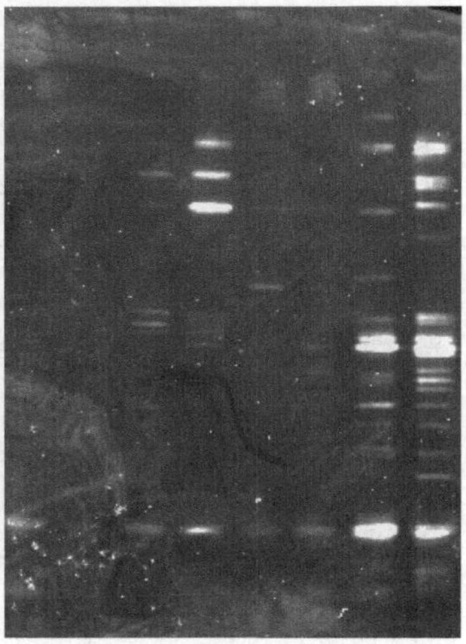

10 月 11 日

图 5-20　氨氧化细菌 DGGE 指纹图谱

8 月 6 日除 4 号采样点菖蒲外，其他各点植物根际氨氧化细菌条带均较多，且亮度较宽。8 月 26 日和 9 月 12 日各点根际和根周氨氧化细菌条带均较多，优势条带数量以及条带亮度都较好，表明夏季微生物繁殖较快，植物根际微生物比较活跃，在微生物作用下，植物通过根毛有利于吸收沉积物中的氮等营养物，这可能也是同一植物根际比根周氨氧化细菌条带多且亮的原因。

在9月26日和10月11日，整体来看，优势条带都不太好，且亮度较暗。9月27日的优势条带集中在4号采样点的香蒲根际微生物上，以及4号采样点的菖蒲和香蒲根周。根周微生物总细菌数量都相对较少，条带亮度较弱。

5.5.2 聚类分析结果

5.5.2.1 7月17日氨氧化细菌DGGE图谱分析

对7月17日氨氧化细菌DGGE作图谱分析带型图，如图5-21所示，8个泳道共有54条不同的条带，每个泳道的条带范围为9～29条，其中5泳道条带数最少，为9条；4和6泳道条带数最多，为29条，说明其多样性较好。

图5-21和表5-7为7月17日氨氧化细菌种群相似性比较，可以看出，不同样品的细菌群落结构相似性在20.7%～65.8%。其中4和8泳道细菌群落结构相似度最好，达到65.8%，4和6泳道细菌群落相似度也比较好，为56.4%，这说明4号采样点的香蒲根周细菌、芦苇根周细菌、芦苇根际细菌群落结构和组成较为相似。而4泳道和7泳道的相似度最差，仅为20.7%，这说明4号采样点菖蒲根周细菌与4号采样点的芦苇根际细菌群落结构差异较大。

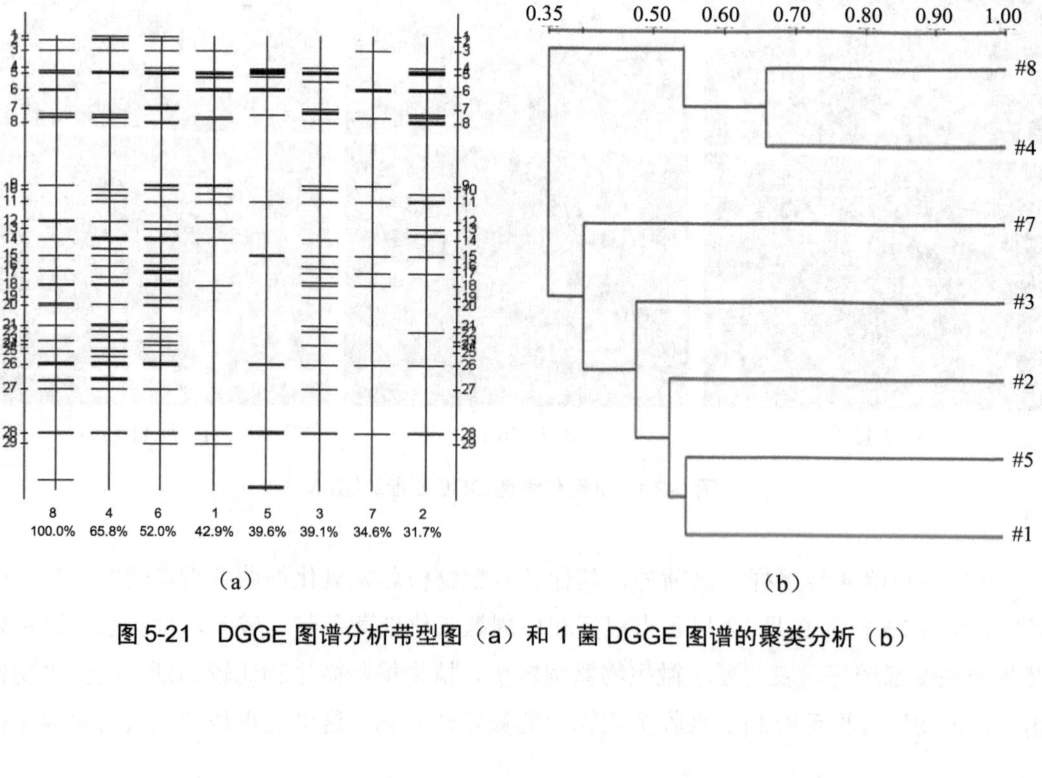

（a）（b）

图5-21 DGGE图谱分析带型图（a）和1菌DGGE图谱的聚类分析（b）

表 5-7　7 月 17 日氨氧化细菌 DGGE 指纹图谱的相似性矩阵

相似度/%	1	2	3	4	5	6	7	8
1	100	50	50.6	36.2	54.8	34.8	47.7	42.9
2	50	100	46	38.1	54.8	37.2	40.5	31.7
3	50.6	46	100	43.8	46.5	39.8	31.4	39.1
4	36.2	38.1	43.8	100	34.4	56.4	20.7	65.8
5	54.8	54.8	46.5	34.4	100	30.2	41.5	39.6
6	34.8	37.2	39.8	56.4	30.2	100	24.6	52
7	47.7	40.5	31.4	20.7	41.5	24.6	100	34.6
8	42.9	31.7	39.1	65.8	39.6	52	34.6	100

5.5.2.2　8 月 6 日氨氧化细菌 DGGE 图谱分析

对 8 月 6 日样品氨氧化细菌 DGGE 作图谱分析带型图，如图 5-22（a）所示，13 个泳道共有 42 条不同的条带，条带范围为 2～28 条，整体来看各样品的多样性相对较好，其中 4 泳道条带数最多，为 28 条，1、2、3、8 泳道条带数也都较多，为 22～28 条，说明这些泳道样品细菌多样性好；9、10 和 11 泳道条带数少，说明其多样性较差。

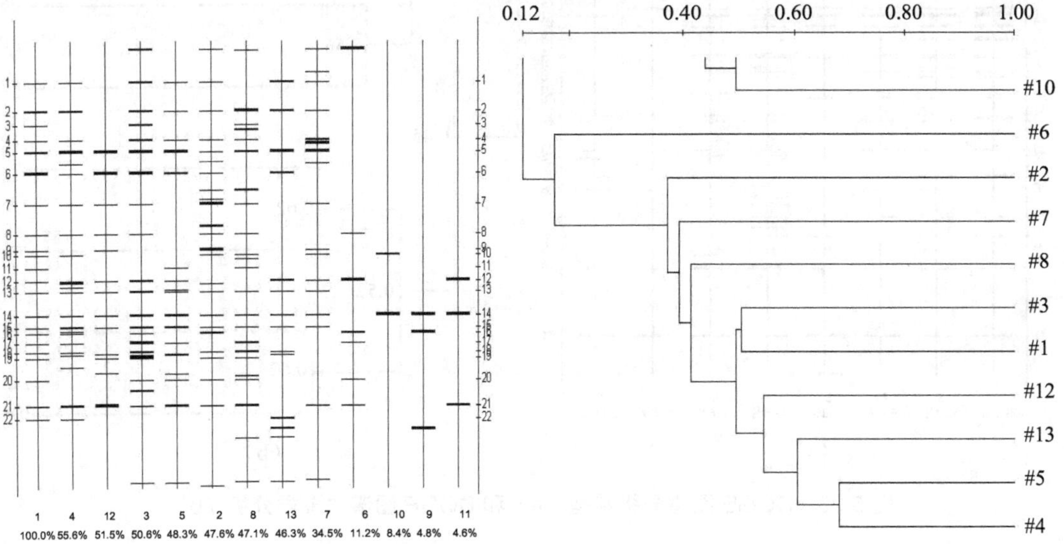

（a）　　　　　　（b）

图 5-22　DGGE 图谱分析带型（a）和 DGGE 图谱的聚类分析（b）

表 5-8 和图 5-22（b）为 8 月 6 日氨氧化细菌种群相似性比较，可以看出，此次不同样品的细菌群落结构相似性为 0～68.1%，泳道之间的相似度差异较大，聚类特征不

明显。其中 4 和 5 泳道、4 和 13 泳道的相似度均大于 60%，说明它们之间的菌落结果相似度比较高。其中 4 和 5 泳道细菌群落结构相似度最好，达到 68.1%，这说明 3 号采样点的菖蒲根际细菌和 4 号采样点芦苇根际细菌的群落结构和组成较为相似。

5.5.2.3 8 月 25 日氨氧化细菌 DGGE 图谱分析

对 8 月 25 日样品氨氧化细菌 DGGE 作图谱分析带型图，如图 5-23 所示，8 个泳道共有 52 条不同的条带，条带范围为 1～35 条，其中 5 泳道条带数最少，只有 10 条，说明其菌落多样性较差；1、2、3、5 和 6 泳道条带数较多，表明多样性较好。

表 5-9 和图 5-23 为 8 月 25 日总细菌种群相似性比较，整体来看，此次不同样品的细菌群落结构相似度为 27.6%～64.9%，1 和 3 泳道，4 和 7 泳道，以及 5 和 7 泳道相似度均高于 60%，相似度对比结果相对较好，说明 3 号采样点位的茭草根际和 4 号采样点菖蒲根际群落结构和组成相似度相对较好，3 号采样点茭草根周和 4 号采样点香蒲根际与采样点 4 处菖蒲根周细菌群落结构和组成相似度相对较好。

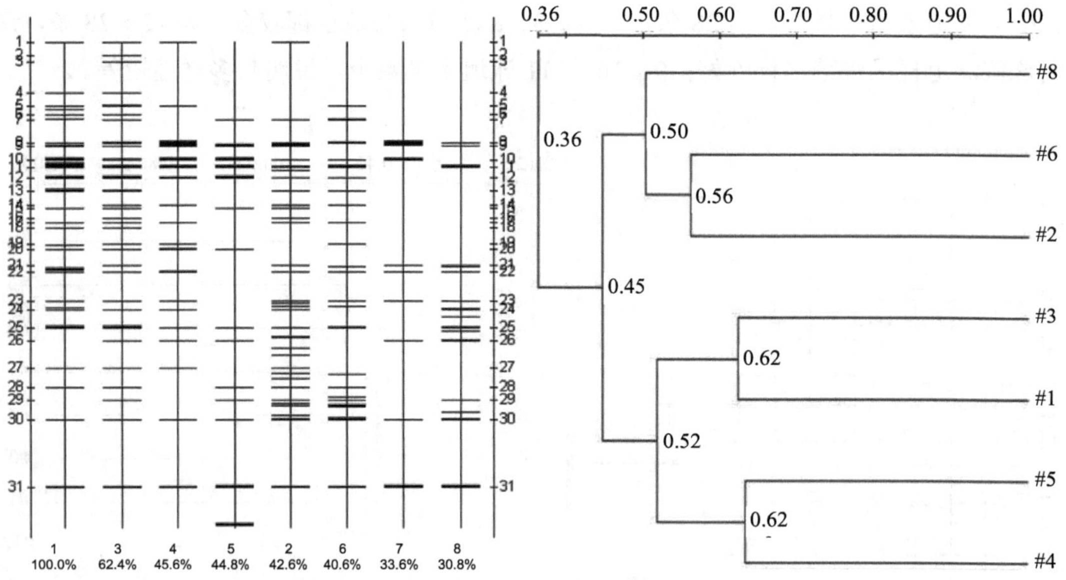

图 5-23 DGGE 图谱分析带型（a）和 DGGE 图谱的聚类分析（b）

表 5-8 8 月 6 日氨氧化细菌 DGGE 指纹图谱的相似性矩阵

相似度/%	1	2	3	4	5	6	7	8	9	10	11	12	13
1	100	47.6	50.6	55.6	48.3	11.2	34.5	47.1	4.8	8.4	4.6	51.5	46.3
2	47.6	100	40	42	34.1	22	31.6	39.6	17.2	7.4	4.8	33.9	29.8

相似度/%	1	2	3	4	5	6	7	8	9	10	11	12	13
3	50.6	40	100	52.3	52.8	27.9	35.5	46.7	14.3	10.2	18.4	41.7	48.6
4	55.6	42	52.3	100	68.1	22.3	45.6	46.6	8.5	9.1	22.6	55.6	64.5
5	48.3	34.1	52.8	68.1	100	15.8	42.8	40.7	14.2	16.1	35	59.5	56.6
6	11.2	22	27.9	22.3	15.8	100	8.8	19.4	12.4	0	34.8	18.3	10.1
7	34.5	31.6	35.5	45.6	42.8	8.8	100	38.2	1.7	4.2	3.6	39.1	40.5
8	47.1	39.6	46.7	46.6	40.7	19.4	38.2	100	4.6	5.6	12.8	35.9	31.6
9	4.8	17.2	14.3	8.5	14.2	12.4	1.7	4.6	100	47.5	40.6	3.3	15.1
10	8.4	7.4	10.2	9.1	16.1	0	4.2	5.6	47.5	100	49.6	3.8	4.1
11	4.6	4.8	18.4	22.6	35	34.8	3.6	12.8	40.6	49.6	100	28.2	15.6
12	51.5	33.9	41.7	55.6	59.5	18.3	39.1	35.9	3.3	3.8	28.2	100	48.1
13	46.3	29.8	48.6	64.5	56.6	10.1	40.5	31.6	15.1	4.1	15.6	48.1	100

表 5-9 8 月 25 日氨氧化细菌 DGGE 指纹图谱的相似性矩阵

相似度/%	1	2	3	4	5	6	7	8
1	100	42	60.7	44.5	44	42.7	27.6	38
2	42	100	56	47.4	43	39.5	35.3	41.3
3	60.7	56	100	42.9	40.4	33.3	31.8	37
4	44.5	47.4	42.9	100	58.2	43.9	62.2	49.7
5	44	43	40.4	58.2	100	45.6	64.9	43.1
6	42.7	39.5	33.3	43.9	45.6	100	42.3	51.8
7	27.6	35.3	31.8	62.2	64.9	42.3	100	49.3
8	38	41.3	37	49.7	43.1	51.8	49.3	100

5.5.2.4 9 月 11 日氨氧化细菌 DGGE 图谱分析

对 9 月 11 日样品总细菌 DGGE 作图谱分析带型图，如图 5-24 所示，8 个泳道共有 47 条不同的条带，条带范围为 13～30 条，其中 3 和 7 泳道条带数较少，分别为 16 条和 13 条；2 泳道条带数最多，为 30 条，说明其菌落多样性较好。

表 5-10 和图 5-24 为 9 月 11 日总细菌种群相似性比较，可以看出，此次不同样品的细菌群落结构相似性为 45.3%～69.0%，泳道之间的相似度较为明显。其中有 1 和 3，2 和 4，5 和 6，5 和 8，6 和 7，6 和 8，7 和 8 泳道的相似度超过 60%，说明他们之间的群落结构较为相似。

表 5-10　9 月 11 日氨氧化细菌 DGGE 指纹图谱的相似性矩阵

相似度/%	1	2	3	4	5	6	7	8
1	100	54.8	66.7	47.1	50.9	47.4	45.8	57.5
2	54.8	100	62.7	60.6	53.4	59.4	46.5	52.8
3	66.7	62.7	100	53.1	46.4	48.5	45.3	54.6
4	47.1	60.6	53.1	100	49.5	51.9	50.1	52.7
5	50.9	53.4	46.4	49.5	100	62.4	56.4	69
6	47.4	59.4	48.5	51.9	62.4	100	66.6	63.5
7	45.8	46.5	45.3	50.1	56.4	66.6	100	61.5
8	57.5	52.8	54.6	52.7	69	63.5	61.5	100

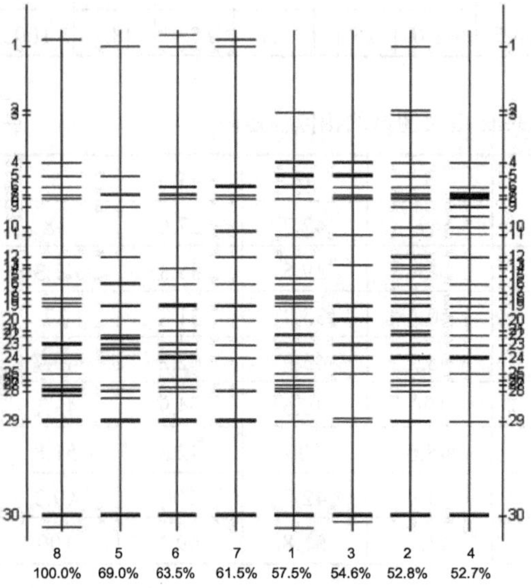

(a)

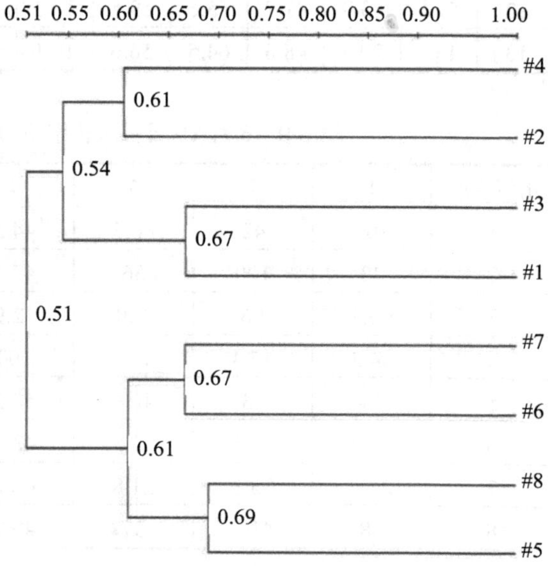

(b)

图 5-24　DGGE 图谱分析带型图（a）和 DGGE 图谱的聚类分析（b）

5.5.2.5　9 月 27 日氨氧化细菌 DGGE 图谱分析

对 9 月 27 日样品总细菌 DGGE 作图谱分析带型图，如图 5-25 所示，8 个泳道共有 35 条不同的条带，条带范围为 14～30 条，其中 1、2、6 泳道条带数较少，多样性相对一般；3、7、8 泳道条带数相对较多，其多样性较好。

表 5-11 和图 5-25 为 9 月 27 日氨氧化细菌种群相似性比较，可以看出，不同样品的细菌群落结构相似性为 22.1%～69.2%。泳道之间相似性较好，其中 2 和 4，7 和 8 泳道细菌群落结构相似度都比较好，达到 60%以上。而泳道 1 和泳道 7 的相似性最差，仅为 22.1%，这说明 4 号采样点的芦苇根际细菌与 4 号采样点的菖蒲根周细菌群落结构差异较大。

表 5-11　9 月 27 日氨氧化细菌 DGGE 指纹图谱的相似性矩阵

相似度/%	1	2	3	4	5	6	7	8
1	100	37.4	45.6	56.6	47.6	38.3	22.1	33
2	37.4	100	32.5	69.2	47.8	35.5	31.4	38.4
3	45.6	32.5	100	46.3	47.5	37.7	49	50.1
4	56.6	69.2	46.3	100	57.4	46.4	38.5	49.1
5	47.6	47.8	47.5	57.4	100	34.9	41.2	37.1
6	38.3	35.5	37.7	46.4	34.9	100	47.6	42.2
7	22.1	31.4	49	38.5	41.2	47.6	100	62.6
8	33	38.4	50.1	49.1	37.1	42.2	62.6	100

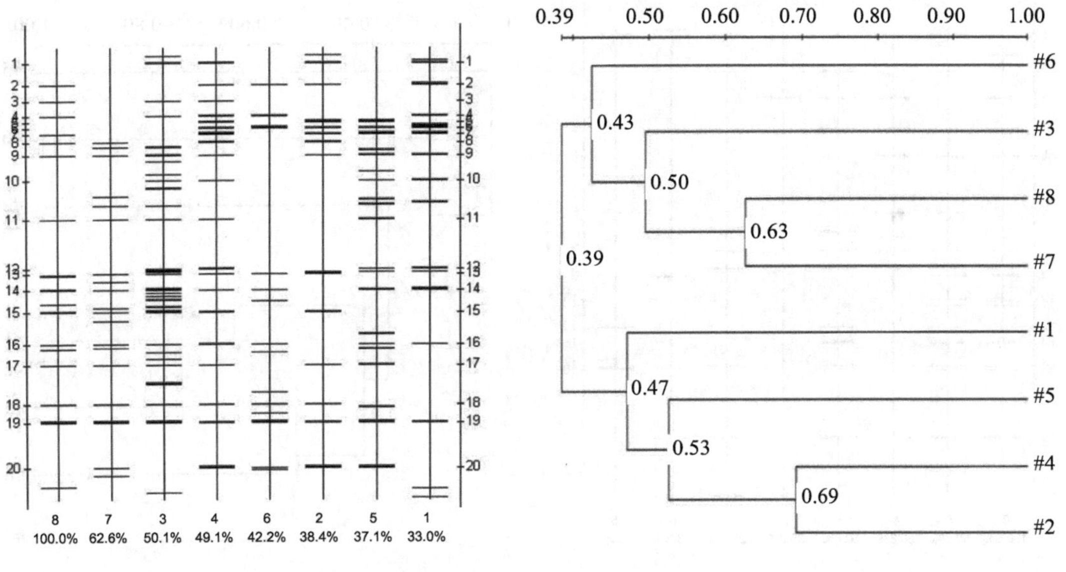

（a）　　（b）

图 5-25　DGGE 图谱分析带型图（a）和 DGGE 图谱的聚类分析（b）

5.5.2.6　10 月 11 日氨氧化细菌 DGGE 图谱分析

对 10 月 11 日样品总细菌 DGGE 作图谱分析带型图，如图 5-26 所示，8 个泳道共有 30 条不同的条带，条带范围为 2～18 条，其中 1、2、5、6 泳道条带数少，多样性相对差；7、8 泳道条带数较多，表明多样性较好。

表 5-12 和图 5-26 为 10 月 11 日氨氧化细菌种群相似性比较，可以看出，不同样品的细菌群落结构相似性为 0～61.9%。泳道之间相似性较差，其中只有 1 和 7 泳道细菌群落结构相似度都比较好，达到 61.9%。而其他泳道间细菌群落结构相似性差。

表 5-12 10 月 11 日氨氧化细菌 DGGE 指纹图谱的相似性矩阵

相似度/%	1	2	3	4	5	6	7	8
1	100	25.4	37.9	22.8	20.1	34.9	61.9	27.1
2	25.4	100	33.8	39.9	0	25.7	30.9	35.3
3	37.9	33.8	100	50	15.5	11.8	43.2	50.4
4	22.8	39.9	50	100	7.7	16.3	36.2	50.8
5	20.1	0	15.5	7.7	100	21.3	26.6	4.9
6	34.9	25.7	11.8	16.3	21.3	100	38.7	23.3
7	61.9	30.9	43.2	36.2	26.6	38.7	100	58.3
8	27.1	35.3	50.4	50.8	4.9	23.3	58.3	100

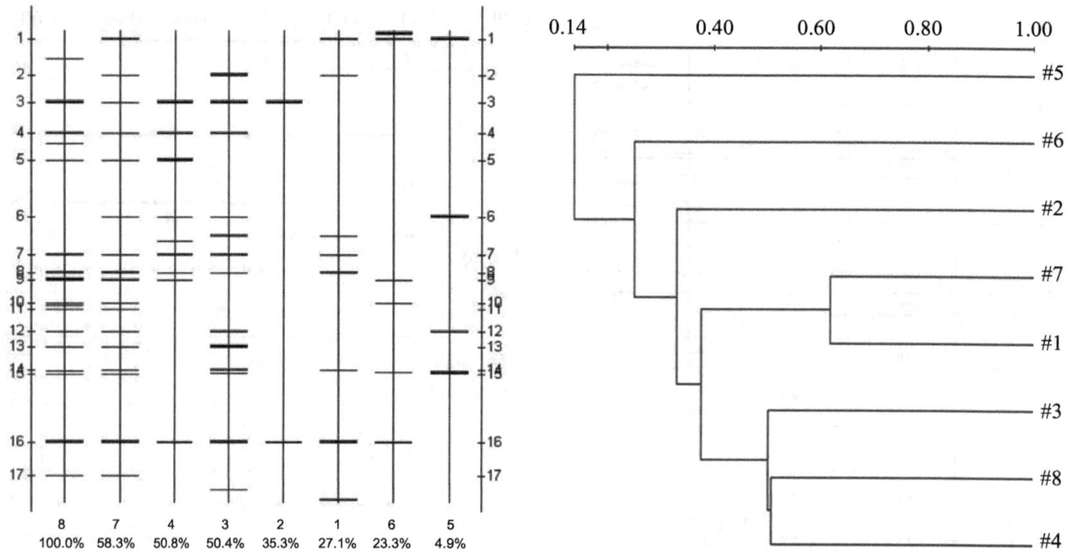

（a） （b）

图 5-26 DGGE 图谱分析带型图（a）和 DGGE 图谱的聚类分析（b）

5.5.3 多样性分析

如表 5-13 所示，7 月 11 日各样品多样性指数为 0.09～1.12。各样品相比之下，7、8 样品条带数目较多，且多样性指数大于 1，不同种类微生物分布较为平均，种群优势度相对较高。3、7 和 8 样品丰富度较高。而 2 和 4 样品条带数目少，微生物多样性较差。

如表 5-14 所示，8 月 6 日各样品多样性指数为 0.01～0.73。1～4 和 8 样品条带数均在 20 条以上，多样性指数在 0.5 以上，均匀度在 0.2 左右，种群丰富度较高但优势度较低。6、9～11 样品条带数目少，微生物多样性较差。12 和 13 样品微生物多样性良好但优势度较差。与 7 月相比，8 月上旬虽整体上样品条带数略高，但根周生物多样性、均匀度及优势度均低于 7 月。

表 5-13 7 月 17 日微生物群落结构特征指数

样品	条带数 S	多样性 H'	均匀度 E	丰度 R	优势度 D
1	8	0.39	0.19	0.61	0.09
2	2	0.09	0.13	0.09	0.02
3	13	0.55	0.21	1.04	0.12
4	9	0.56	0.26	0.70	0.14
5	4	0.20	0.15	0.26	0.05
6	6	0.28	0.15	0.43	0.06
7	17	1.02	0.36	1.39	0.25
8	18	1.12	0.39	1.48	0.28

表 5-14 8 月 6 日微生物群落结构特征指数

样品	条带数 S	多样性 H'	均匀度 E	丰度 R	优势度 D
1	22	0.51	0.16	1.75	0.10
2	24	0.68	0.21	1.92	0.14
3	23	0.73	0.23	1.83	0.15
4	23	0.66	0.21	1.83	0.14
5	17	0.61	0.21	1.33	0.14
6	7	0.07	0.03	0.50	0.01
7	17	0.49	0.17	1.33	0.11
8	23	0.53	0.17	1.83	0.10
9	3	0.02	0.02	0.17	0.00
10	2	0.01	0.02	0.08	0.00
11	3	0.02	0.02	0.17	0.00
12	13	0.29	0.11	1.00	0.06
13	14	0.31	0.12	1.08	0.06

如表 5-15 所示，8 月 25 日各样品多样性指数为 0.03～1.12。样品 7 条带数少，多样性指数较小。其他样品条带数目均较多，优势度较高。但样品 3 多样性较差，优势度较高。样品 5 种群优势度较差。整体上 8 月上下旬微生物多样性良好，丰富度高。

如表 5-16 所示，9 月 11 日各样品多样性指数为 0.34～1.04，样品 2 多样性指数最大。9 月上旬所有样品条带数较多，多样性良好，分布均匀，丰富度高，但 3 和 6 样品优势度较差。

表 5-15 8 月 25 日微生物群落结构特征指数

样品	条带数 S	多样性 H'	均匀度 E	丰度 R	优势度 D
1	30	0.76	0.22	2.29	0.15
2	36	1.12	0.31	2.76	0.23
3	30	0.03	0.01	2.29	0.19
4	18	0.58	0.20	1.34	0.12
5	20	0.38	0.13	1.50	0.07
6	23	0.62	0.20	1.74	0.12
7	6	0.10	0.05	0.39	0.02
8	15	0.49	0.18	1.10	0.10

表 5-16 9 月 11 日微生物群落结构特征指数

样品	条带数 S	多样性 H'	均匀度 E	丰度 R	优势度 D
1	27	0.64	0.19	2.07	0.12
2	30	1.04	0.31	2.31	0.22
3	16	0.34	0.12	1.20	0.06
4	20	0.55	0.18	1.51	0.11
5	19	0.70	0.24	1.43	0.15
6	18	0.36	0.12	1.36	0.07
7	15	0.58	0.21	1.12	0.13
8	25	0.70	0.22	1.91	0.14

如表 5-17 所示，9 月 27 日各样品多样性指数为 0.44～1.01，样品 3 多样性指数最大。9 月下旬所有样品条带数较多，多样性良好，分布均匀，丰富度高，优势度较好。

表 5-17 9 月 27 日微生物群落结构特征指数

样品	条带数 S	多样性 H'	均匀度 E	丰度 R	优势度 D
1	17	0.50	0.18	1.25	0.10
2	14	0.44	0.17	1.01	0.09
3	30	1.01	0.30	2.26	0.20
4	20	0.65	0.22	1.48	0.13
5	20	0.69	0.23	1.48	0.14
6	15	0.45	0.17	1.09	0.09
7	19	0.65	0.22	1.40	0.13
8	17	0.61	0.21	1.25	0.13

如表5-18所示，10月11日各样品多样性指数为0.09～1.12，样品2多样性指数最小。7和8样品多样性指数均大于1。整体来看10月与9月相比，细菌多样性明显下降。

表5-18 10月11日微生物群落结构特征指数

样品	条带数 S	多样性 H'	均匀度 E	丰度 R	优势度 D
1	8	0.39	0.19	0.61	0.09
2	2	0.09	0.13	0.09	0.02
3	13	0.55	0.21	1.04	0.12
4	9	0.56	0.26	0.70	0.14
5	4	0.20	0.15	0.26	0.05
6	6	0.28	0.15	0.43	0.06
7	17	1.02	0.36	1.39	0.25
8	18	1.12	0.39	1.48	0.28

对7—10月植物样品的微生物群落结构的特征指数进行分析，结果表明，7月细菌的多样性指数较高，但优势度较低；8月上旬根际微生物多样性指数增大，但根周多样性指数下降明显；8月下旬到9月下旬细菌的各个特征指数都很好；7—9月多样性特征指数呈上升趋势；10月细菌多样性明显下降。

7月菖蒲、芦苇根周细菌多样性较好。8月开始，菖蒲、茭草和芦苇根际多样性增加，根周多样性下降。但与其他植物相比，4号采样点菖蒲在8月根际及根周细菌多样性不好。9月下旬4号采样点菖蒲根际多样性指数大幅增大，且10月依然保持多样性良好状态。菖蒲在采样点4的覆盖面积相比芦苇、香蒲相差较大，植物量少。故多样性变化除可能与温度、植物生物量和生长竞争状态有关。而10月香蒲、芦苇根际多样性下降，根周多样性增加。7—10月香蒲根际根周细菌多样性一直较好。在10月呈现根周细菌多样性高于根际。

整体来看，植物生长期，根际微生物多样性好于根周，可见，根际微生物在植物和沉积物间进行营养物传递起到重要作用。且春季植物根际和根周功能多样性较好，随季节变化根际微生物功能多样性趋势均为夏季升高，秋季降低。而根周微生物功能多样性趋势为春末初夏时较低，夏季升高，秋季各植物根周生物多样性变化有差异，香蒲、芦苇多样性指数较高。从香蒲根际根周细菌多样性来看，湿地中香蒲更具优势。4号采样点茭草的差异性也反映了微生物量和丰富度的增加，这是植物多样性与生产量的增加所致。

第 6 章　湿地磷的迁移转化及微生物群落特征研究

6.1　湿地去除磷的机理及研究进展

6.1.1　磷在环境中的作用

磷是地球系统中维系生命的重要元素之一，是生态系统中重要的生源要素，也是生物生长和生命繁殖，如光合作用、新陈代谢过程中不可或缺的重要元素。磷在促进生物正常生长、维持生态平衡方面发挥着不可替代的作用。磷的含量及有效性决定着水体中初级生产力的水平，但是当初级生产力水平过于旺盛，超过一定限度时，就会导致水体的富营养化。

我国水体富营养化发展迅猛，近年来已呈现面积扩大、频率加快、程度加重、危险加剧的趋势，水体富营养化已经成为严重威胁我国水环境和水资源安全的最重要的社会和环境问题之一。水体中磷影响藻类的繁殖速率，进而影响水体富营养化的进程，是水体富营养化的限制因素。河流湖泊富营养化的表现是藻类等水生生物大量繁殖，从而导致“水华”的出现。大量研究结果表明，藻类的生产量主要是取决于水体中磷的供应量。当水体中磷的供应充足时，藻类就能充分繁殖；反之如果磷的供应量受到限制，藻类的生产量就会随之受到限制。藻类等水生生物对大多数形态氮都有一定程度的吸收，并能够在缺氮的生长环境中通过呼吸作用从大气中固氮。有了这一因素的存在，更突出了磷限制作用的重要性。这些研究结果都表明，磷是大多数河流、湖泊等水体富营养化的限制因素。目前国际上普遍认为湖泊河流富营养化的磷临界浓度是 0.02 mg/L。

磷污染的来源主要有外源污染和内源污染两种。外源污染包括面源和点源。面源污染主要是由地面径流、农田径流、降雨、大气沉降等引起；点源污染主要由工、农业废水，生活污水等排放引起。内源污染一方面是外源污染物日益积累的结果，另一方面是来源于河流、湖泊等水体中沉积物的释放。输入到水体中的磷，一部分会被水生生物吸收、利用，一部分以各种形态存在于水体中，还有一部分则会通过物理、化学、生物作用，逐渐沉积至水体底部，经过长期积累形成沉积物，沉积物是磷的一个重要的蓄积库。水体中磷的沉降积累是一个极其复杂的动态过程，它不仅与输入、输出水体磷负荷的速率，水体的动力冲刷作用有关，还与水化学、地球化学等因素密切相关。水体在被污染前，沉积物中磷营养盐的含量一般较低，这是由于沉积物自然胶体表面的正电荷金属离子能与水中的磷营养盐阴离子形成化学键，从而使得沉积物从水体中吸附可溶性磷营养盐。从这个意义上来说，沉积物对水体起着净化作用。但是，随着向水体中输入的磷营养盐负荷的增加，沉积物中磷营养盐也不断增加。磷营养盐进入沉积物后，不是简单的物理堆积过程，而是会受到沉积物中各种环境条件的影响。磷会在水体与沉积物的界面上不断地进行交换，可溶解性磷可被沉积物以专性吸附、化学吸附和物理化学电性吸附等过程吸附。沉积物对磷营养盐的吸附能力取决于沉积物中原有的磷、溶解氧、氧化还原电位、温度、pH 以及沉积物和底层水体中含有的 Fe、Ca、Al 等离子。

沉积物是河流水体的三大影响组成要素（水、沉积物、水生生物）之一，是河流营养物质的地球化学循环的重要环节与界面，是水环境生态系统的重要组分，是底栖动植物、微生物繁衍生息的场所。沉积物不断与上覆水进行磷元素的交换和能量转移。在整个水环境生态系统中，沉积物中的磷在生物地球化学循环过程中承担着重要角色，当上覆水中磷的浓度较低时，沉积物会向水中释放磷，当上覆水中的磷浓度较高时，水中的磷污染物就会向沉积物中转移累积，因此沉积物被认为是上覆水中磷营养元素的源和汇。

为此，研究水体和沉积物中磷的地球化学循环行为对揭示水体中富营养化发生的机制和治理蓝藻水华具有重要的现实意义。因此，磷在水体和沉积物中的分布特征、迁移转化规律、环境效应以及它们的释放对水环境生态系统的影响，已经得到国内外众多学者的重视。

6.1.2 湿地磷去除的研究现状

6.1.2.1 人工湿地技术

湿地是地球上最重要的生态系统之一，是陆地和水体系统的过渡带。湿地生态系统具有陆地和水域生态学无法涵盖的特征和特性，被认为是生态服务最高的生态系统之一，主要表现为涵养水源、洪水调控功能，固定二氧化碳和释放氧气功能，保护土壤功能，污染物降解功能，以及生物栖息地功能等。人工湿地的产生和发展与它的生态服务密切相关。

人工湿地技术是主要利用土壤、植被、微生物的物理、化学、生物三重协同作用，处理生活污水、雨水径流、工厂废水、农田排水等污水、污泥。人工湿地技术是一种生物-生态水环境修复技术，是当前研究的热点。将湿地技术用于净化污水，水污染控制领域，成为国际湿地科学、受污染水体整治研究中前沿领域的热点之一，在国内外学术界都受到高度重视。在国外，污水的生态治理大多数采用恢复并且重建水体的自然属性和自净能力，使得水体及其生态环境得以修复。当前，湿地在河流、湖泊水环境生态保护以及面源污染控制方面的作用是其他技术不可替代的，在一些水域环境保护成效较为显著的流域，都以流域内部湿地生态系统建设较好、湿地功能正常运作为特征。

6.1.2.2 人工湿地系统的研究现状

人工湿地系统是一个很复杂的系统，其利用自然生态中的物理、化学以及生物三重协同作用实现对污染物的净化，是用于改善水质功能的工程化湿地。

人工湿地技术的研究和应用最早起源于欧洲。1953 年德国 MxaPlnakc 研究所的 Seidel 博士在研究当中发现，芦苇能去除大量有机和无机物。随后在 1967 年，荷兰建成了第一个表面流人工湿地，从此开启了人工湿地技术处理污水的时代。20 世纪 60 年代末，Seidel 与 Kiekuth 合作，并由 Kickuth 在 1972 年提出根区理论。随后在 70 年代，美国就开始了对不同设计的人工湿地进行广泛的试验研究，并于 1993 年出台了《湿地处理系统设计手册》，这标志着人工湿地技术在美国迅猛发展起来了。我国对人工湿地技术的研究始于“七五”期间，主要是用于处理生活污水和工业废水。1987 年，天津环境保护局建立了国内第一个芦苇湿地，用来处理城市生活污水，该工程有着较高的脱氮除磷功能。随着研究的发展，人工湿地技术也逐渐应用于富营养化水环境治理以及河流水质的维护。

6.1.2.3 湿地对磷的去除机理及湿地磷的研究现状

湿地主要通过土壤的吸附、植物的吸收、微生物的固定、泥炭的增长等作用来实现对磷的截留。而不同类型的湿地，由于它们形成演化过程的不同，土壤理化性质的不同，植被、水文条件的不同，对磷的吸收转化能力也各不相同。

（1）土壤对污水磷的吸附

污水中的磷与土壤基质表面分子颗粒相结合，土壤对磷通过吸附作用进行截留。土壤对磷的吸附可以分为物理吸附和化学吸附。物理吸附由吸附质和吸附分子间的引力所引起，其特性表现为结合力较弱、吸附热较小，比较容易脱附，如活性炭对于气体的吸附。化学吸附是由吸附质与吸附剂之间的化学键所引起，和化学反应一样，化学吸附是不可逆的，其吸附热通常较大。水体中的磷部分被土壤吸附黏结，并在土壤基质内形成土壤胶体，这些土壤胶体同样可以对水中的悬浮颗粒进行吸附截留，土壤的吸附作用是湿地系统中去除磷的主要途径。

（2）植物对污水磷的吸收

植物是湿地系统的重要组成部分，在对污水中磷的截留功能中起着重要作用。湿地植物可通过吸收作用吸收污水中的磷，供植物自身的生长，参与植物体内的各种代谢过程。植物对磷的吸收作用，一方面表现为可通过植物根系直接同化吸收污水中的无机磷，并将其转变成自身体内的 DNA、ATP 以及 RNA 等有机成分；另一方面还通过改变植物根区的微环境来间接去除磷，植物为微生物提供了足够的栖息地和繁殖空间，植物自身通过光合作用为水体输送氧气，增加了水体的活性，极大提高了净化的效果。研究表明，湿地植物的吸收作用直接促进了磷的去除。

（3）微生物对污水中磷的降解

湿地对磷的另一种净化途径是通过微生物对磷的同化作用吸收来实现的。有机物被好氧菌分解为二氧化碳和水，被厌氧菌分解为二氧化碳和甲烷；通过一系列的分解和转化，污水中的磷一部分被降解同化，另一部分则被转化成无害的无机物，回到自然界。湿地中除了好氧菌、厌氧菌和兼性厌氧菌之外，还存在着原生动物、后生动物，它们在某种程度上也参与了磷的降解过程。

（4）环境因素

湿地对磷的净化不仅与系统本身相关，还与许多外界环境因素密切相关。经研究发现，影响磷净化的外界环境因素有气温、CO_2、水体中磷的初始浓度等。通常情况下，系统对磷的净化率随着温度降低而呈现下降趋势，这主要是气温的降低会导致植物和微生物的生理活性减弱，从而不利于磷的去除。杨昌凤等在模拟人工湿地处理污水的试验中发现，当气温为 22～32℃时，系统对磷的去除率随温度升高而增大。许多研究表明，CO_2浓度的升高对根际、根外土壤中微生物的生物量及微生物的总数量有促进作用，同时与净化磷密切相关的微生物种群（如解磷细菌）的数量也会增加，从而使湿地对磷的净化效果有所提高。随着磷负荷的增加，湿地对磷的去除效率会降低。陈博谦等通过模拟试验发现，当总磷负荷量由 454 mg/（$m^2 \cdot d$）上升到 1 345 mg/（$m^2 \cdot d$）时，去除率由 67.8%下降至 56.2%，并且磷负荷与去除率间的关系随着季节的变化而变化。

6.1.2.4　沉积物中各形态磷的提取方法

目前，化学连续提取法是测定沉积物不同磷形态的最广泛方法之一。化学连续提取法源自土壤学中对于土壤的磷形态分析，它的基本原理是采用不同的选择性提取剂对沉积物样品进行浸提—分离—再浸提—再分离连续多次提取，根据测得提取液中磷的浓度间接反映出所对应磷形态的浓度。比较系统和完整的土壤不同形态磷的分级方法是 1957 年由张守敬和 Jackson 提出的。张守敬和 Jackson 创造性地将土壤中的磷分为不稳性或松结合态磷（Loosely Adsorbed Phosphorus，LAP）、铝结合态磷（Al-P）、铁结合态磷（Fe-P）、钙结合态磷（Ca-P）、可还原水溶性磷（RSP）、闭蓄态磷（Occluded Phosphorus，OcP）及有机磷（organic phosphorus，OP），这种方法也称为 C-J 法。20 世纪 90 年代，翁焕新在 C-J 法的基础上稍做修改，并在提取美国华盛顿河流湖泊沉积物中的磷时提出，沉积物中不同形态磷主要包括无机磷和有机磷，无机磷包括 Fe-P、Ca-P、Al-P 和固着态 Fe-P、Al-P。其中 Fe-P、Ca-P 和 Al-P 是由表面键相结合，是不稳定的、可溶的；固着态 Fe-P、Al-P 是由类似于晶格键相结合的，是稳定的、难溶的。Williams 等在 C-J 法的基础上进行改进，把沉积物中的磷分为磷灰石磷（apatite phosphorus）、非磷灰石磷（non-apatite phosphorus）和有机磷，这种方法被称为 W 法。但是 W 法有一个缺点：用 NaOH 提取的磷组分可以被沉积物中钙盐重新吸附。为克服这个问题，Hieltjes 和 Lijklema 提出用 NH_4Cl 代替 NaOH 作为提取剂，这样会在提取弱结合态磷的同时去除碳酸钙等碳酸盐，这种方法对于提取碱性沉积物非常重要，简称为 H-J 法。H-L 法将沉积物中的磷分为弱结合态不稳定磷、铁铝结合态磷、钙结合态磷和残余磷。H-L 法的缺点是 NH_4CI 会溶解少量铁铝磷，部分有机磷会水解。磷形态分析方法随着不断地发展逐渐地成熟和全面。1988 年 Psenner 提出了一种磷形态分级方法，通过连续浸提、分离和测定，依次可得到弱结合态磷、铁结合态磷（Fe-P）、铝结合态磷（Al-P）、碱可提取有机磷及闭蓄态磷。这种方法的缺点是碱性沉积物中的碳酸盐可能会重新吸附磷。Hupfer 等在 Psenner 法的基础上修正了磷形态连续提取法将沉积物中的磷分成 6 种形态：弱吸附态磷（NH_4Cl-P）、氧化还原敏感态磷（BD-P）、金属（水合）氧化物结合态磷（NaOH-rP）、有机质和腐殖质中的磷（NaOH-nrP）、钙结合态磷（HCl-P）、残渣态磷（Res-P），该方法被广泛应用于科学研究中。1996 年，Golterman 提出用氨基三乙酸螯合物提取 Fe-P 和 Ca-P，而不会破坏黏土结合磷或有机磷，他提议用 pH 为 9.0 的 Ca-EDTA 替代 Ca-NTA 提取 Fe-P，用 pH 为 4.5 的 EDTA 二钠提取 Ca-P，这样能减少重复提取次数，该方法简称为 G 法。在前人研究的基础上，1998 年李悦等提出了磷形态 7 步连续提取法，着重考虑分离提取原生碎屑磷与自生钙结合态磷，分离提取铝结合态磷、铁结合态磷和闭蓄态磷。该方法适用于各种水环境沉积物中的不同形态磷的提取测定。2001 年，欧洲共同体在 W 法的基础上提出了磷形态提取的标准测量和测试方法（standards measurements and testing，SMT）。该方法适用于淡水中底泥磷的测定，它把磷分为 5 种可提取态：非磷灰石无机磷（与 Al、Fe、Mn 氧化物结合）、磷灰石磷（与钙结合）、无机磷、有机磷和总磷。经过试验，该方法对无机磷、有机磷和总磷的测定是比较精确的，但是对磷灰石磷、非磷灰石磷测定的精确度稍差一点，这可能与所用提取剂有关。由于该方法操作相对比较简单，结果也更具有可比性，因此得到广泛的应用。

6.1.3 湿地微生物对磷去除机理及分析方法

6.1.3.1 湿地微生物对磷的去除机理

微生物不但是生态系统的初级生产者，还是主要的分解者。微生物的存在使湿地中的物质循环及能量流动正常进行，而且微生物作为分解者这一特性，也使它们在污染控制中发挥着重要的作用。湿地中各种悬浮在水中和附着在沉积物、植物中的微生物，在其生长繁殖过程中可吸收、利用污水中的无机磷；同时微生物通过生化作用把有机磷分解为无机态，被土壤吸附沉淀和植物吸收利用。

研究证明，可以将聚磷菌分为好氧聚磷菌和反硝化聚磷菌两类。其中，好氧聚磷菌是指菌体内含有异染颗粒或是聚β羟基丁酸颗粒，且硝酸盐的还原性为阴性，其不能进行反硝化脱氮，但能够在厌氧条件下释磷和好氧条件下超量吸磷的一类聚磷菌。在厌氧环境中，聚磷菌通过分解体内的多聚磷酸盐来释放能量，并将胞外有机物摄入到细胞内，以聚β羟基丁酸颗粒的形式储存在细胞内；在好氧环境中聚磷菌通过分解聚β羟基丁酸颗粒产生能量，并吸收外界环境中的正磷酸盐合成多聚磷酸盐，储存在细胞内。

反硝化聚磷菌的菌体内也含有异染颗粒或是聚β羟轻基丁酸颗粒，但硝酸盐还原性为阳性，它既能反硝化脱氮又能在厌氧条件下释磷及在好氧或缺氧状况下超量吸磷。在厌氧条件下，反硝化聚磷菌与好氧聚磷菌一样，储存聚β羟基丁酸颗粒，释放磷；而在缺氧条件下（无氧但存在有硝态氮或亚硝态氮），反硝化聚磷菌可以利用硝态氮或亚硝态氮作为电子受体，过量的吸收磷，并且在吸收磷的同时，将硝态氮还原为氮气，同时达到反硝化和除磷的效果。

6.1.3.2 现代分子微生态学研究技术

近年来，以核酸为基础的微生物分子生态技术的研究和应用获得了迅猛发展。微生物生态学有着传统方法无法比拟的优势，可对近乎全部的微生物种群进行研究，使得我们更容易分析环境样品中的微生物群落结构，找到环境系统中的优势菌种，同时在我们了解微生物与环境间的关系时也显得尤为重要。微生物分子生态学主要以微生物基因组 DNA 的序列信息为依据，通过对环境样品中的 DNA 分子种类和数量进行分析，反映微生物的区系组成与群落结构；通过直接提取环境样品中所有微生物的基因组总 DNA，根据核苷酸序列的差异，分析 DNA 的数量和种类，就能反映出微生物种群组成及数量比例的情况。这种研究方法不仅分析速度快，而且信息量大，所以特别适合对复杂系统的微生物种群结构进行连续动态分析，从而达到解析微生物群落结构与功能关系的目的。

（1）DGGE 技术

见 4.1.2.2 节。

（2）克隆文库

见 4.1.2.3 节。

6.2 样品布设、采集与分析方法

6.2.1 采样点分布

2013 年 10 月开展的辽河保护区进行水质调研。采样点如表 6-1 所示。共布设 32 个采样点，采样点用 GPS 定位。

表 6-1 辽河保护区采样点 GPS 分布

采样点	名称	纬度（N）	经度（E）
1	西辽河	42°59′06.4″	123°32′44.5″
2	福德店渡口	42°58′45.3″	123°32′54.6″
3	东辽河	42°59′04.3″	123°33′17.7″
4	招苏台河口	42°37′42.1″	123°40′12.8″
5	通江口	42°36′58.8″	123°39′38.7″
6	西孤家子	42°31′08.1″	123°46′58.3″
7	五棵树橡胶坝	42°28′30.8″	123°48′15.6″
8	亮子河	42°27′43.1″	123°49′04.5″
9	五棵树湿地出口	42°27.753′	123°49.003′
10	王河	42°25′00.1″	123°47′02.7″
11	柴河	42°19′15.4″	123°51′54.2″
12	汎河	42°16′05.1″	123°40′15.7″
13	长河	42°08′21.2″	123°29′02.5″
14	左小河	42°08′00.8″	123°23′10.8″
15	七星山橡胶坝	42°08′58.7″	123°20′56.3″
16	毓宝台	41°55′12.0″	122°53′30.0″
17	燕飞里排干	41°56′47.6″	122°55′54.6″
18	燕飞里排干湿地	41°57′28.5″	122°56′50.1″
19	巨流河橡胶坝	42°00′44.8″	122°56′50.3″
20	满都护橡胶坝	41°35′24.8″	122°41′32.7″
21	本辽辽湿地	41°31′33.8″	122°38′08.6″
22	红庙子橡胶坝	41°26′25.6″	122°38′08.9″
23	大张桥橡胶坝	41°16′36.5″	122°31′15.3″
24	小柳河口	41°11′35.7″	122°04′57.7″
25	一统河口	41°11′07.6″	122°00′37.5″
26	太平河口	41°08′37.2″	121°54′57.1″
27	绕阳河口	41°07′02.0″	121°48′41.9″
28	曙光桥橡胶坝	41°07′17.4″	121°54′33.6″
29	芦花湖湿地	41°07′30.9″	121°54′46.1″
30	螃蟹沟	41°08′01.6″	121°56′22.4″
31	红海滩	40°54′16.5″	121°49′44.1″
32	清河排干	41°03′22.5″	121°54′20.4″

2012 年 5—10 月，2013 年 7—10 月开展的七星湿地调研采样，在 1 号钢坝闸前布设采样点 6 个，如图 6-1 所示。各采样点位置用 GPS 定位（表 6-2）。

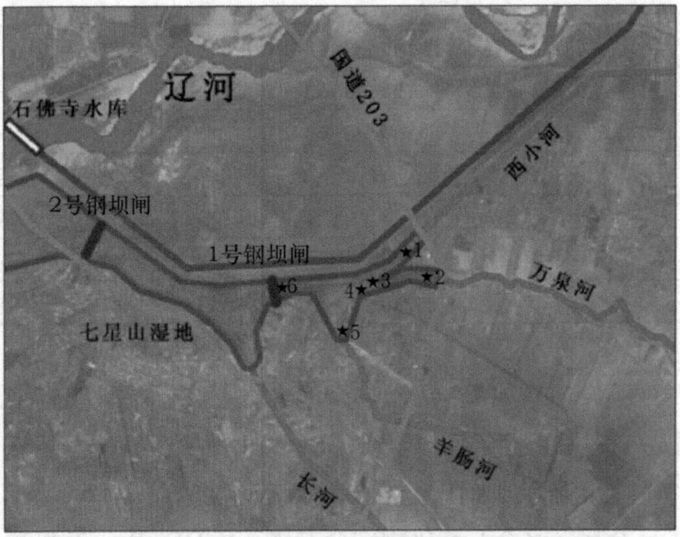

图 6-1　七星湿地采样点

表 6-2　采样点 GPS 定位

采样点	名称	纬度（N）	经度（E）
1	西小河	42°09′24.3″	123°30′59.7″
2	万泉河	42°08′48.6″	123°30′48.36″
3	西小河和万泉河汇入口	42°08′53.7″	123°30′14.6″
4	湿地内部	42°08′53.8″	123°29′16.5″
5	羊肠河	42°08′27.5″	123°30′09.7″
6	1 号钢坝闸	42°08′49.4″	123°29′15.5″

6.2.2　样品采集

采集的样品包括上覆水、沉积物、植物样品。上覆水样品用已清洗过的取水器采集后置于 250 mL 玻璃采样瓶中，采样瓶使用前用 10%硝酸浸泡并用超纯水清洗，水样用低温保温箱保存运回实验室。沉积物样品用彼得逊采泥器采集后装在聚乙烯塑料袋中，用低温保温箱保存，运回实验室。沉积物样品经自然风干后，用玛瑙研钵研磨并过 100 目筛，保存于封口袋中备用。植物样品同根部底泥一起采集置于聚乙烯塑料袋中，用低温保温箱保存运回实验室。

上覆水水质指标测定方法见表 6-3。

表 6-3 水质指标测试方法

分析项目	分析仪器/方法	方法来源
流速	浮标法	
水温	便携式水质测定仪（Thermo Orion Star）	—
pH	便携式水质测定仪（Thermo Orion Star）	—
溶解氧	便携式水质测定仪（Thermo Orion Star）	—
COD	高锰酸钾消解法	《水和废水监测分析方法》
总磷	钼锑抗分光光度法	《水和废水监测分析方法》
正磷酸盐	钼锑抗分光光度法	《水和废水监测分析方法》
叶绿素	叶绿素 a 的测定	《水和废水监测分析方法》

沉积物中总磷采用 NaOH 熔融-钼锑抗比色法测定，无机磷（IP）采用 SMT 法测定，有机磷（OP）通过 TP 与 IP 差值计算获得。磷形态采用 Hupfer 等修正的磷形态连续提取法分析（图 6-2）：将沉积物中的磷分成 6 种形态：弱吸附态磷（NH_4Cl-P）、氧化还原敏感态磷（BD-P）、金属（水合）氧化物结合态磷（NaOH-rP）、有机质和腐殖质中的磷（NaOH-nrP）、钙结合态磷（HCl-P）、残渣态磷（Res-P），其中 NaOH-nrP 由碱提取态磷（NaOH-TP）减 NaOH-rP 获得；弱吸附态磷（NH_4Cl-P）由于浓度极少，上清液中的浓度可忽略不计；残渣态磷（Res-P）的含量是由 IP 减去提取态磷（BD-P、NaOH-TP、HCl-P 之和）获得。其余每步提取后，于 4 500 r/min 离心 15 min，过 0.45 μm 滤膜（NaOH-TP 不过滤，高温高压消解），取上清液，用钼锑抗法测定。

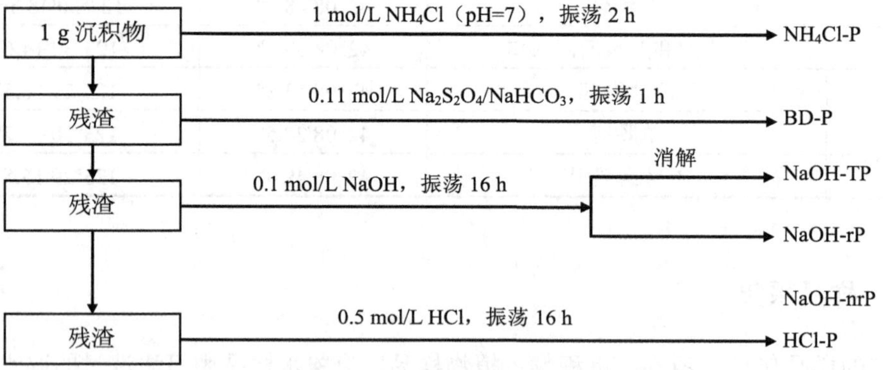

图 6-2 磷形态连续提取流程

6.2.3 植物根周、根际微生物分析方法

6.2.3.1 前处理

将植物根茎分开，保留植物根部做微生物实验。用 2 mL 灭菌离心管取植物根部底

泥保存在–20℃冰箱内，作为根周样品，用于微生物实验分析。将植物根部底泥用水洗掉，注意清洗过程中不能伤害植物根毛。将清洗过的植物根放入已灭菌（120℃，30 min）的三角瓶中，加入 50 mL 超纯水，涡旋振荡 15 min 后，超声，倒进 50 mL 灭菌离心管高速离心（Themro，USA，12 000 r/min）10 min，弃去上清液，加入 2 mL 超纯水混匀，倒入 2 mL 灭菌离心管中，保存在–20℃冰箱内作为根际样品，用于微生物实验分析。

6.2.3.2 总 DNA 提取

提取七星湿地根周、根际样品中的细菌总 DNA，提取采用 Qiagen 公司生产的 QIAamp® DNA Stool Mini Kit（德国）离心式 DNA 快速提取试剂盒，提取方法按照 DNA 试剂盒说明进行。对提取到的总 DNA 用 1%琼脂糖凝胶电泳进行检测，利用凝胶成像系统（Biorad GelDoc XR，USA）观察拍照。电泳条件如下：缓冲液为 1×TBE 溶液，琼脂糖胶浓度为 1%，电压为 60V，电泳时间约 90 min，所用染料 SYBR Safe DNA Gel Stain（Invitrogen，美国）终浓度为 1 μg/L，电泳所用 Marker 为 Lambda DNA/Hind III Makers（Promega，USA）。

6.2.3.3 PCR 扩增

（1）PCR 扩增条件优化

在 PCR 扩增反应过程中，退火温度是影响扩增产物的纯度、浓度，PCR 特异性的重要因子，所以试验中首先要对退火温度进行优化。PCR 使用德国 Eppendorf 公司生产的梯度 PCR 仪（Mastercycles gradient PCR system）对扩增反应中的退火温度进行优化，对总细菌通用引物 27F、1492R 进行退火温度梯度测试，选取退火温度的范围是 48～58℃。该仪器可设置 12 个温度梯度，分别为：48.1℃、48.3℃、48.9℃、49.8℃、50.9℃、52.1℃、53.4℃、54.7℃、55.8℃、56.8℃、57.5℃、57.9℃。扩增后，用 2%琼脂糖凝胶电泳检测不同温度下的扩增效果，并利用凝胶系统观察拍照，如图 6-3 所示。结果表明，在退火温度为 49.8℃时，扩增产物的扩增效果最好。

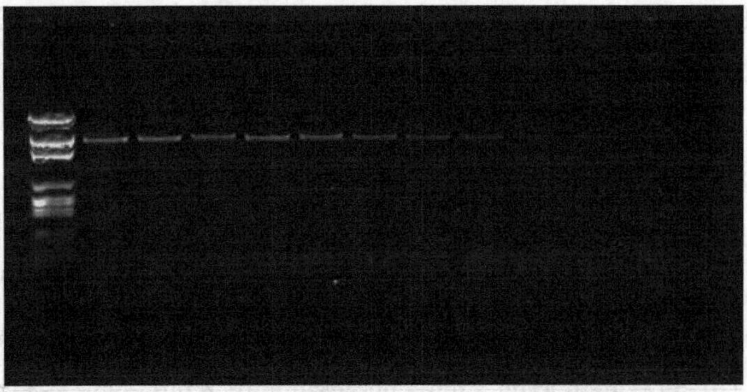

图 6-3 总细菌第一次扩增梯度测试

（2）PCR 扩增

为研究七星湿地不同季节、不同植物根际、根周微生物种群的分布和动态变化，以总细菌通用引物对样品 16S rDNA 进行 PCR 扩增。为了提高 PCR 扩增的敏感性，以及使后续 DGGE 分析更加具有针对性，试验采用了套式 PCR（nested PCR）技术。第一轮 PCR 扩增使用 27F/1492R 及相应的扩增条件。第二轮 PCR 是以第一轮扩增产物为模板，357F-GC/518R 为引物，按照相应的扩增条件进行扩增。这样既可以增加反应的特异性，又能得到更多的特异性靶序列，增加敏感性。引物序列见表 6-4。

表 6-4 PCR 扩增中使用的引物

引物名称	序列（5′→3′）
27F	AGAGTTTGATCCTGGCTCAG
1492R	GGTTACCTTGTTACGACTT
357F-GC	cgcccgccgcgcgcggcgggcggggcgggggcacggggggCCTACGGGAGGCAGCAG
518R	ATTACCGCGGCTGCTGG
357F	CCTACGGGAGGCAGCAG

PCR 第一轮扩增：采用 25 μL 反应体系，其中包括 12.5 μL Green Mix（2×，Promega）、0.5 μmol 27F/1492R（由上海生工合成）、0.5 μLBSA（上海生工）、模板 DNA 40 ng，加双蒸水（Promega）至 25 μL。条件为：95℃预变性 2 min，30 个循环（95℃变性 30 s、50℃退火 30 s、72℃延伸 2 min），72℃延伸 10 min，4℃保存待用。

PCR 第二轮扩增：采用 50μL 反应体系，其中包括 1.25UTaq 酶（大连宝生物）、5 μL10×PCR buffer、800 μmol/LdNTPs、0.5 μmol 357F-GC/518R、0.5 μLBSA、2 μL 模板，加双蒸水至 50 μL。条件：95℃预变性 2 min，35 个循环（95℃变性 30 s、55℃退火 30 s、72℃延伸 1 min），72℃延伸 10 min，4℃保存待用。

6.2.3.4 DGGE

使用 D-Code 系统（BioRad，USA）对 PCR 扩增后的产物进行 DGGE 分离。具体条件为：聚丙烯酰胺（37.5∶1）的浓度为 8%，变性剂的浓度梯度范围：40%～60%（100% 的变性剂含有 7.0 mol/L 的尿素和 40% 的去离子甲酰胺），胶厚度 1 mm，电泳缓冲液为 1× TAE（40 mmol/L Tris 碱、20 mmol/L 冰醋酸、1 mmol/L EDTA 二钠），电泳电压 60 V，电泳温度 60℃，电泳时间为 15 h。DGGE 电泳结果用 SYBR Gold 染料（invitrogen，USA）进行染色，时间为 60 min，利用 Gel-Doc 成像系统观察拍照。将含有目的 DNA 条带的凝胶块割下转移到 200μLPCR 管中，用已灭菌吸头挤碎，加入 20 μL 双蒸水，4℃条件下过夜溶解。以 1μL 过夜溶解后的上清液为模板，采用 25 μL 反应体系进行 PCR 扩增：0.625UTaq 酶、2.5 μL10×PCR buffer、400 μmol dNTPs、0.5 μmol 357F /518R、0.5 μLBSA、

1 μL 模板，加双蒸水至 25 μL。条件：95℃预变性 2 min，35 个循环（95℃变性 30 s、55℃退火 30 s、72℃延伸 1 min），72℃延伸 10 min，4℃保存待用。

6.3　湿地水体中磷的时空变化特征研究

七星湿地是北方典型的河流湿地，主要作用是减少辽河支流污染负荷，增强水体自净能力。磷在河流湿地中的迁移转化规律亟须研究。本节通过对辽河保护区进行调研分析，了解辽河保护区及湿地工程的水质现状；通过对七星湿地 4 个月的水质变化进行监测，研究七星湿地水质磷的时空变化规律及其他水质对磷的影响作用。

6.3.1　辽河大型湿地工程功能分析

6.3.1.1　现场监测水质指标分析

辽河保护区现场水质指标见表 6-5。各采样点温度为 9.30～16.10℃，平均温度为 13.12℃，各采样点的温度差异主要受采样时间及采样地理位置的纬度影响。水体的 pH 为 7.41～9.10，为偏弱碱性，水体 pH 取决于湿地及其流域各种自然地理因素的综合作用，易受到水中生物光合和呼吸作用的影响，水中浮游生物的光合作用可使水体 pH 上升，呈弱碱性。各采样点的溶解氧浓度受水体中污染物种类和浓度以及微生物活动的影响变化较大，溶解氧浓度为 5.69～10.11 mg/L，在Ⅰ类水质到Ⅲ类水质之间，其中 9、21 和 24 采样点氧含量较高，各采样点的溶解氧平均为 7.38 mg/L，水体中含氧较为充足。

表 6-5　辽河现场水质指标

采样点	T/℃	pH	溶解氧/（mg/L）
1	11.60	8.42	6.46
2	12.10	8.31	7.54
3	11.90	8.26	7.44
4	13.00	8.14	6.88
5	13.30	8.36	7.37
6	14.00	8.08	7.22
7	13.70	8.41	7.48
8	14.60	7.81	4.46
9	14.30	8.89	9.54
10	14.00	8.44	7.66
11	15.40	8.12	6.85

采样点	T/℃	pH	溶解氧/（mg/L）
12	15.20	7.94	7.24
13	16.30	8.08	7.04
14	16.00	7.97	6.76
15	16.10	8.35	7.59
16	13.30	7.47	5.88
17	12.50	7.41	5.81
18	12.20	7.54	5.99
19	12.40	8.07	8.28
20	12.30	7.96	8.29
21	12.70	9.10	10.11
22	12.20	8.65	7.97
23	12.80	8.53	8.02
24	12.30	8.51	9.89
25	11.10	8.16	5.69
26	13.50	8.45	7.58
27	11.70	8.43	8.08
28	12.60	8.36	7.67
29	10.30	9.01	9.82
30	11.90	8.16	2.86
31	11.60	8.37	8.33
32	12.90	8.12	8.27

6.3.1.2 水体中总磷和正磷酸盐的分布特征

辽河水体中总磷分布如图 6-4 所示，水体总磷浓度较高，变化范围为 0.09～1.97 mg/L，平均值为 0.69 mg/L，超过Ⅴ类水质。其中 16 个采样点处于劣Ⅴ类水质，主要分布在辽河上游和下游地区，在红海滩处总磷浓度最高，达到 1.97 mg/L。而辽河中游地区总磷较低，在毓宝台和燕飞里排干处达到最低，浓度为 0.10 mg/L 左右。七星山橡胶坝处也低于辽河平均水平，这说明七星湿地工程对辽河保护区有净化作用。

水体中正磷酸盐浓度分布如图 6-5 所示。水体中正磷酸盐变化范围为 0.01～1.00 mg/L，浓度变化范围较大，平均值为 0.17 mg/L。其中辽河下游地区正磷酸盐浓度较高，在螃蟹沟（采样点 30）处浓度最高，达到 1.00 mg/L。而在辽河上游和中游地区浓度较低，在西辽河处正磷酸盐浓度为 0.01 mg/L 左右。

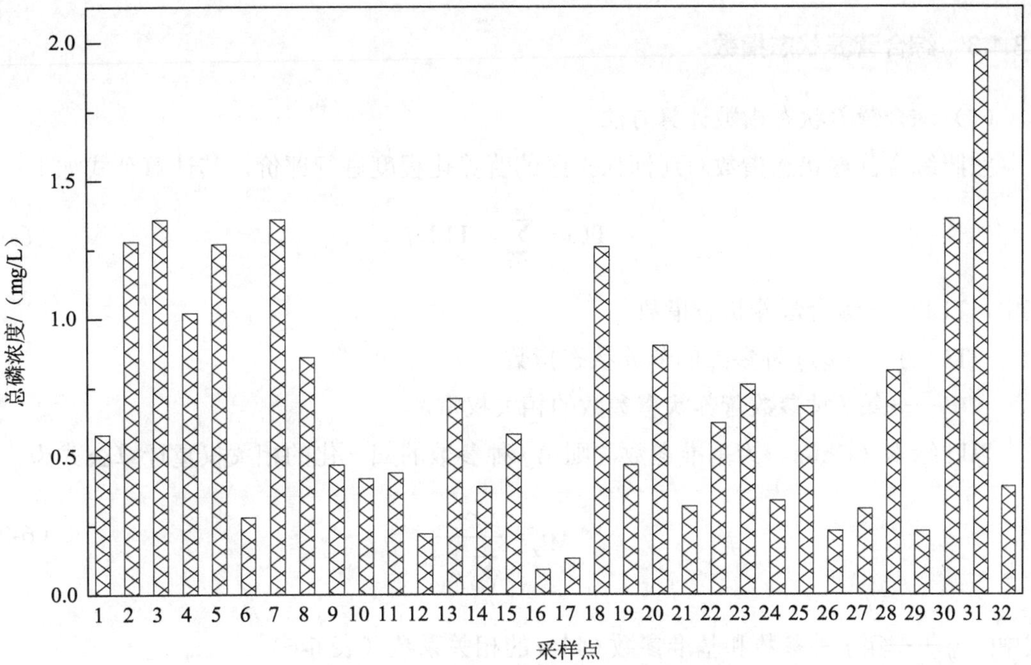

图 6-4　辽河水体中总磷浓度空间分布

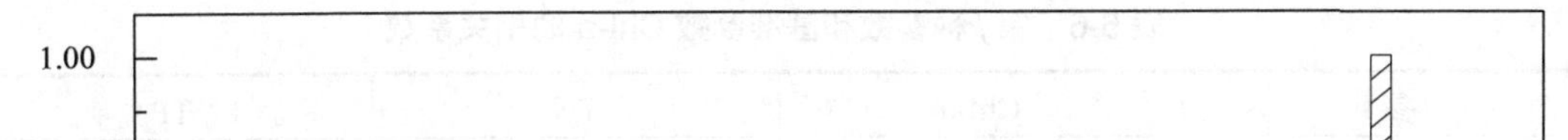

图 6-5　辽河水体中总磷和正磷酸盐浓度分布

6.3.1.3 综合营养状态指数

（1）综合营养状态指数计算方法

按照综合营养状态指数对辽河保护区的营养化程度进行评价，其计算公式如下：

$$\text{TLI}=\sum_{j=1}^{m} w_j \text{TLI}(j) \tag{6-1}$$

式中，TLI ——综合营养状态指数；

$\text{TLI}(j)$ ——第 j 种参数的营养状态指数；

W_j——第 j 种参数营养状态参数的相关权重。

以叶绿素（Chl-a）为基准参数，则第 j 种参数的归一化的相关权重计算公式为

$$w_j=\frac{r_{ij}^2}{\sum_{j=1}^{m} r_{ij}^2} \tag{6-2}$$

式中，r_{ij}——第 j 种参数和基准参数 Chl-a 的相关系数（表 6-6）；

m——评价参数的个数。

表 6-6 第 j 种参数和基准参数 Chl-a 的相关系数

参数	Chl-a	TN	TP
r_{ij}	1	0.84	0.82
r_{ij}^2	1	0.705 6	0.672 4

营养状态指数的计算式为

$$\text{TLI（Chl-a）}=10（2.5+1.086\ln\text{Chl-a}） \tag{6-3}$$

$$\text{TLI（TP）}=10（9.436+1.624\ln\text{TP}） \tag{6-4}$$

$$\text{TLI（TN）}=10（5.453+1.694\ln\text{TN}） \tag{6-5}$$

为说明水体营养化状态情况，采用 0～100 对水体的营养化状态进行分级：TLI＜30，为贫营养；30≤TLI≤50，为中营养；50＜TLI≤60，为轻度富营养；60≤TLI＜70，为中度富营养；TLI＞70，为重度富营养。

（2）辽河保护区富营养化评价结果

按照综合营养状态指数（TLI）公式对辽河保护区不同区域水体进行营养评价，各采样点位营养程度的变化趋势如图 6-6 所示。总体来看，各采样点 TN 和 TP 的平均浓度分别为 15.48 mg/L 和 0.69 mg/L，平均 TLI 为 61.52，介于 60～70 之间，为中度富营养化。辽河上游和下游地区富营养化程度相对比较严重，大部分属于中度富营养化，但是在红海滩（采样点 31）处，水体达到重富营养化水平；中游水体基本处于轻度、中度

富营养化，甚至在毓宝台和燕飞里排干（采样点 16 和 17）处，水体处于中营养化水平。在七星山橡胶坝（采样点 15）处，TLI 指数为 58，也低于辽河平均营养化指数水平，这也说明湿地工程对污染物的净化作用。

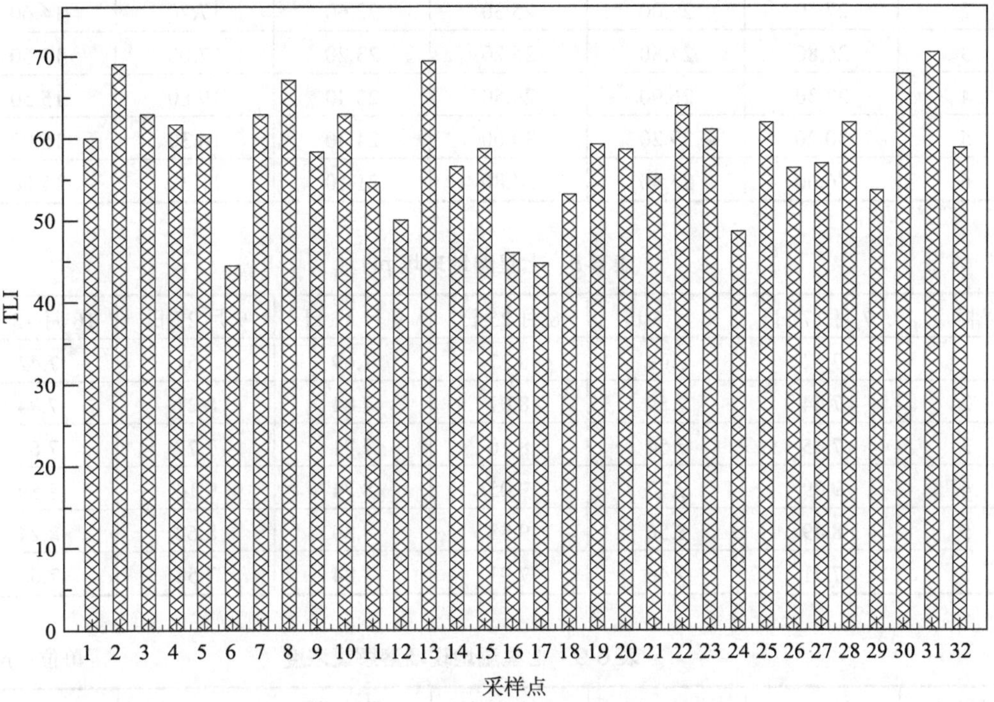

图 6-6 辽河保护区综合营养状态指数分布

6.3.2 七星湿地水体中磷的时空变化特征研究

6.3.2.1 水质现场指标的时空变化特征

七星湿地现场指标变化见表 6-7～表 6-9。从表中可以看出，水体温度随季节变化呈下降趋势。7 月的平均水温为 28.1℃，8 月平均水温为 26.64℃，9 月平均水温降至 20.6℃，10 月降至 14.82℃。而每次采样的温度随采样点的不同也有差异，这主要是地理位置及采样时间的不同所致。水体中 pH 随季节变化趋势并不明显，均呈弱碱性。主要原因是受到湿地及其流域自然环境的影响，再加上水生植物和浮游生物的光合和呼吸作用使得水体 pH 上升，呈弱碱性。水体中各采样点的溶解氧浓度变化范围较大，为 1.40～12.03 mg/L。溶解氧除了容易受到水体中微生物活动及污染物种类和浓度变化的影响之外，还易受雨水的影响。下雨后，生活和生产中的污染物会随着水流进入河流，对水体造成影响，导致个别采样点溶解氧降低（如 8 月 6 日采样点 1）。各采样点平均溶解氧浓度为 5.36 mg/L，为Ⅲ类水质。

表 6-7 七星湿地现场温度 单位：℃

采样点	7 月 17 日	8 月 6 日	8 月 25 日	9 月 11 日	9 月 27 日	10 月 13 日
1	25.20	26.20	24.40	22.80	15.80	13.30
2	27.50	28.00	25.30	22.60	17.20	14.60
3	26.80	24.80	25.20	23.20	17.00	15.50
4	32.30	26.90	29.50	25.40	19.80	15.50
5	30.20	29.20	30.00	24.30	16.30	15.00
6	26.60	25.40	24.80	21.10	17.30	15.00

表 6-8 七星湿地现场 pH

采样点	7 月 17 日	8 月 6 日	8 月 25 日	9 月 11 日	9 月 27 日	10 月 13 日
1	7.62	7.09	8.17	7.69	7.51	7.42
2	7.64	7.59	8.07	7.84	8.21	7.84
3	7.65	7.54	8.10	7.71	7.77	7.63
4	9.09	7.77	9.05	8.74	9.14	8.59
5	8.49	8.56	9.38	8.80	8.68	8.24
6	7.71	7.46	7.91	7.84	7.58	7.66

表 6-9 七星湿地现场溶解氧浓度 单位：mg/L

采样点	7 月 17 日	8 月 6 日	8 月 25 日	9 月 11 日	9 月 27 日	10 月 13 日
1	4.47	1.40	3.75	3.07	3.44	2.29
2	5.40	3.73	5.33	4.56	4.60	3.57
3	5.31	2.97	4.66	2.47	4.75	3.67
4	9.10	6.00	11.93	9.62	10.37	6.76
5	5.99	12.03	10.25	7.81	6.58	4.50
6	3.80	3.94	4.94	3.33	2.67	4.03

6.3.2.2 水体中磷随空间的变化特征

（1）夏季水体中磷浓度的变化趋势

7 月、8 月七星湿地水体中磷的空间分布如图 6-7 所示。

7 月水体中总磷变化范围为 0.46～2.44 mg/L，平均值为 1.84 mg/L，属于劣Ⅴ类水质。在湿地内部（采样点 4）磷浓度较低，这可能是湿地对磷的去除效果显著所致，湿地通过沉积物对磷的吸附和沉降、植物对磷的吸收以及微生物对磷的降解作用实现对磷的去除。水体中正磷酸盐浓度的变化范围为 0.045～0.49 mg/L，其变化趋势与总磷大体一致。在西小河（采样点 1）处正磷酸盐浓度较高，主要是因为西小河受到高新工业园区影响较大，生产污水输入较多。

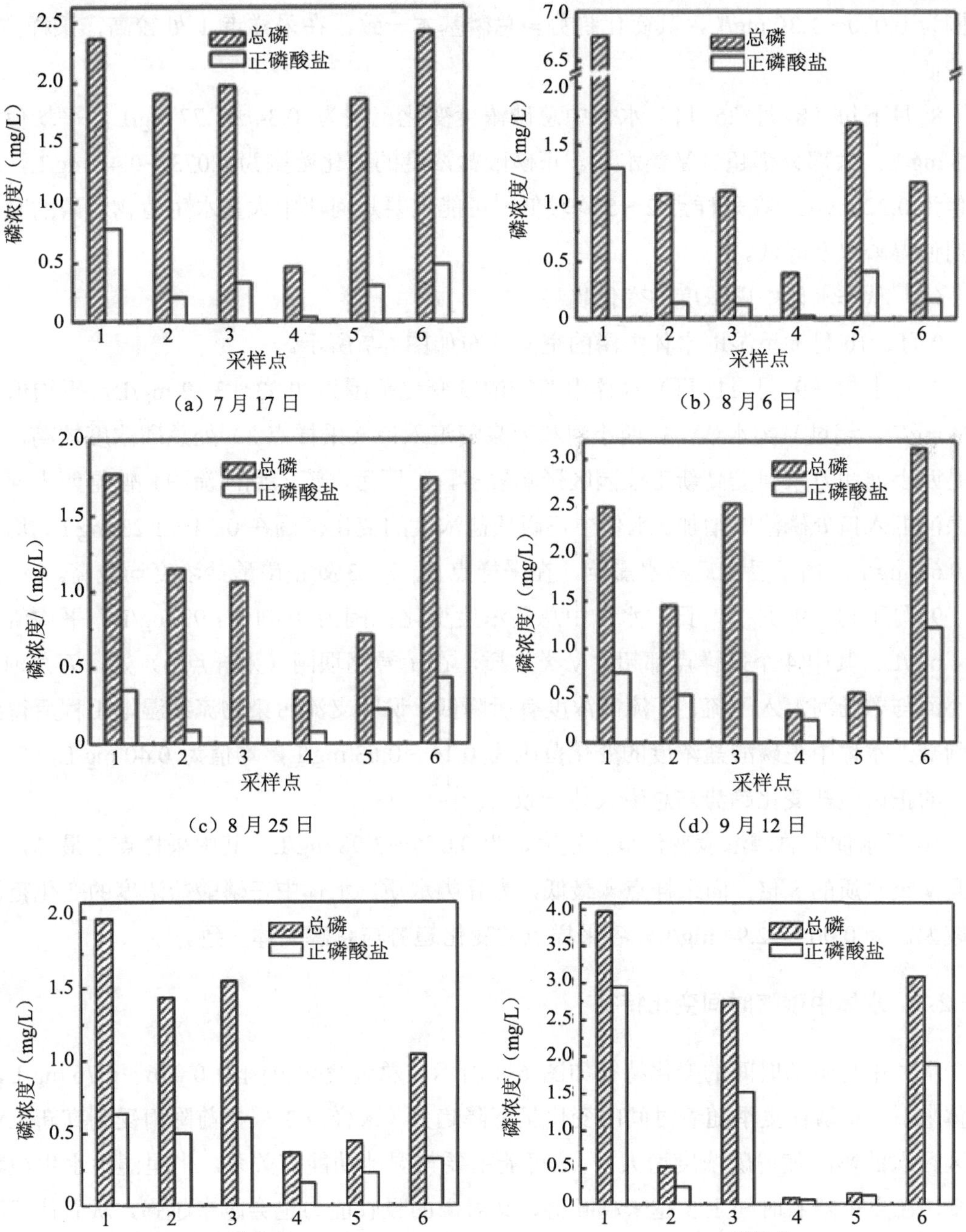

（a）7 月 17 日　（b）8 月 6 日

（c）8 月 25 日　（d）9 月 12 日

（e）9 月 27 日　（f）10 月 13 日

图 6-7　水体中磷浓度的空间分布

8 月上旬（8 月 6 日）水体中总磷浓度变化范围为 0.40～6.76 mg/L，大部分集中在

1.08～1.68 mg/L。采样点 1 总磷浓度较高，主要是受到降雨的影响，使得附近高新工业园区堆积的污染物流入到河流中，增大了水体中磷的浓度。水体中正磷酸盐浓度的变化范围为 0.020～1.30 mg/L，其变化趋势与总磷基本一致，在采样点 1 处较高，采样点 4 处较低。

8 月下旬（8 月 25 日）水体中总磷浓度变化范围为 0.34～1.77 mg/L，平均值为 1.13 mg/L，大部分都超过Ⅴ类水质。正磷酸盐浓度的变化范围为 0.073～0.42 mg/L，平均值为 0.22 mg/L，在采样点 2～5 均较低，可能主要是河流中大量水生植物对磷的吸收作用使得磷浓度降低。

（2）秋季水体中磷浓度的变化趋势

9 月、10 月七星湿地水体中磷的空间分布如图 6-7 所示。

9 月上旬（9 月 11 日）水体中总磷浓度变化范围为 0.33～3.12 mg/L，平均值为 1.74 mg/L，超过Ⅴ类水质。在西小河和万泉河汇入口（采样点 3）处总磷浓度较高，主要是西小河和万泉河受高新工业园区影响较多，工厂污水流入到河流中，使得西小河和万泉河汇入口处磷浓度增加。水体中正磷酸盐浓度的变化范围在 0.34～1.23 mg/L，均值为 0.65 mg/L。由于受工厂污水影响，在采样点 1、2、3 处正磷酸盐浓度均较高。

9 月下旬（9 月 27 日）水体中总磷浓度变化范围为 0.44～1.99 mg/L，平均值为 1.14 mg/L，其中 4 个采样点都超过Ⅴ类水质，在 1 号钢坝闸（采样点 6）处，万泉河、西小河与羊肠河汇入干流，干流磷浓度有所降低，说明支流污染物流经湿地工程后得到了削减。水体中正磷酸盐浓度的变化范围为 0.16～0.63 mg/L，均值为 0.40 mg/L，各采样点的正磷酸盐变化趋势与总磷大体一致。

10 月水体中总磷浓度变化范围较大，为 0.076～3.98 mg/L，其中采样点 1 最高，几乎是Ⅴ类水质的 8 倍；而采样点 4 最低，为Ⅱ类水质。水体中正磷酸盐浓度的变化范围也较大，为 0.065～2.94 mg/L，各采样点的变化趋势与总磷大体一致。

6.3.2.3 水体中磷随时间变化特征

水体中总磷随时间的变化特征如图 6-8 所示。总磷变化范围为 0.076～6.76 mg/L，整体来看，总磷在夏季随着时间的变化呈下降趋势（采样点 1 采样前降雨受到高新工业园区污水的影响使得磷浓度增大），这可能主要与湿地功能有关系。七星湿地水生植物较多，在夏季随着时间生长越来越旺盛，其对磷的吸收能力也会越来越强，从而使得湿地对磷的去除能力增加。到了秋季，通常情况下随着气温的降低会导致植物和微生物的生理活性减弱，从而不利于磷的去除。但本研究中采样点 2、4、5 到了秋季总磷仍随时间变化呈现下降趋势，这说明湿地对磷的净化不仅与系统本身相关，还与许多外界环境因素密切相关。经研究发现，影响磷净化的外界环境因素有气温、CO_2、水体中磷的初始浓度等。

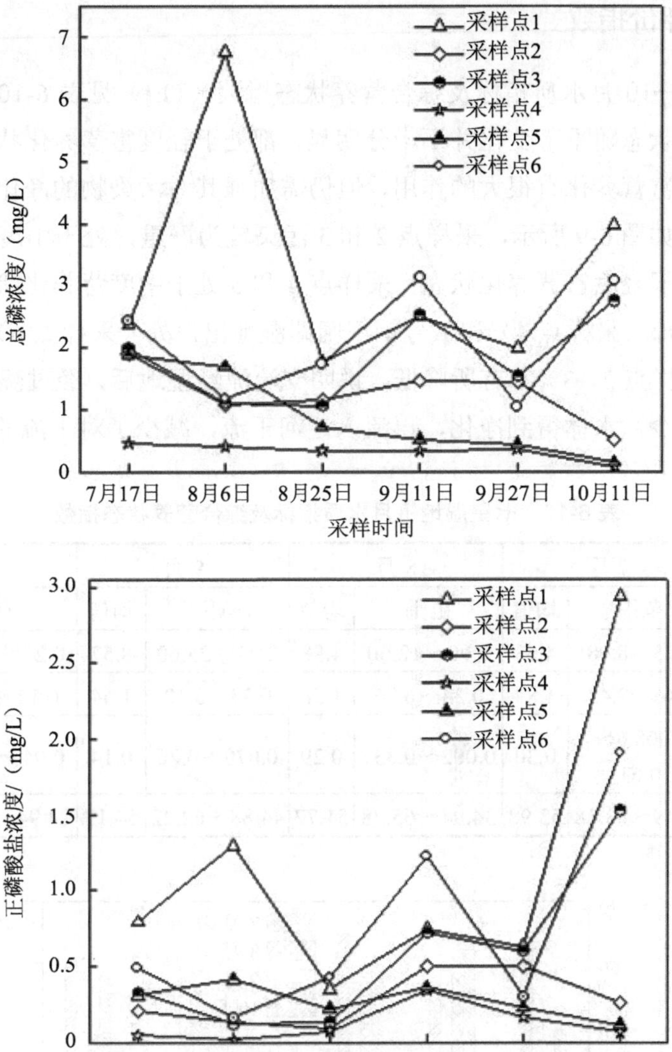

图 6-8　各采样点磷随时间的变化趋势

水体中正磷酸盐随时间的变化特征如图 6-8 所示。正磷酸盐浓度变化范围为 0.065～2.94 mg/L，总体来看，正磷酸盐浓度变化趋势在夏季与总磷大体一致，随着时间的变化呈下降趋势（采样点 1 除外）；但到了秋季在各采样点正磷酸盐浓度都有所上升，这主要因为气温的降低会使得植物和微生物的活性下降，从而湿地对磷的去除能力也随之下降。采样点 2、4、5 在适应秋季温度后，磷浓度又开始降低，可能主要与水体中含有磷的初始浓度较低有关，另外许多研究表明，CO_2 浓度的升高对根际、根周土壤中微生物数量也有促进作用，同时与净化磷密切相关的微生物种群的数量也会增加，从而使湿地对磷的净化效果有所提高。

6.3.3 营养评价指数

七星湿地 7—10 月水质指标及综合营养状态指数（TLI）见表 6-10，整体来看，七星湿地水体营养状态随季节变化并不十分明显，都处于轻度富营养化状态。这说明湿地工程对防治水体富营养化有很大的作用，但仍需加强其对污染物的净化功能。各采样点的综合营养指数如图 6-9 所示，采样点 2 和 3 污染较为严重，处于中度富营养化状态；采样点 1 和 6 处于轻度富营养化状态；采样点 4 和 5 处于中度营养化状态，说明其水质较好。在湿地内部（采样点 4）和 1 号钢坝闸即湿地出口处（采样点 6），水体营养化程度比其支流（采样点 2、3）都有所降低，说明支流流经湿地后，经过湿地对其的净化功能使得污染物减少，水体得到净化，再流入辽河干流，减少了对干流的污染。

表 6-10 七星湿地每月水质指标及综合营养状态指数

水质指标	7月		8月		9月		10月		均值
	范围	均值	范围	均值	范围	均值	范围	均值	
TN/（mg/L）	1.25～8.98	4.53	0.90～12.60	4.98	2.27～25.60	8.57	0.25～16.38	8.43	6.63
TP/（mg/L）	0.46～2.43	1.84	0.34～6.76	1.58	0.33～3.12	1.44	0.14～3.98	1.76	1.65
Chl-a/（μg/L）	0.008 6～0.63	0.30	0.002～0.837	0.29	0.070～0.26	0.14	0.047～0.29	0.19	0.23
TLI	29.49～63.38	53.98	34.94～65.28	51.72	44.88～62.22	54.17	24.94～66.09	50.78	52.76

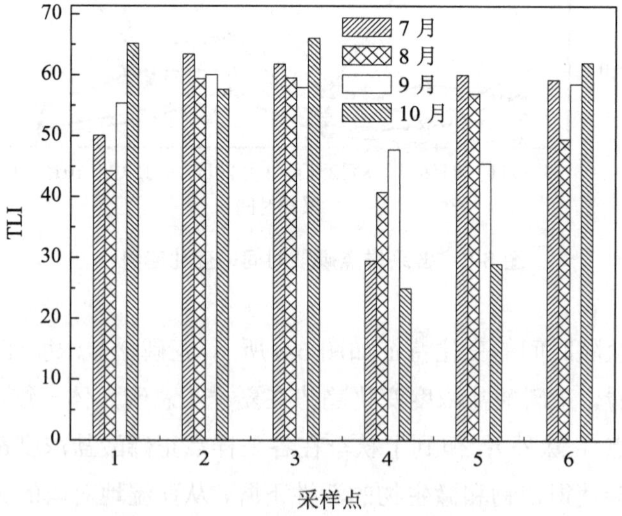

图 6-9 七星湿地各采样点的综合营养状态指数

6.4 湿地沉积物中磷的时空变化特征研究

沉积物中磷的释放是维持湿地营养水平的重要因素，其释放潜力、迁移能力以及生态效应均取决于沉积物中磷的赋存形态。而通过研究沉积物中磷的不同化学形态及其浓度，有助于研究水体中磷的形态、动态循环以及磷在水-积物界面的迁移转化过程。因此，研究沉积物中磷的形态及其分布特征对我国湿地的有效治理和富营养化防治有重要的现实意义。

6.4.1 七星湿地沉积物中磷随空间变化特征研究

6.4.1.1 沉积物中TP、IP、OP空间变化特征

（1）春季沉积物中TP、IP、OP的空间变化规律

5月七星湿地沉积物中TP、IP、OP质量分数分布如图6-10所示。由图可知，沉积物中TP质量分数为360.45～561.32 mg/kg，最大值出现在采样点3，主要原因是万泉河河水受高新工业园区影响输入的磷较多，所以在西小河和万泉河入口处沉积物中TP质量分数较高。

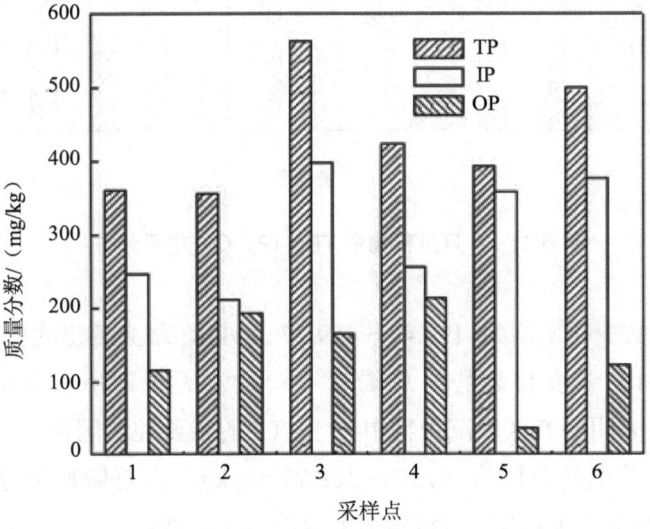

图6-10 5月沉积物中TP、IP、OP空间分布

沉积物中无机磷（IP）质量分数为209.99～396.75 mg/kg，最大值出现在采样点3，最小值出现在采样点2，质量分数变化趋势与总磷大体一致。IP所占TP比重范围为59.16%～91.04%，表明七星湿地沉积物磷主要是以无机磷形态存在。

沉积物中有机磷质量分数为 35.20～213.71 mg/kg，研究区域内有机磷质量分数均低于无机磷，其与沉积物中普遍较低的有机质质量分数有关。

（2）夏季沉积物中 TP、IP、OP 的空间变化规律

1）6 月沉积物中 TP、IP、OP 的空间变化规律

6 月七星湿地沉积物中 TP、IP、OP 质量分数分布图 6-11 所示。由图可知，沉积物中 TP 质量分数为 279.07～542.66 mg/kg，各采样点 TP 质量分数的顺序为：西小河和万泉河汇入口（采样点 3）＞湿地内部（采样点 4）＞万泉河（采样点 2）＞1 号钢坝闸（采样点 6）＞羊肠河（采样点 5）＞西小河（采样点 1）。TP 最大值和最小值相差将近 2 倍。

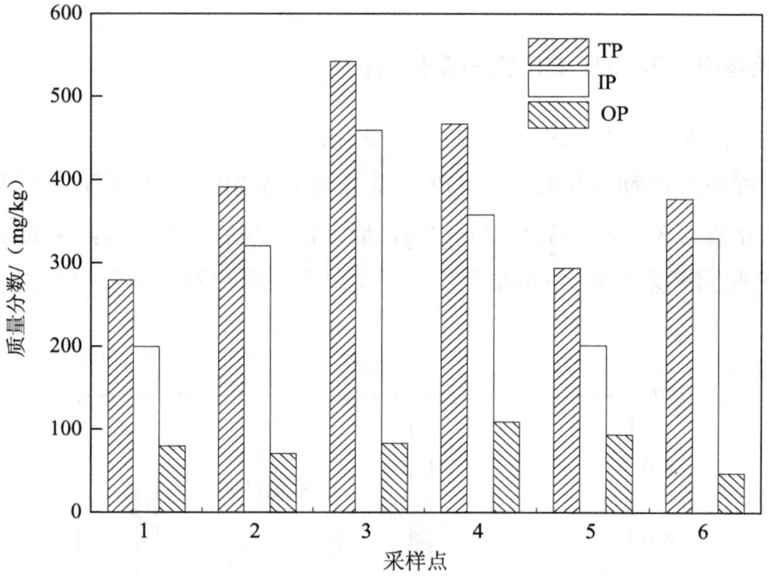

图 6-11　6 月沉积物中 TP、IP、OP 空间分布

无机磷质量分数变化范围为 199.42～459.27 mg/kg，最大值出现在采样点 3，最小值出现在采样点 1，其变化趋势与总磷基本一致。无机磷所占总磷的比重范围为 68.27%～87.41%，表明研究区域沉积物中 IP 是 TP 的主要控制因素。

有机磷质量分数变化范围为 47.53～108.71 mg/kg，占总磷质量分数的 12.59%～28.54%，且有机磷均低于无机磷。有机磷最大值出现在采样点 4，最小点出现在采样点 6。

2）7 月沉积物中 TP、IP、OP 的空间变化规律

7 月七星湿地沉积物中 TP、IP、OP 质量分数分布如图 6-12 所示。由图可知，沉积物中 TP 质量分数为 312.89～550.87 mg/kg，各采样点 TP 的顺序为：西小河和万泉河汇入口（采样点 3）＞湿地内部（采样点 4）＞1 号钢坝闸（采样点 6）＞西小河（采样点 1）＞羊肠河（采样点 5）＞万泉河（采样点 2）。沉积物中总磷最大值出现在采样点 3，

最小值出现在采样点 2。

无机磷质量分数变化范围为 214.54～366.29 mg/kg，最大值出现在采样点 3，最小值出现在采样点 5。无机磷所占总磷的比重范围为 56.72%～90.69%，说明研究区域无机磷是沉积物磷的主要控制因素。

有机磷质量分数变化范围为 29.14～187.05 mg/kg，占总磷的 9.31%～43.28%，有机磷最大值出现在采样点 4，最小点出现在采样点 6，且有机磷质量分数均低于无机磷。

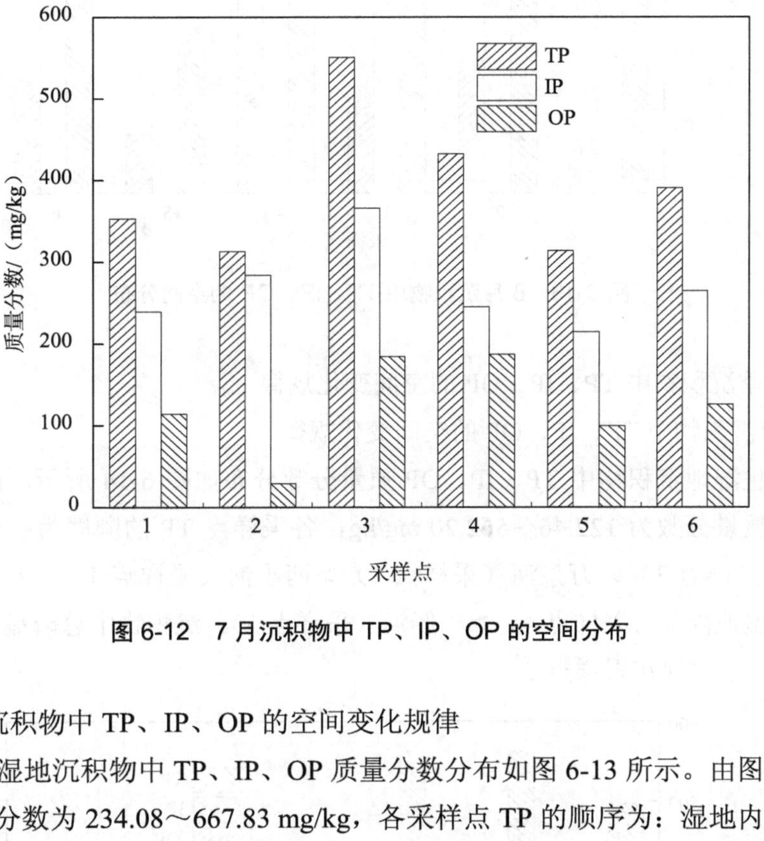

图 6-12 7 月沉积物中 TP、IP、OP 的空间分布

3）8 月沉积物中 TP、IP、OP 的空间变化规律

8 月七星湿地沉积物中 TP、IP、OP 质量分数分布如图 6-13 所示。由图可知，沉积物中 TP 质量分数为 234.08～667.83 mg/kg，各采样点 TP 的顺序为：湿地内部（采样点 4）＞西小河和万泉河汇入口（采样点 3）＞万泉河（采样点 2）＞1 号钢坝闸（采样点 6）＞西小河（采样点 1）＞羊肠河（采样点 5）。沉积物中总磷最大值出现在采样点 4，最小值出现在采样点 5。

无机磷质量分数变化范围为 149.76～425.04 mg/kg，无机磷所占总磷的比重范围为 46.87%～77.59%，最大值出现在采样点 3，最小值出现在采样点 5。

有机磷质量分数变化范围为 75.75～354.83 mg/kg，有机磷最大值出现在采样点 3，最小值出现在采样点 5，且有机磷大多都低于无机磷。

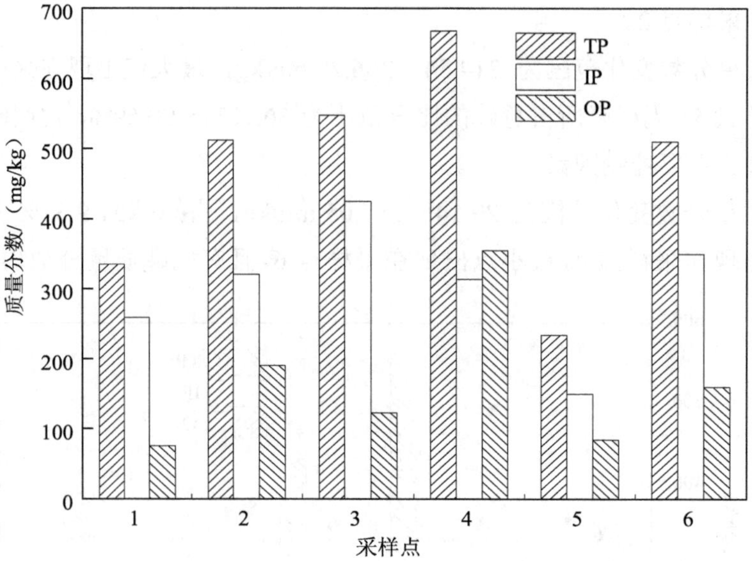

图 6-13　8 月沉积物中 TP、IP、OP 的空间分布

（3）秋季沉积物中 TP、IP、OP 的空间变化规律

1）9 月沉积物中 TP、IP、OP 的空间变化规律

9 月七星湿地沉积物中 TP、IP、OP 质量分数分布如图 6-14 所示。由图可知，沉积物中 TP 质量分数为 122.46～562.20 mg/kg，各采样点 TP 的顺序为：西小河和万泉河汇入口（采样点 3）＞万泉河（采样点 2）＞西小河（采样点 1）＞1 号钢坝闸（采样点 6）＞湿地内部（采样点 4）＞羊肠河（采样点 5）。沉积物中总磷最大值出现在采样点 3，最小值出现在采样点 5。

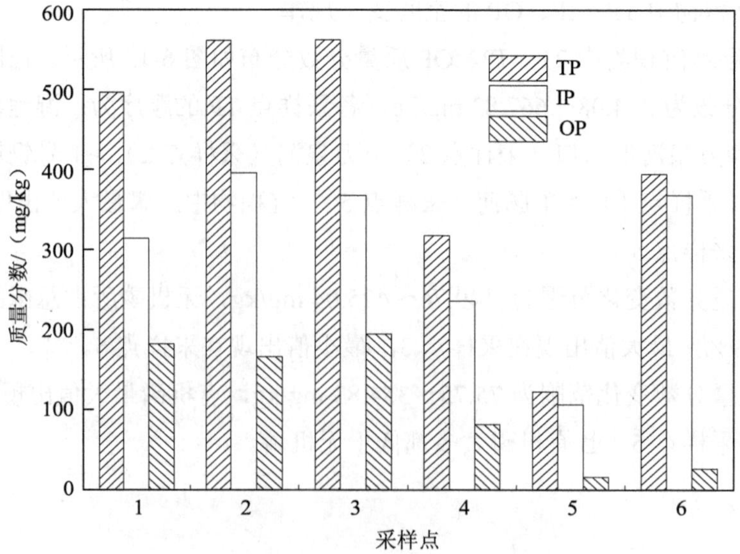

图 6-14　9 月沉积物中 TP、IP、OP 的空间分布

无机磷质量分数变化范围为 106.31～395.96 mg/kg，无机磷所占总磷的比重范围为 63.25%～93.33%，最大值出现在采样点 2，最小值出现在采样点 5。

有机磷质量分数变化范围为 16.15～194.63 mg/kg，有机磷最大值出现在采样点 3，最小点出现在采样点 5，且有机磷均都低于无机磷。

2）10 月沉积物中 TP、IP、OP 的空间变化规律

10 月七星湿地沉积物中 TP、IP、OP 质量分数分布如图 6-15 所示。由图可知，沉积物中 TP 质量分数为 141.84～656.84 mg/kg，各采样点 TP 质量分数的顺序为：西小河（采样点 1）＞西小河和万泉河汇入口（采样点 3）＞万泉河（采样点 2）＞ 1 号钢坝闸（采样点 6）＞湿地内部（采样点 4）＞羊肠河（采样点 5）。沉积物中总磷最大值出现在采样点 1，最小值出现在采样点 5。

无机磷质量分数变化范围为 92.61～593.88 mg/kg，无机磷所占总磷的比重范围为 63.33%～95.77%，无机磷的变化趋势与总磷基本一致，最大值出现在采样点 1，最小值出现在采样点 5。

有机磷变化范围为 24.81～125.65 mg/kg，有机磷最大值出现在采样点 4，最小值出现在采样点 3，且有机磷均低于无机磷。

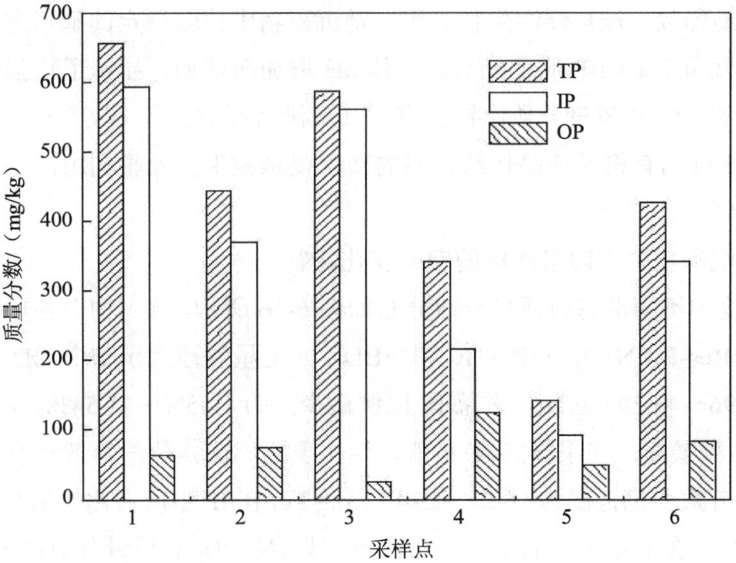

图 6-15　10 月沉积物中 TP、IP、OP 的空间分布

6.4.1.2　沉积物中各形态磷的空间变化特征

（1）无机磷的不同形态

七星湿地沉积物中的无机磷可分为氧化还原敏感态磷（BD-P）、金属（水合）氧化

物结合态磷（NaOH-rP）、有机质和腐殖质中的磷（NaOH-nrP）、钙结合态磷（HCl-P）和残渣态磷（Res-P）。

BD-P 主要是与 Fe、Mn 化合物结合的磷形态，利用 BD 试剂（连二亚硫酸钠与碳酸氢钠的缓冲溶液），将难溶的 Fe^{3+}/Mn^{4+}磷化合物还原成易溶的 Fe^{2+}/Mn^{2+}磷化合物，并将与之结合的磷释放出来。BD-P 对较低的氧化还原电位比较敏感，同时在厌氧条件下更容易释放。

NaOH-rP 是与金属（水合）氧化物结合的磷形态，主要是 Fe、Al 氧化物，这部分磷可以被 OH^-或其他有机配体交换，是可被碱熔的无机磷。沉积物中长期积累的 NaOH-rP 即是潜在的“磷”源，可用于评估区域磷污染状况。在厌氧环境下，该部分磷可被释放，为浮游生物提供生长所必需的磷。

NaOH-nrP 是用氢氧化钠溶液提取后，测得的 NaOH-TP 质量分数减去 NaOH-rP 质量分数所得。其主要是由聚磷菌生成的多聚磷酸盐、肌醇六磷酸及腐殖酸结合态磷等组成。NaOH-nrP 为可被利用的一种磷形态，在沉积之后较易转移。在厌氧状态下，其释放速度更加明显。原因可能是在厌氧条件下，细菌所积聚的多聚磷酸盐会释放；另外，在厌氧条件下一些 NaOH-nrP 更具迁移性。

HCl-P 是对 pH 敏感的磷形态，主要组成是自生磷石灰、碳酸钙、生物骨骼等钙结合态磷，其不易释放，难被浮游生物利用，是沉积物中比较稳定的磷形态。在酸性条件下，沉积物中残留的 HCl-P 质量分数随水体 pH 增加而增加，显示了较强的释放；而碱性条件下残留的 HCl-P 质量分数比较稳定，基本没有释放。

Res-P 是惰性的有机磷或晶体结合态的磷，很难被生物吸收利用，基本可被认为是永久结合态的磷。

（2）春季沉积物中不同形态磷的空间变化特征

5 月沉积物中不同形态磷质量分数分布如图 6-16 所示，沉积物中各形态无机磷占比为 NaOH-rP＞Res-P＞NaOH-nrP＞HCl-P＞BD-P。七星湿地沉积物中 BD-P 的质量分数变化范围为 3.96～41.29 mg/kg，占总 IP 比例最少，为 1.55%～11.54%。BD-P 质量分数在采样点 5 达到最高，在采样点 4 最低，这主要与相应点位的溶解氧有关。沉积物中 NaOH-rP 质量分数变化范围为 66.27～224.86 mg/kg，在 IP 中所占比例最高，为 31.55%～59.23%。NaOH-rP 在七星湿地的空间分布比较明显，NaOH-rP 质量分数在采样点 3 最高，在采样点 5NaOH-rP 较低。沉积物中 NaOH-nrP 质量分数为 9.33～42.01 mg/kg，占 IP 的比例较小。在采样点 1 和 2 处，NaOH-nrP 质量分数较高；在采样点 3 和 5 处，NaOH-nrP 质量分数较低。沉积物中 HCl-P 质量分数变化范围为 11.85～42.20 mg/kg，占总 IP 的 5.64%～12.61%。由于七星湿地水体均处于弱碱性，故 HCl-P 质量分数比较稳定，不受水体 pH 影响。HCl-P 质量分数在采样点 1 处最高，主要原因可能是 HCl-P 在沉积物的分布与有机质的积累和降解有关。七星湿地沉积物中 Res-P 质量分数为 33.77～

107.17 mg/kg，在采样点 5 较高，达到 107.17 mg/kg。

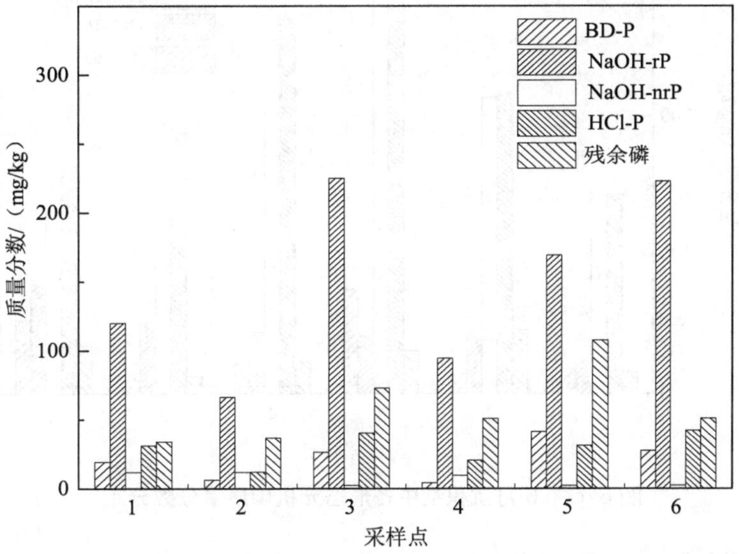

图 6-16　5 月沉积物中各形态磷质量分数分布

（3）夏季沉积物中不同形态磷的空间变化变化特征

1）6 月沉积物中不同形态磷的空间变化

6 月沉积物中不同形态磷质量分数分布如图 6-17 所示，沉积物中各形态无机磷占比为 NaOH-rP＞HCl-P＞Res-P＞NaOH-nrP＞BD-P。研究区域沉积物中 BD-P 的质量分数为 12.15～46.00 mg/kg，占总 IP 的 6.05%～14.36%。BD-P 质量分数在采样点 2 达到最高，在采样点 5 最低。沉积物中 NaOH-rP 质量分数为 92.07～290.72 mg/kg，平均为 174.56 mg/kg，在 IP 中所占比例最高，为 39.88%～66.64%。NaOH-rP 在采样点 3 最高，西小河和万泉河受高新工业园区影响较大，使得在西小河和万泉河汇入口处磷质量分数较高。沉积物中 NaOH-nrP 质量分数较低，为 2.34～67.82 mg/kg，占 IP 的比例较小。在采样点 2 和 3 处，NaOH-nrP 质量分数较低，主要是其溶解氧质量分数较低，氧不充足致使 NaOH-nrP 释放量较大，不易沉积。沉积物中 HCl-P 质量分数为 23.04～78.57 mg/kg，平均为 47.05 mg/kg，占总 IP 的 8.99%～25.47%。HCl-P 的空间分布差异比较明显，在采样点 6 处最高，主要原因可能是 HCl-P 在沉积物的分布与有机质的积累和降解有关。Res-P 的质量分数为 10.32～75.36 mg/kg，平均为 32.01 mg/kg，占总 IP 的比例较小。由于 Res-P 较低，分布也不太明显，大部分“埋藏”于沉积物中，对湿地内源磷的贡献较小。

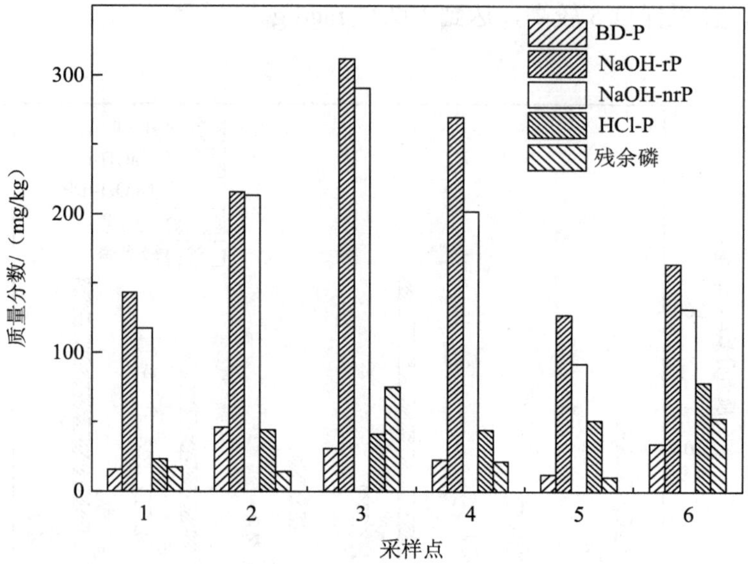

图 6-17　6 月沉积物中各形态无机磷质量分数分布

2）7 月沉积物中不同形态磷的空间变化

7 月沉积物中不同形态磷质量分数分布如图 6-18 所示，沉积物中各形态无机磷占比为 NaOH-rP＞Res-P＞HCl-P＞NaOH-nrP＞BD-P。沉积物中 BD-P 质量分数为 5.13～50.71 mg/kg，占总 IP 的 2.39%～17.87%，采样点 2 最高，在采样点 5 最低。沉积物中 NaOH-rP 质量分数为 70.94～239.21 mg/kg，在 IP 中所占比例最高，为 29.15%～65.31%，

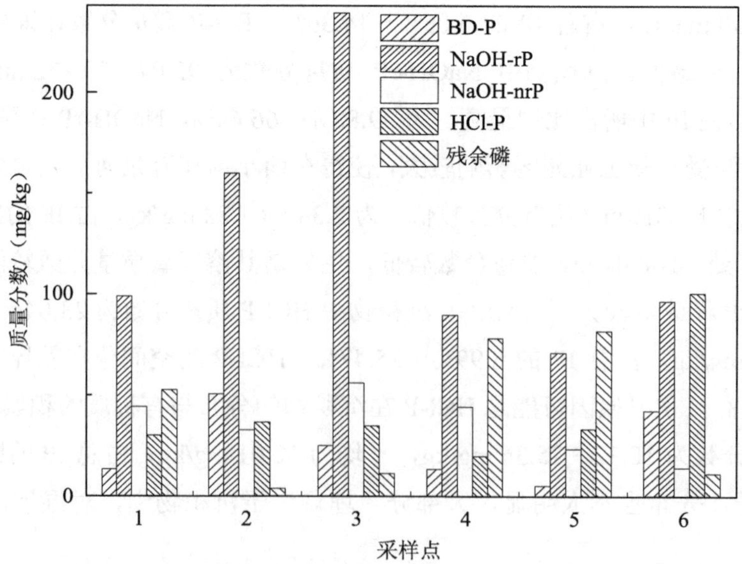

图 6-18　7 月沉积物中各形态无机磷的质量分数分布

在采样点4和5较低，在采样点2和3较高，主要是因为在万泉河处受到高新工业园区污水输入的影响。沉积物中NaOH-nrP质量分数较低，为14.00～56.07 mg/kg，占IP比例较小，在各采样点的变化相差较小。沉积物中HCl-P质量分数为19.80～100.50 mg/kg，占IP的8.07%～37.95%，在采样点6处最高，在其他采样点位都较低。Res-P的质量分数变化范围为3.81～71.81 mg/kg。在采样点4和5较高，采样点2、3、6较低，这主要是由于长期堆积所致。

3）8月沉积物中不同形态磷的空间变化

8月沉积物中不同形态磷质量分数分布如图6-19所示，沉积物中各形态无机磷占比为NaOH-rP＞Res-P＞NaOH-nrP＞HCl-P＞BD-P。沉积物中BD-P质量分数为8.64～64.66 mg/kg，占IP的5.77%～15.21%。在采样点4、5、6较低，这可能与该点位的氧化还原电位有关。在研究区域，沉积物中NaOH-rP是无机磷中所占比例最高的一种磷形态，质量分数为61.67～218.03 mg/kg，占IP的28.64%～62.12%。在采样点3处较高，在采样点5处较低。沉积物中NaOH-nrP质量分数较小，为23.36～60.66 mg/kg，是无机磷的重要组成部分。沉积物中HCl-P质量分数为23.08～55.71 mg/kg，占IP质量分数较小，分布相对比较均匀。Res-P的质量分数为4.19～117.43 mg/kg，空间分布差异比较明显，在采样点4较高，采样点2较低。

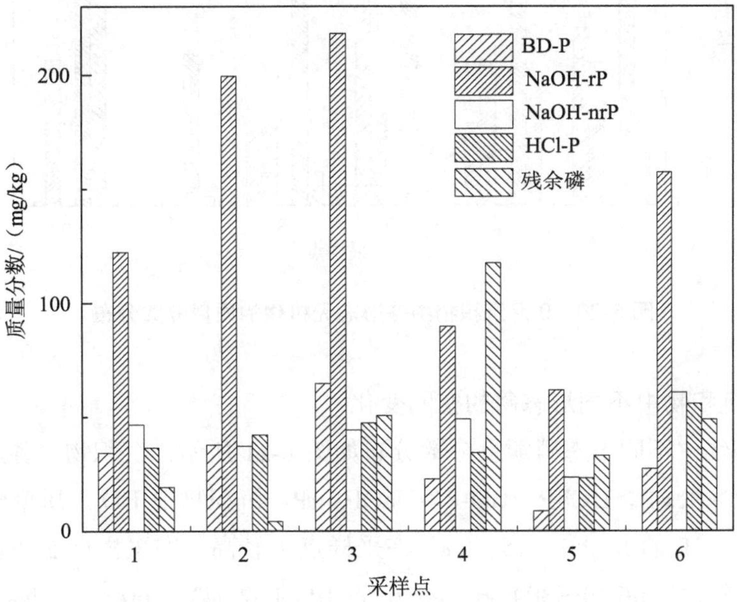

图6-19　8月沉积物中各形态无机磷的质量分数分布

（4）秋季沉积物中不同形态磷的空间变化变化特征

1）9月沉积物中不同形态磷的空间变化

9月沉积物中不同形态磷质量分数分布如图6-20所示，沉积物中各形态无机磷占比为 NaOH-rP＞Res-P＞HCl-P＞NaOH-nrP＞BD-P。沉积物中 BD-P 质量分数为 3.96～88.06 mg/kg，占 IP 比例最小，为 3.72%～23.90%，是一种重要的无机磷形态。在采样点 4、5 较低，在采样点 6 较高，由于 BD-P 与水体中磷的相互转移，这可能与所在点位水体中的磷质量分数有关。沉积物中 NaOH-rP 质量分数为 66.31～194.80 mg/kg，占 IP 的 44.21%～62.37%，是沉积物无机磷最多的一部分磷。NaOH-rP 在采样点 2、3、6 处最高。NaOH-nrP 质量分数较小，为 16.35～70.04 mg/kg，在无机磷中所占比例较小。这主要与 NaOH-nrP 当氧不充足时会使得其释放量较大、不易沉积有关。其在采样点 2 处较高，在采样点 5、6 较低。沉积物中 HCl-P 质量分数为 6.26～64.19 mg/kg，占 IP 比例的 5.88%～17.42%。HCl-P 在采样点 2、6 处较高，采样点 5 较低。Res-P 的质量分数为 1.63～77.96 mg/kg，空间分布差异较大。Res-P 在采样点 3 较高，采样点 6 较低。

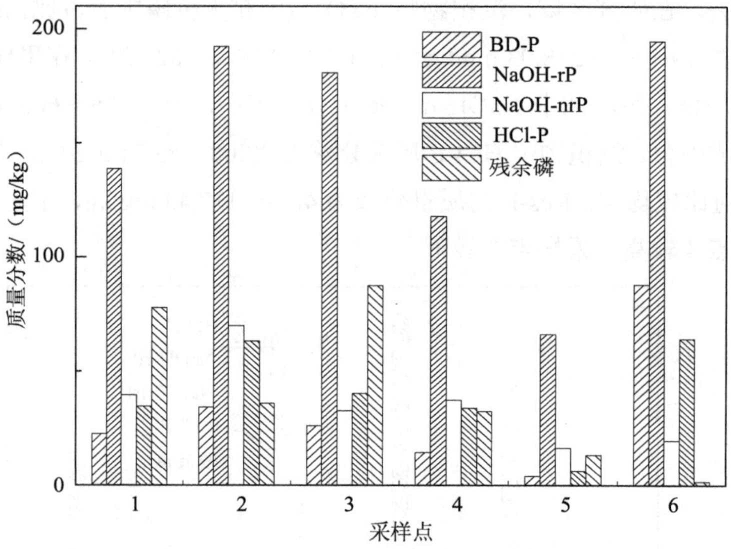

图 6-20 9 月沉积物中各形态无机磷的质量分数分布

2）10 月沉积物中不同形态磷的空间变化

10 月沉积物中不同形态磷质量分数分布如图 6-21 所示，沉积物中各形态无机磷占比为 NaOH-rP＞Res-P＞HCl-P＞BD-P＞NaOH-nrP。沉积物中 BD-P 质量分数为 5.49～84.55 mg/kg，占 IP 的 5.92%～15.44%。在采样点 1 较高，在采样点 5 较低。沉积物中 NaOH-rP 质量分数为 56.30～304.56 mg/kg，占 IP 的 32.64%～60.79%。NaOH-rP 在采样点 1、3 处较高，在采样点 4、5 处较低。沉积物中 NaOH-nrP 质量分数较低，为 16.35～46.71 mg/kg，在无机磷中所占比例最小，但也是无机磷的重要组成部分，其分布在各采样点差异不大。沉积物中 HCl-P 质量分数为 12.49～100.15 mg/kg，在采样点 1 处较高，其他点位分布相对比较均匀。Res-P 的质量分数为 1.99～179.81 mg/kg，空间分布差异比较明显。Res-P 在采样点 3 较高，采样点 5 和 6 很低。

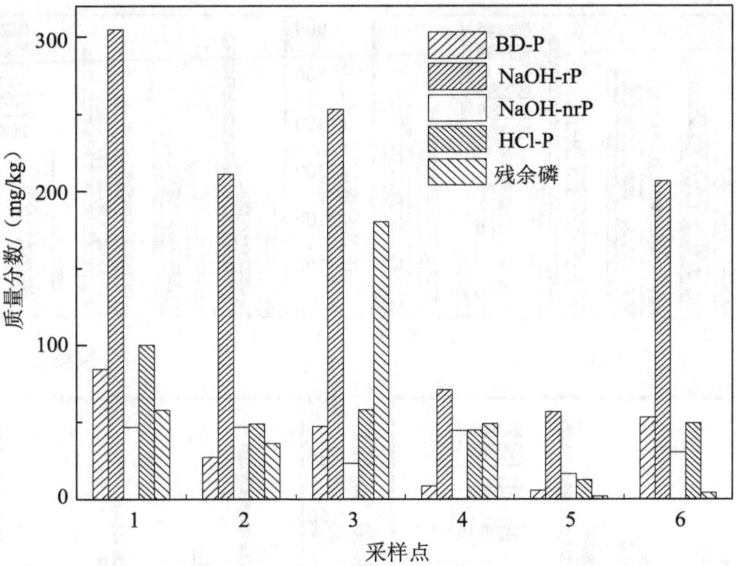

图 6-21 10 月沉积物中各形态无机磷的质量分数分布

6.4.2 七星湿地沉积物中磷随时间变化特征研究

6.4.2.1 沉积物中 TP、IP、OP 随时间变化特征研究

沉积物中 TP 质量浓度随时间的变化趋势如图 6-22 所示，变化范围为 122.46～667.83 mg/kg，平均为 420.9 5 mg/kg。其中，采样点 3 最高，为 542.66～586.37 mg/kg，采样点 5 最低，为 122.46～392.90 mg/kg，两者相差约 2 倍。除采样点 5 外，各采样点随着季节变化基本呈上升趋势，采样点 5 随着季节变化呈下降趋势。

沉积物中 IP 质量浓度随时间变化趋势如图 6-22 所示，变化范围为 92.61～593.88 mg/kg，平均为 305.92 mg/kg，占 TP 的 72.67%，可见七星湿地沉积物 TP 主要是以 IP 形态存在的。沉积物中 IP 质量分数变化趋势与 TP 大体一致。采样点 4、5 较低，采样点 3 较高。

沉积物中 OP 质量浓度随时间变化趋势如图 6-22 所示，变化幅度较大，为 16.15～213.71 mg/kg，是湿地沉积物中磷的重要组成部分。整体来看，OP 为采样点 3、4 较高，在采样点 5、6 较低，这主要与沉积物中有机质质量分数以及水体、沉积物中原始磷质量分数有关。另外，湿地河流中的浮游植物、微生物等也可通过有机磷水解酶释放有机磷中的正磷酸盐，甚至可以直接利用和吸收少部分有机磷。

6.4.2.2 沉积物中各种形态无机磷随时间变化特征研究

沉积物中各形态无机磷随时间变化趋势如图 6-22 所示，其占比为 NaOH-rP＞Res-P＞HCl-P＞BD-P＞NaOH-nrP，下面对每一种无机磷随时间变化的特征进行分析。

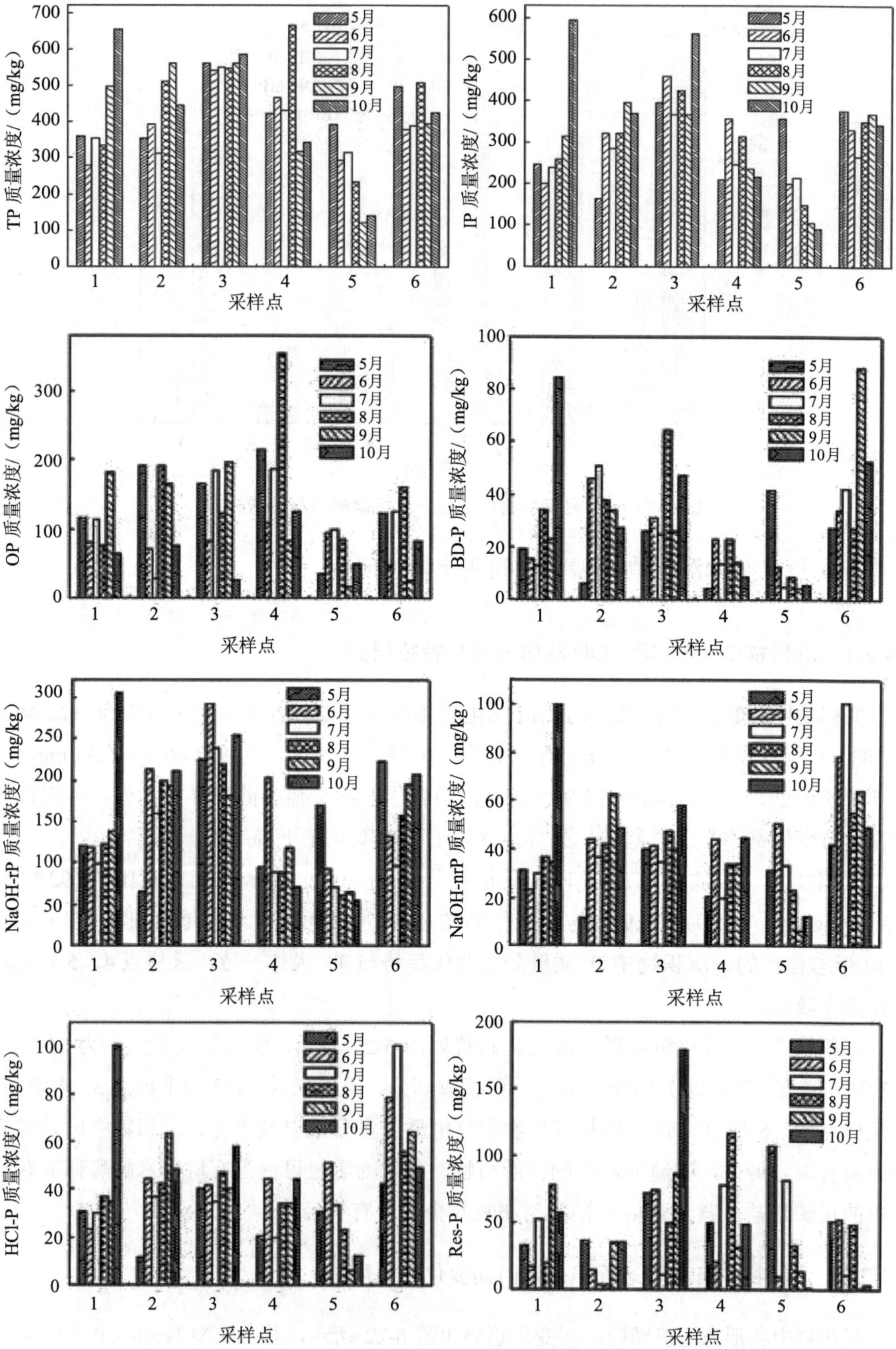

图 6-22 沉积物中各形态磷时间变化趋势

氧化还原敏感态磷（BD-P）的变化范围为 3.96～88.06 mg/kg，占无机磷的 2.39%～23.90%，总体来看，夏季各采样点 BD-P 质量分数基本处于上升趋势，而到了秋季则开始呈下降趋势。这主要由于 BD-P 对氧化还原电位和溶解氧比较敏感有一定的关系，除此之外还会受到水体其他环境的影响，如 pH、浮游生物及细菌活动。

金属（水合）氧化物结合态磷（NaOH-rP）主要是 Fe、Al 氧化物，是可以在碱液中溶解的无机磷。其变化范围为 56.30～304.56 mg/kg，占无机磷比重最大，为 29.15%～66.64%。各采样点的 NaOH-rP 随着时间变化不是很规律，但大多点位在夏季质量分数较低。沉积物中长期积累的 NaOH-rP 是湿地潜在的“磷”源。在厌氧环境下，可被释放而为浮游生物提供生长所必需的磷。

有机质和腐殖质中的磷（NaOH-nrP）的变化范围为 2.33～70.04 mg/kg，整体呈波动状态，没有明显的趋势。这部分磷在沉寂之后比较容易转移，是可以被利用的一种无机磷。NaOH-nrP 容易受到溶解氧的影响，在厌氧环境下，其释放速度更加明显。

钙结合态磷（HCl-P）的变化范围为 11.85～100.50 mg/kg，很难被浮游生物利用，是沉积物中比较稳定的磷形态，但在酸性条件下，沉积物中的 HCl-P 比较容易释放。由于七星湿地水体均处于弱碱性，HCl-P 质量分数比较稳定，不受水体 pH 影响，其整体变化范围跟沉积物中 TP 大体相似。

残渣态磷（Res-P）质量分数变化范围较大，为 1.63～179.81 mg/kg，时间分布也不太明显，大部分被“埋藏”于沉积物中，对湿地内源磷的贡献较小。

6.4.3 沉积物中不同形态磷间相关性的研究

虽然七星湿地沉积物中各形态磷的空间分布差异性较大，但却存在一定的相关性。Pearson 相关性分析（表 6-11）显示，沉积物中各形态磷与 TP 均呈现不同程度的正相关，其中 IP 与 TP 呈显著正相关（显著性水平 0.01），可见沉积物中 TP 主要受 IP 影响。BD-P、NaOH-rP、HCl-P、Res-P 与 IP 均呈现正相关，其中 BD-P 和 NaOH-rP 与 IP 显著性较好，而且 NaOH-rP 与 IP 已达到极显著正相关，再加上 NaOH-rP 在 IP 中占的比例最大，可知 NaOH-nrP 是沉积物中 TP 和 IP 的重要控制因子。BD-P、NaOH-rP 与 HCl-P 三者之间互呈正相关，由此可知三者之间互相影响。

表 6-11 Pearson 相关性分析

	TP	IP	OP	BD-P	NaOH-rP	NaOH-nrP	HCl-P	Res-P
TP	1							
IP	0.855**	1						
OP	0.513**	0	1					
BD-P	0.458**	0.709**	−0.299	1				

	TP	IP	OP	BD-P	NaOH-rP	NaOH-nrP	HCl-P	Res-P
NaOH-rP	0.703*	0.904**	−0.147	0.688**	1			
NaOH-nrP	0.332*	0.196	0.267	0.06	0.114	1		
HCl-P	0.463**	0.617**	−0.152	0.681**	0.480**	0.223	1	
Res-P	0.506**	0.457**	0.223	−0.02	0.169	−0.053	0.026	1

注*：显著性水平 α=0.05；**显著性水平 α=0.01；n=36。

6.5 微生物群落结构研究

植物是湿地系统的重要组成部分，其根际、根周附着的微生物对污水中磷的截留起着重要作用。这些微生物使得湿地中的物质循环及能量流动正常进行，在污染控制中发挥着重要的作用。为考察七星湿地植物微生物群落结构特征和多样性演替过程，本节通过 PCR-DGGE 技术，对不同采样点不同日期植物根际、根周总细菌的变化特征及种群属性进行研究。

6.5.1 样品采集

在 2013 年 7 月 17 日、8 月 6 日、8 月 25 日、9 月 11 日及 9 月 27 日对七星湿地西小河和万泉河汇入口（采样点 3）和湿地内部（采样点 4）的不同植物进行了 5 次采样，另外 8 月 6 日还对福德店进行了采样。具体采样地点和采样植物见表 6-12。采样后按照前处理方法（见 5.2.2 节）对植物根际、根周进行前处理，并提取总 DNA，放入−20℃冰箱进行保存。

表 6-12 植物样品采集信息

编号	采样点	植物名称	根围位置
7 月 17 日			
1	3 号采样点	茭草	根际
2	4 号采样点	香蒲	根际
3	4 号采样点	菖蒲	根际
4	4 号采样点	芦苇	根际
5	3 号采样点	茭草	根周
6	4 号采样点	香蒲	根周
7	4 号采样点	菖蒲	根周
8	4 号采样点	芦苇	根周

编号	采样点	植物名称	根围位置
8 月 6 日			
1	福德店	香蒲	根际
2	福德店	芦苇	根际
3	3 号采样点	茭草	根际
4	3 号采样点	菖蒲	根际
5	4 号采样点	芦苇	根际
6	4 号采样点	菖蒲	根际
7	4 号采样点	香蒲	根际
8	福德店	香蒲	根周
9	3 号采样点	茭草	根周
10	3 号采样点	菖蒲	根周
11	4 号采样点	芦苇	根周
12	4 号采样点	菖蒲	根周
13	4 号采样点	香蒲	根周
8 月 25 日/9 月 11 日			
1	3 号采样点	茭草	根际
2	4 号采样点	芦苇	根际
3	4 号采样点	菖蒲	根际
4	4 号采样点	香蒲	根际
5	3 号采样点	茭草	根周
6	4 号采样点	芦苇	根周
7	4 号采样点	菖蒲	根周
8	4 号采样点	香蒲	根周
9 月 27 日			
1	4 号采样点	芦苇	根际
2	4 号采样点	菖蒲	根际
3	4 号采样点	香蒲	根际
4	3 号采样点	芦苇	根周
5	3 号采样点	菖蒲	根周
6	4 号采样点	芦苇	根周
7	4 号采样点	菖蒲	根周
8	4 号采样点	香蒲	根周

6.5.2 DGGE 电泳图

试验采用 PCR-DGGE 研究了七星湿地总细菌种群结构在不同时间不同采样点位的不同植物的微生物种群的差异及其动态变化特征，每个 DGGE 试验重复做 3 次，以检查试验结果的重复性，DGGE 结果如图 6-23 所示。

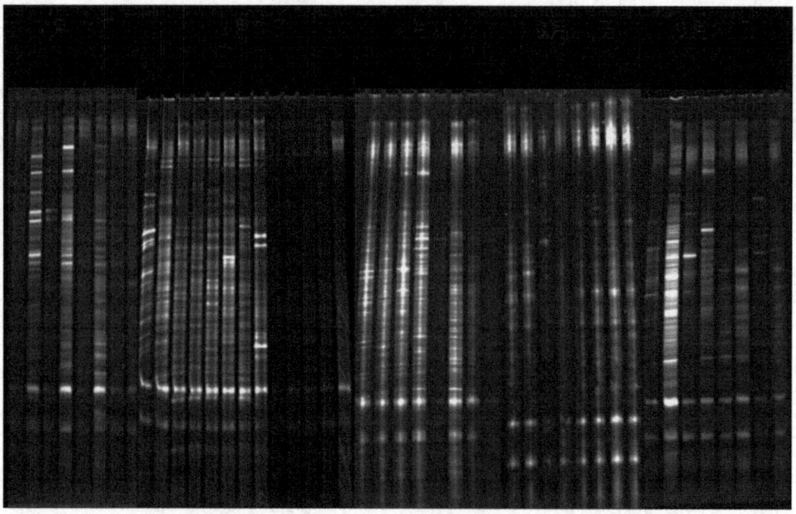

图 6-23 总细菌的 DGGE 指纹图谱

由图 6-23 可以看出，总细菌条带很多，说明该群落的多样性较好，而且在每次采样都出现了特异性较强的条带。在 7 月 17 日，4 号点的香蒲根际、芦苇根际和香蒲根周（条带 2、4、6）的总细菌条带较多，并且亮度较高。而 3 号采样点的茭草根际和根周处（条带 1、5）优势条带较少，而且亮度较低。4 号点位的香蒲、菖蒲和芦苇根际总细菌都比根周总细菌优势条带多，而香蒲比菖蒲和芦苇的优势条带和亮度也较好，这说明香蒲比芦苇对污染物的去除效果要好。在 8 月 6 日和 8 月 25 日，相比其他几次采样，无论条带总数、优势条带数量以及条带亮度都较好，这说明在 8 月，无论温度还是其他环境因素都更适合微生物生长。与 8 月 25 日相比，8 月 6 日总细菌的条带亮度和优势条带数较好。福德店的植物总细菌比七星湿地优势条带较亮。在 8 月 25 日，植物根际微生物比根周微生物条带亮度较好，总细菌数也多。在 9 月 11 日，整体来看，优势条带都不太好，且亮度较暗。9 月 27 日的优势条带集中在 4 号采样点的菖蒲根际微生物上，整体的根周微生物总细菌数量都相对较少，条带亮度较弱。

6.5.3 聚类分析

使用 Bio-Rad 公司的凝胶定量软件 Quantity one 对所有 DGGE 图谱进行分析。

使用 Quantity one 软件对图像进行处理，首先对电泳图的条带进行自动检测，然后手动确认，针对不同日期的 DGGE 图谱，通过 Dice 指数进行定量表征其微生物种群结构的相似性，采用非加权配对算术平均法（unweighted pair group method with arithmetic averages，UPGMA）作相似性聚类分析。

6.5.3.1 总细菌 DGGE 图谱分析（7 月 17 日）

对 7 月 17 日总细菌 DGGE 作图谱分析带型图，如图 6-24 所示，8 个泳道共有 57 条不同的条带，每个泳道的条带范围为 14～39 条，其中 3 泳道条带数最少，为 14 条；4 和 6 泳道条带数最多，为 39 条，说明其多样性较好。

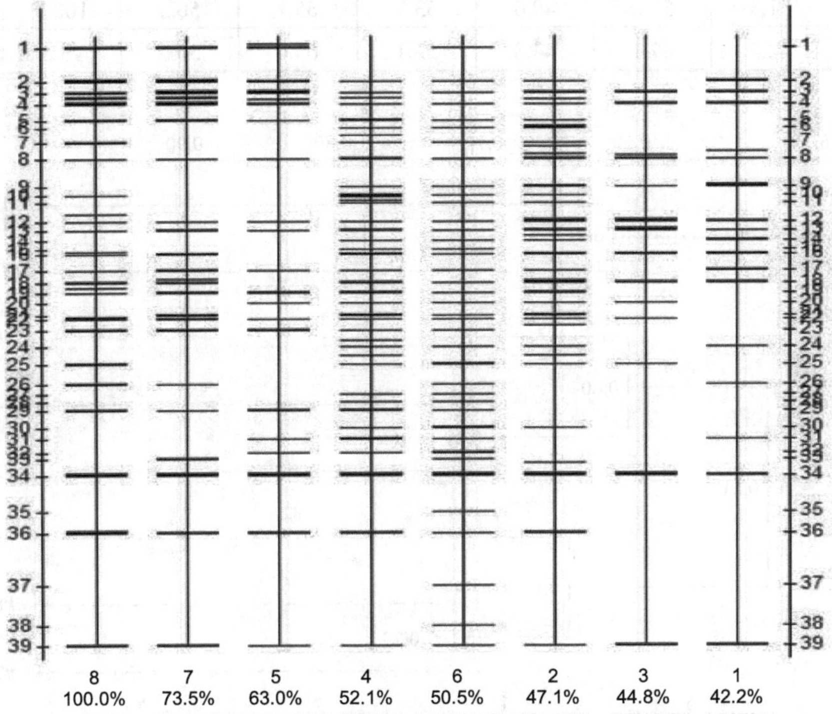

图 6-24 7 月 17 日总细菌 DGGE 图谱分析带型图

表 6-13 和图 6-25 为 7 月 17 日总细菌种群相似性比较，可以看出，不同样品的细菌群落结构相似性为 38.6%～73.5%。其中 7 和 8 泳道细菌群落结构相似度最好，达到 73.5%；4 和 6 泳道细菌群落相似度也比较好，为 69.3%，这说明 4 号采样点的菖蒲根周细菌和芦苇根周细菌以及香蒲根际细菌和芦苇根际细菌群落结构和组成较为相似。而 1 泳道和 6 泳道的相似度最差，仅为 38.6%，这说明 3 号点的茭草根际细菌与 4 号点的芦苇根际细菌群落结构差异较大。

表 6-13 7 月 17 日总细菌 DGGE 指纹图谱的相似性矩阵

相似度/%	1	2	3	4	5	6	7	8
1	100.0	50.1	61.2	45.4	41.8	38.6	51.3	42.2
2	50.1	100.0	57.5	69.4	43.2	51.2	51.8	47.1
3	61.2	57.5	100.0	48.1	43.9	39.6	49.0	44.8
4	45.4	69.4	48.1	100.0	53.9	69.3	53.7	52.1
5	41.8	43.2	43.9	53.9	100.0	54.9	65.4	63.0
6	38.6	51.2	39.6	69.3	54.9	100.0	50.3	50.5
7	51.3	51.8	49.0	53.7	65.4	50.3	100.0	73.5
8	42.2	47.1	44.8	52.1	63.0	50.5	73.5	100.0

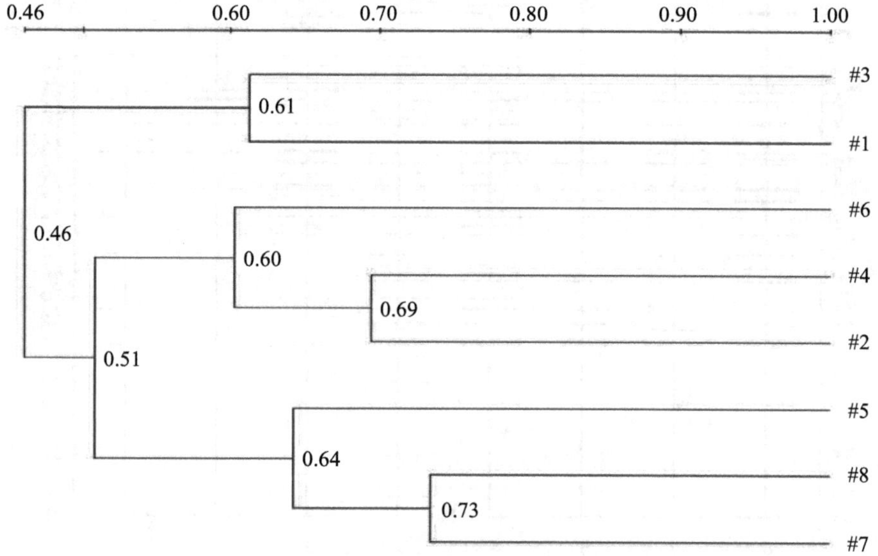

图 6-25 7 月 17 日总细菌 DGGE 图谱的聚类分析

6.5.3.2 总细菌 DGGE 图谱分析（8 月 6 日）

对 8 月 6 日样品总细菌 DGGE 作图谱分析带型图，如图 6-26 所示，13 个泳道共有 58 条不同的条带，条带范围为 6～41 条，整体来看各样品的多样性相比其他几次较好，其中 3 泳道条带数最多，为 41 条，2、4、5、6、7 泳道条带数也都较多，在 36～40 条，说明这些泳道样品细菌多样性好；9、10、11 和 12 泳道条带数较少，说明其多样性较差。

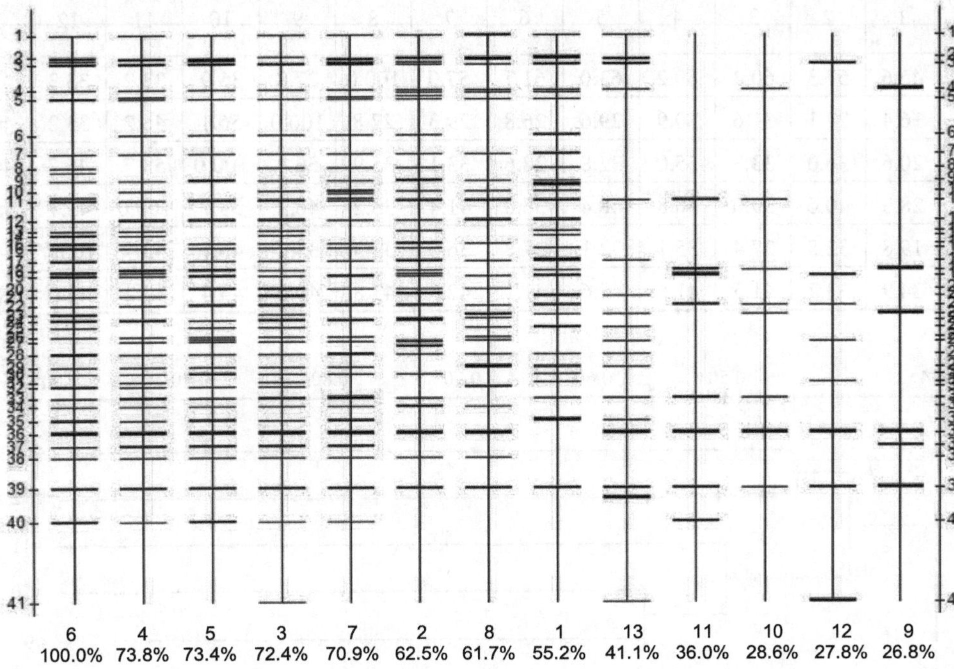

图 6-26　8 月 6 日总细菌 DGGE 图谱分析带型图

表 6-14 和图 6-27 为 8 月 6 日总细菌种群相似性比较，可以看出，此次不同样品的细菌群落结构相似性为 16.1%～80.8%，泳道之间的相似度差异较大。其中相似度大于 60%的两两对比结果有 19 对，分别是 2 和 3，2 和 4，3 和 4，2 和 5，2 和 6，2 和 7，3 和 5，3 和 6，3 和 7，3 和 8，4 和 5，4 和 6，4 和 7，4 和 8，5 和 6，5 和 7，5 和 8，6 和 7，6 和 8 泳道，说明它们之间的菌落结果相似度比较高。其中 3 和 4 泳道细菌群落结构相似度最好，达到 80.8%，这说明 3 号采样点的茭草根际细菌和香蒲根际细菌的群落结构和组成较为相似。

表 6-14　8 月 6 日总细菌 DGGE 指纹图谱的相似性矩阵

相似度/%	1	2	3	4	5	6	7	8	9	10	11	12	13
1	100.0	49.3	59.7	52.7	54.2	55.2	48.5	46.6	16.4	20.6	28.3	19.8	34.9
2	49.3	100.0	66.4	69.3	68.6	62.5	67.3	57.3	27.1	36.0	40.6	32.5	33.7
3	59.7	66.4	100.0	80.8	75.3	72.4	75.6	60.4	31.6	33.3	39.0	37.4	41.5
4	52.7	69.3	80.8	100.0	74.6	73.8	78.1	60.2	30.9	35.0	40.8	35.1	41.6
5	54.2	68.6	75.3	74.6	100.0	73.4	74.3	63.0	29.6	32.8	48.4	32.1	42.6
6	55.2	62.5	72.4	73.8	73.4	100.0	70.9	61.7	26.8	28.6	36.0	27.8	41.1
7	48.5	67.3	75.6	78.1	74.3	70.9	100.0	57.0	29.3	33.1	41.4	36.6	42.0

相似度/%	1	2	3	4	5	6	7	8	9	10	11	12	13
8	46.6	57.3	60.4	60.2	63.0	61.7	57.0	100.0	27.8	35.9	33.2	33.3	43.8
9	16.4	27.1	31.6	30.9	29.6	26.8	29.3	27.8	100.0	56.1	46.2	33.2	40.0
10	20.6	36.0	33.3	35.0	32.8	28.6	33.1	35.9	56.1	100.0	53.7	46.7	44.4
11	28.3	40.6	39.0	40.8	48.4	36.0	41.4	33.2	46.2	53.7	100.0	43.7	35.2
12	19.8	32.5	37.4	35.1	32.1	27.8	36.6	33.3	33.2	46.7	43.7	100.0	44.6
13	34.9	33.7	41.5	41.6	42.6	41.1	42.0	43.8	40.0	44.4	35.2	44.6	100.0

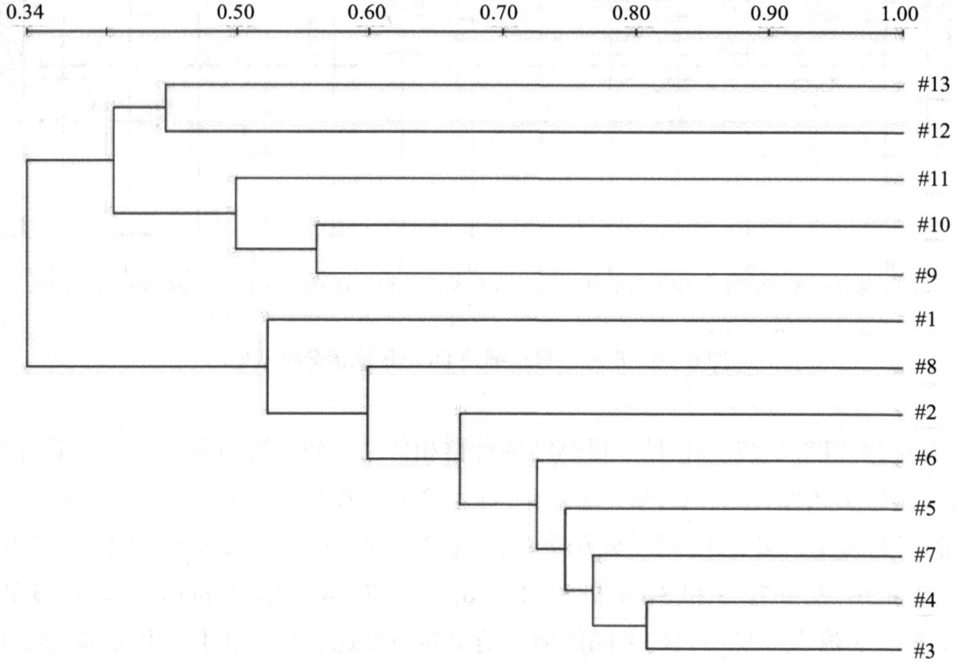

图 6-27　8 月 6 日总细菌 DGGE 图谱的聚类分析

6.5.3.3　总细菌 DGGE 图谱分析（8 月 25 日）

对 8 月 25 日样品总细菌 DGGE 作图谱分析带型图，如图 6-28 所示，8 个泳道共有 60 条不同的条带，条带范围为 1～47 条，其中 5 泳道条带数最少，只有 1 条，说明其菌落多样性很差；2、3、4 和 6 泳道条带数较多，多样性较好。

表 6-15 和图 6-29 为 8 月 25 日总细菌种群相似性比较，整体来看，此次不同样品的细菌群落结构相似度不太好，除了 2 和 3 泳道相似度为 74.4%外，均低于 70%，而且聚类的方式也比较凌乱，聚类特征不明显。2、3、4 泳道之间的两两对比结果相对较好，说明 4 号点位的不同植物根际群落结构和组成相似度相对较好。

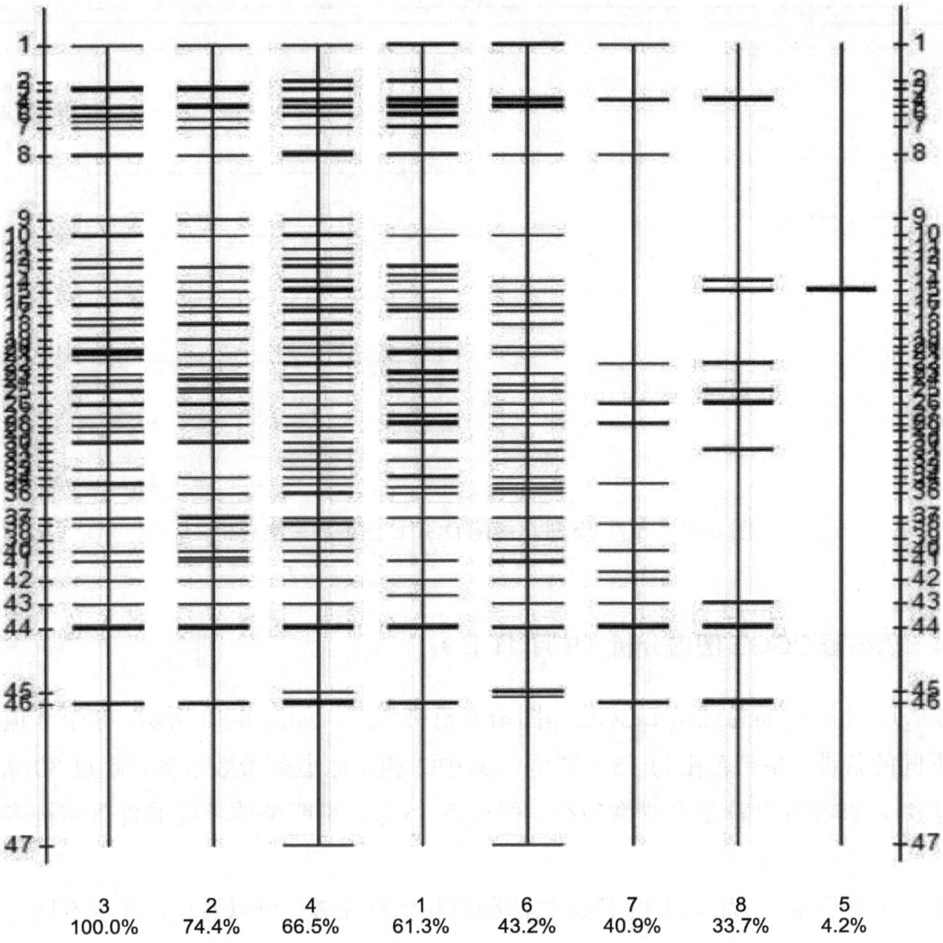

图 6-28　8 月 25 日总细菌 DGGE 图谱分析带型图

表 6-15　8 月 25 日总细菌 DGGE 指纹图谱的相似性矩阵

相似度/%	1	2	3	4	5	6	7	8
1	100.0	55.9	61.3	60.5	2.4	49.3	33.0	33.2
2	55.9	100.0	74.4	61.6	5.0	55.8	41.3	33.4
3	61.3	74.4	100.0	66.5	4.2	43.2	40.9	33.7
4	60.5	61.6	66.5	100.0	9.7	48.0	34.9	40.2
5	2.4	5.0	4.2	9.7	100.0	1.9	0.0	13.4
6	49.3	55.8	43.2	48.0	1.9	100.0	39.7	32.3
7	33.0	41.3	40.9	34.9	0.0	39.7	100.0	47.8
8	33.2	33.4	33.7	40.2	13.4	32.3	47.8	100.0

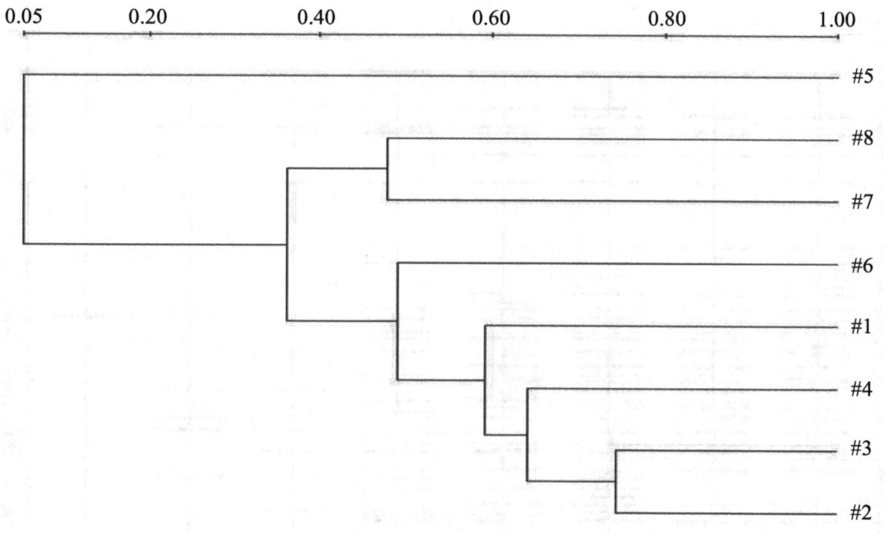

图 6-29 8 月 25 日总细菌 DGGE 图谱的聚类分析

6.5.3.4 总细菌 DGGE 图谱分析（9 月 11 日）

对 9 月 11 日样品总细菌 DGGE 作图谱分析带型图，如图 6-30 所示，8 个泳道共有 50 条不同的条带，条带范围为 15～37 条，其中 2 和 4 泳道条带数较多，超过 30 条，群落结构多样性较好；7 泳道条带数较少，但也有 15 条，说明整体环境的群落结构多样性较好。

表 6-16 和图 6-31 为 9 月 11 日总细菌种群相似性比较，可以看出，此次不同样品的细菌群落结构相似性为 35.5%～66.0%，泳道之间的相似度不太明显，都不很高。其中只有 2 和 3，5 和 8，6 和 8 泳道之间的相似度超过 60%，说明它们之间的群落结构较为相似。

表 6-16 9 月 11 日总细菌 DGGE 指纹图谱的相似性矩阵

相似度/%	1	2	3	4	5	6	7	8
1	100.0	54.9	55.5	55.1	35.5	52.6	43.6	42.7
2	54.9	100.0	63.0	55.5	48.5	57.8	51.1	58.2
3	55.5	63.0	100.0	53.6	42.5	57.3	50.0	49.5
4	55.1	55.5	53.6	100.0	45.1	53.3	45.9	52.4
5	35.5	48.5	42.5	45.1	100.0	52.7	37.3	65.0
6	52.6	57.8	57.3	53.3	52.7	100.0	43.9	66.0
7	43.6	51.1	50.0	45.9	37.3	43.9	100.0	45.3
8	42.7	58.2	49.5	52.4	65.0	66.0	45.3	100.0

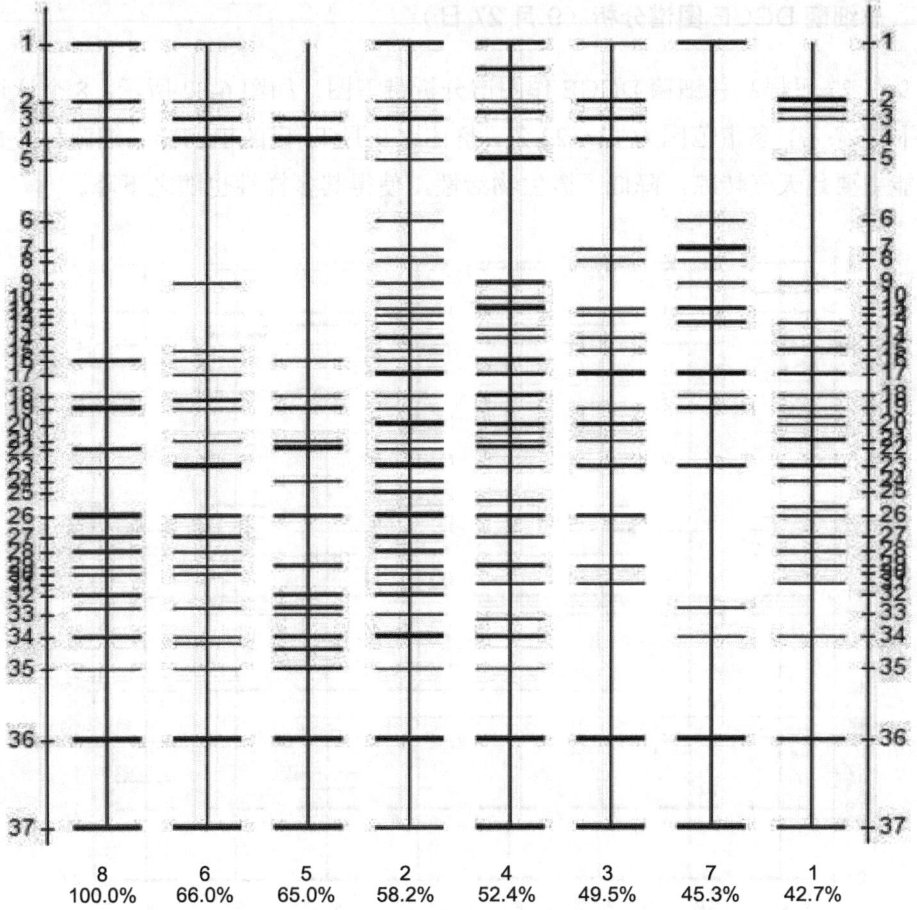

图 6-30　9 月 11 日总细菌 DGGE 图谱分析带型图

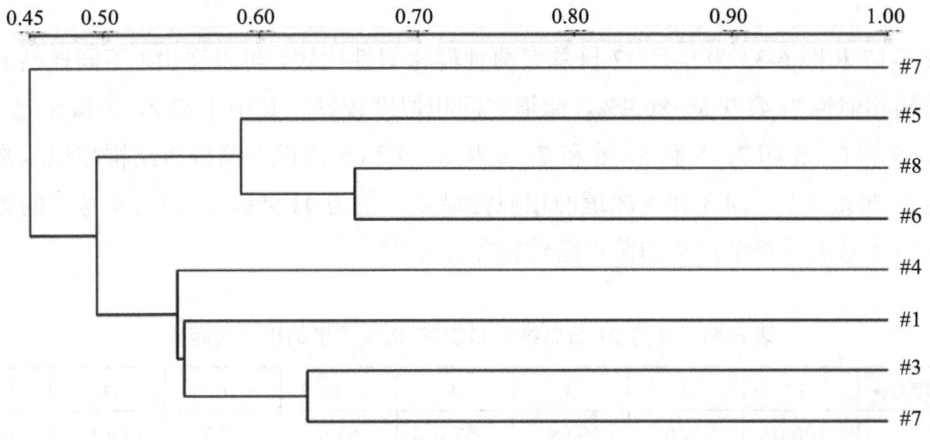

图 6-31　9 月 11 日总细菌 DGGE 图谱的聚类分析

6.5.3.5 总细菌 DGGE 图谱分析（9 月 27 日）

对 9 月 27 日样品总细菌 DGGE 作图谱分析带型图，如图 6-32 所示，8 个泳道共有 35 条不同的条带，条带范围为 12～22 条，整体比 9 月 11 日的植物样品细菌种类数量减少，可能主要是天气转凉，降低了微生物活性，使得其多样性也随之下降。

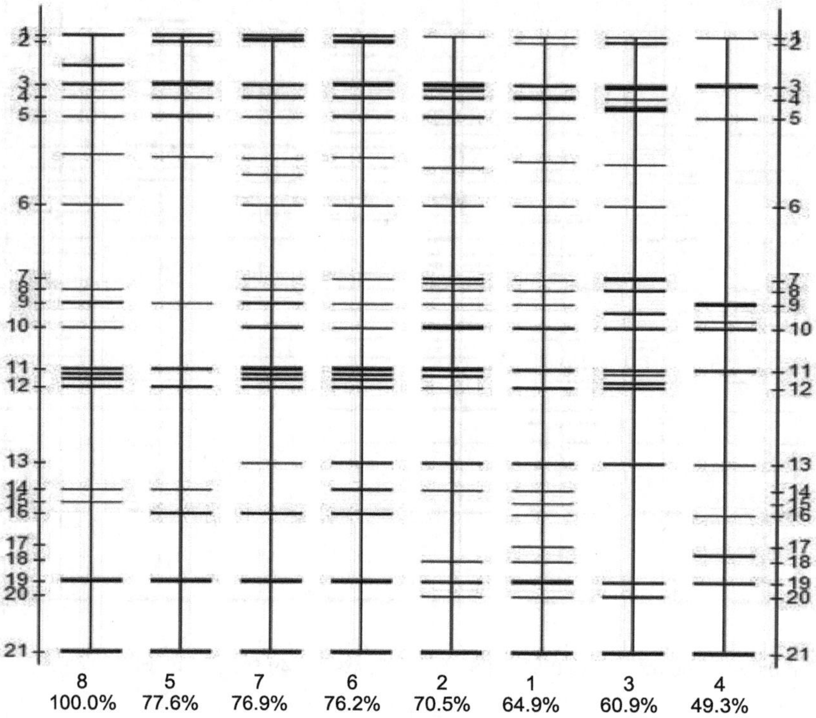

图 6-32 9 月 27 日总细菌 DGGE 图谱分析带型图

表 6-17 和图 6-33 为 9 月 27 日总细菌种群相似性比较，可以看出，不同样品的细菌群落结构相似性为 41.9%～80.9%。泳道之间相似性较好，其中 1 和 2，2 和 6，2 和 7，2 和 8，5 和 6，5 和 7，5 和 8，6 和 7，6 和 8，7 和 8 泳道细菌群落结构相似度都比较好，达到 70%以上。而 3 和 4 泳道的相似性最差，仅为 41.9%，这说明 4 号点的香蒲根际细菌与 3 号点的芦苇根周细菌群落结构差异较大。

表 6-17 9 月 27 日总细菌 DGGE 指纹图谱的相似性矩阵

相似度/%	1	2	3	4	5	6	7	8
1	100.0	74.0	60.8	57.0	63.9	67.7	64.5	64.9
2	74.0	100.0	68.7	54.5	63.0	73.3	74.8	70.5
3	60.8	68.7	100.0	41.9	52.0	61.4	63.3	60.9

相似度/%	1	2	3	4	5	6	7	8
4	57.0	54.5	41.9	100.0	55.0	49.5	55.2	49.3
5	63.9	63.0	52.0	55.0	100.0	77.4	71.0	77.6
6	67.7	73.3	61.4	49.5	77.4	100.0	80.9	76.2
7	64.5	74.8	63.3	55.2	71.0	80.9	100.0	76.9
8	64.9	70.5	60.9	49.3	77.6	76.2	76.9	100.0

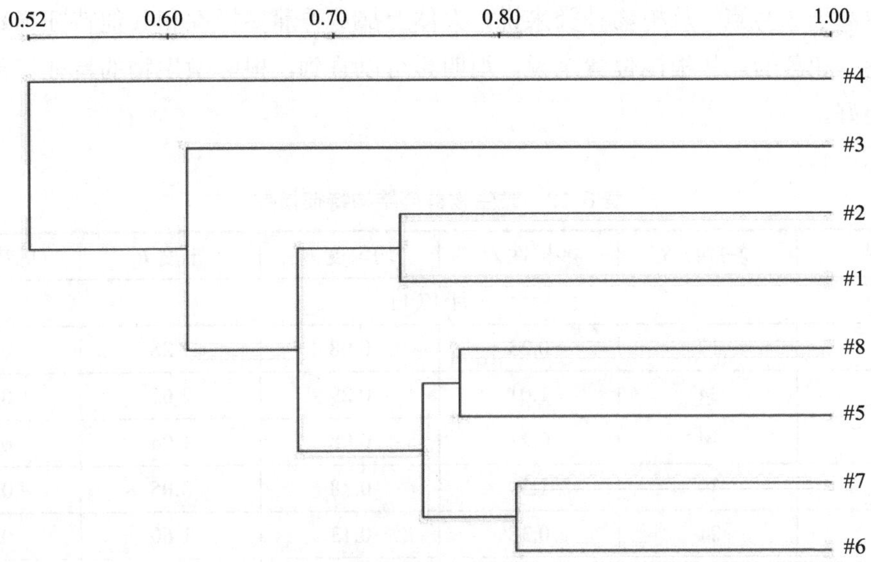

图6-33 9月27日总细菌DGGE图谱的聚类分析

6.5.4 多样性分析

6.5.4.1 多样性分析方法

本研究运用4个反映微生物群落结构的特征指数（多样度、均匀度、丰富度和优势度），从不同方面对植物根际、根周微生物群落的结构特征进行分析。

多样度（多样性指数 H）是衡量群落稳定性的一个重要尺度。生物多样性指的是某一区域各种生物个体数量的出现概率之和，生物多样性指数通常用于反映群落结构的复杂程度和稳定性。多样性指数用于水质评价，是根据群落中种群数量和个体数量之间的关系，表现群落结构复杂程度的指数，越复杂的群落对环境的反馈功能越强，从而使群落结构得到较大的缓冲，趋于稳定。通常采用Shannon-Wiener多样性指数（H'）来表征微生物多样性，其计算公式见式（5-1）～式（5-4）。

6.5.4.2 样品的多样性分析

植物样品的微生物群落结构的特征指数分析结果见表 6-18。从季节来看，7 月、8 月细菌的各个特征指数都较好，到了秋季（9 月），每个样品的条带总数、多样性以及丰度都开始呈下降趋势。这可能主要因为秋季气温降低，微生物的生理活性降低。从采样点来看，4 号采样点的各项特征指数都比 3 号采样点要好，说明 4 号采样点去除污染物的能力要高于 3 号点。从植物种类来说，大体上都是香蒲多样性和其他特征指数略优于芦苇、茭草和菖蒲。从根围位置来说，很明显可以看到，根际微生物的特征指数比根周微生物要好。

表 6-18　微生物群落结构特征指数

样品	条带数 S	多样性 H'	均匀度 E	丰度 R	优势度 D
7 月 17 日					
1	17	0.23	0.08	1.28	0.04
2	34	1.01	0.29	2.65	0.20
3	14	0.21	0.08	1.04	0.39
4	39	1.39	0.38	3.05	0.29
5	21	0.38	0.13	1.60	0.07
6	39	1.09	0.30	3.05	0.21
7	23	0.40	0.13	1.76	0.07
8	26	0.50	0.15	2.01	0.09
8 月 25 日					
1	33	0.72	0.21	2.52	0.13
2	37	0.85	0.24	2.84	0.16
3	39	1.18	0.32	3.00	0.23
4	47	1.45	0.38	3.63	0.29
5	1	0.01	—	—	0.00
6	36	0.81	0.23	2.76	0.15
7	14	0.15	0.06	1.02	0.02
8	10	0.05	0.02	0.71	0.01
8 月 11 日					
1	32	0.655 914	0.189 257	2.339 2	0.119 026
2	36	0.828 405	0.231 171	2.641 032	0.153 214
3	41	0.647 423	0.174 34	3.018 323	0.110 279

样品	条带数 *S*	多样性 *H'*	均匀度 *E*	丰度 *R*	优势度 *D*
4	40	0.651 757	0.176 682	2.942 865	0.111 629
5	35	0.613 076	0.172 438	2.565 574	0.106 719
6	39	0.810 603	0.221 261	2.867 407	0.146 357
7	36	0.635 751	0.177 41	2.641 032	0.110 893
8	29	0.484 309	0.143 827	2.112 826	0.085 097
9	6	0.028 977	0.016 172	0.377 29	0.003 976
10	8	0.032 31	0.015 538	0.528 206	0.004 301
11	8	0.042 009	0.020 202	0.528 206	0.005 885
12	8	0.048 106	0.023 134	0.528 206	0.006 84
13	18	0.218 79	0.075 696	1.282 787	0.035 785
9 月 11 日					
1	25	0.56	0.17	1.88	0.10
2	37	1.58	0.44	2.82	0.34
3	20	0.49	0.16	1.49	0.09
4	30	0.80	0.24	2.27	0.15
5	18	0.39	0.13	1.33	0.07
6	23	0.60	0.19	1.72	0.11
7	15	0.26	0.10	1.10	0.05
8	20	0.46	0.15	1.49	0.08
9 月 27 日					
1	22	0.68	0.22	1.65	0.13
2	21	0.68	0.22	1.58	0.14
3	21	0.53	0.17	1.58	0.10
4	12	0.31	0.12	0.87	0.06
5	14	0.51	0.19	1.02	0.11
6	20	0.73	0.24	1.50	0.15
7	20	0.82	0.27	1.50	0.17
8	18	0.68	0.24	1.34	0.14

6.6 小结

本研究通过对辽河保护区湿地调研和对北方典型支流河口湿地——七星湿地进行长期监测研究，考察七星湿地水体和沉积物中不同形态磷的时空变化特征，并对湿地植物微生物群落进行研究，得出以下结论：

1）湿地工程对辽河有净化作用，主要表现为辽河在七星山橡胶坝处的水体磷浓度和综合营养状态指数均低于辽河平均值。

2）七星湿地水体中总磷和正磷酸盐随空间的变化趋势都表现为：支流河入口处磷浓度较高，经过湿地内部的净化功能，在湿地内部磷质量分数明显降低。水体中磷随时间变化规律都表现为：夏季后期，由于微生物活动和植物增长，湿地对磷的去除能力较好；到了秋季，随着温度及外界其他环境的变化，在西小河、西小河和万泉河汇入口及1号钢坝闸处，磷浓度又有所增加。七星湿地水体营养状态程度随时间变化不太明显，均为轻度富营养化，在支流河口处为中度富营养化，湿地内部和出口处营养化程度皆有所降低，说明湿地工程对磷有净化功能。

3）七星湿地沉积物中总磷质量分数变化范围为 122.46～667.83 mg/kg，主要以 IP 形态存在，OP 质量分数较低。IP 均值占总磷的 72.67%，其时空变化趋势和 TP 基本一致，在湿地内部和羊肠河处较低，西小河和万泉河汇入口处较高。利用 Hupfer 等修正的磷形态连续提取法对不同形态磷的分析结果为：IP 中 NAOH-rP 所占比例最高，各形态磷 6 个月的均值所占比例为 NaOH-rP＞Res-P＞HCl-P＞BD-P＞NaOH-nrP。Pearson 相关性分析表明，沉积物中各形态磷与 TP 均呈现正相关，其中 IP 与 TP 呈显著正相关（0.855）。BD-P、NaOH-rP、HCl-P、Res-P 与 IP 也呈现正相关，NaOH-rP 与 IP 呈现极显著正相关（0.904），说明 NaOH-rP 是沉积物中 TP 和 IP 的重要控制因子。

4）整体上，从总细菌条带和优势条带总数、条带亮度、多样性、丰度方面来看，夏季植物样品比秋季较好，说明夏季更适合微生物生长，也更有利于对污染物的去除；4 号采样点相比 3 号采样点要好，说明湿地对污染物有良好的净化功能；根际微生物相比根周微生物要好；香蒲在夏季较好，菖蒲在秋季较好，说明在夏季香蒲对污染物的去除能力较好，菖蒲在秋季对污染物的去除能力较好。

第 7 章 微生物和 DOM 对 N/P 及 COD 影响研究

湿地中污染物的迁移转化及去除过程往往是比较复杂的，受到各方面因素的影响。其中微生物与 DOM 对污染物的影响至关重要，亟须进行深入的研究。本章研究了微生物群落、DOM 与营养物及 COD 迁移转化过程之间的关系。

7.1 辽河保护区湿地水体 DOM 与污染物的相关性研究

众所周知，DOM 在水体污染物迁移转化中起着重要的作用。DOM 由微生物代谢活动产生，可为微生物提供碳源和能量，而在这些过程中都会涉及水体 COD、氮和磷等物质的迁移转化，所以研究 DOM 与水质指标的相关性很有必要。

7.1.1 DOM 来源与污染物的关联

对荧光指数与常规水质指标的相关性分析可知，荧光指数与水体的 COD、亚硝氮、总磷和电导率呈显著相关性，而与氨氮、溶解氧也具有一定的相关性，与硝氮和叶绿素的相关性则不显著（图 7-1）。这说明 DOM 来源主要与水体 COD、亚硝氮、总磷及氨氮的迁移转化过程有关，这些过程同时会导致电导率及溶解氧发生相应的变化，而与硝氮的迁移转化及浮游植物并没有显著性的相关。DOM 主要由土著微生物活动产生，COD、亚硝氮、总磷、氨氮的迁移转化过程中涉及大量的微生物活动，因而与荧光指数密切相关。SanClements 等研究了美国北部一些酸敏感湖泊中荧光指数与硫酸根的相关性，发现这些湖泊中荧光指数与硫酸根正相关，且相关性显著，表明硫酸根的沉降会影响 DOM 的产生。

7.1.2 DOM 组分与污染物相关性分析

通过平行因子模型计算分析，可以得到采样点处各组分的最大荧光强度（maximum fluorescence intensity，F_{max}），此参数可以反映水体中各组分的含量得分。为了进一步探究水体中 DOM 组分与各水质指标的相关性关系，研究了 3 个组分与 COD、氨氮、硝氮、亚硝氮、叶绿素及总磷的 Pearson 相关性（图 7-2）。

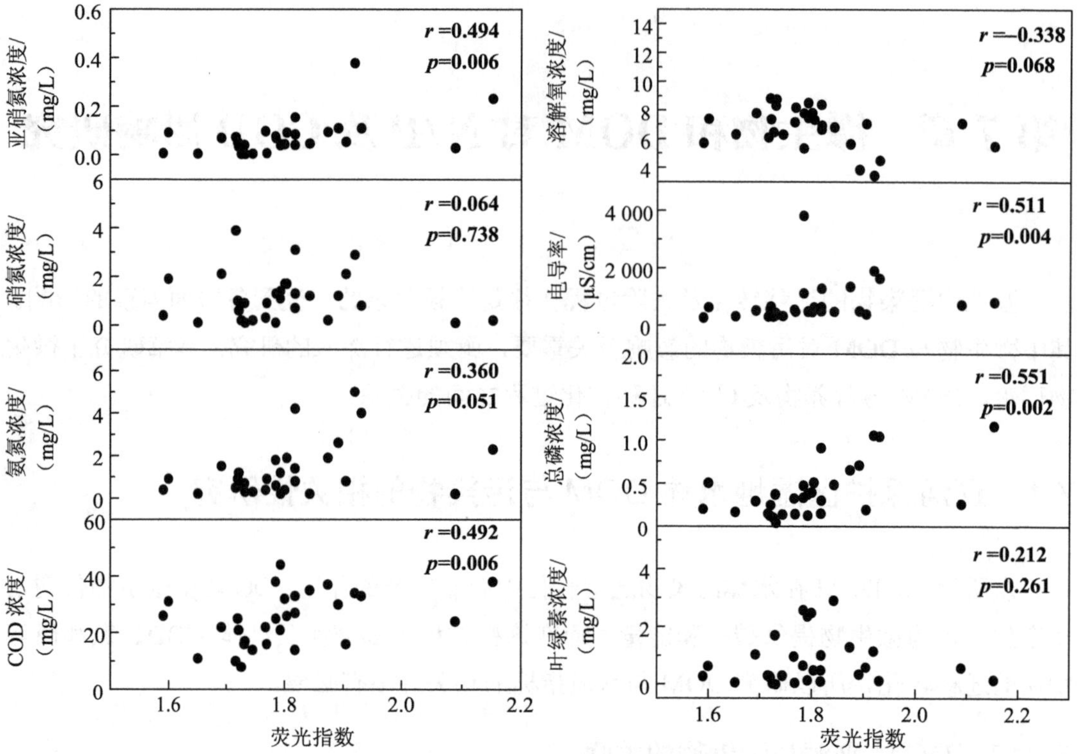

图 7-1 荧光指数值与水质指标的相关性（*r* 为整体相关系数，*p* 为相关性系数）

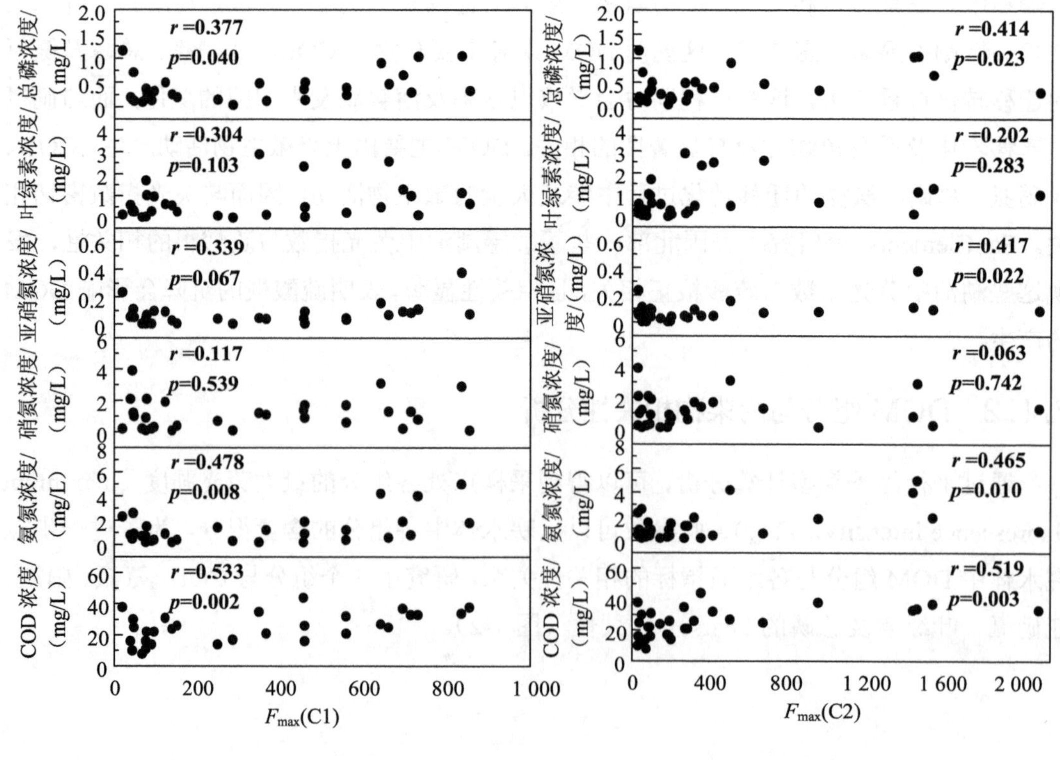

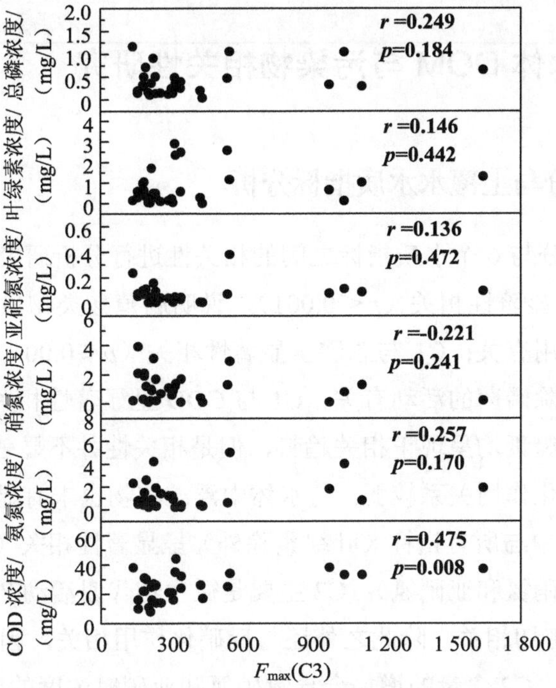

图7-2　3种组分与各水质指标的相关性分析（r为整体相关系数，p为相关性系数）

由图7-2可知，3种组分（C1、C2、C3）与水质指标都具有一定的相关性，说明DOM的含量与水体中各污染物的浓度及其迁移转化过程存在一定的关联。腐殖酸类物质（C1）与所有水质指标呈正相关趋势。C1与水体中的COD、氨氮、总磷浓度呈现显著性相关（$p<0.05$）；而与亚硝氮浓度接近显著性相关（$p=0.067$）；C1与硝氮和叶绿素的相关性并不显著，只是呈现正相关趋势。水体中的C1一部分来源于陆地源输入，另一部分与微生物转化有关，而陆地源输入的同时会携带COD、氨氮和总磷，同时微生物对于这些物质的迁移转化过程也会产生C1。而硝氮和浮游植物对于C1并没有显著的影响。C2代表色氨酸类物质，它与所有水质指标也呈正相关趋势。C2与水体中的COD、氨氮、亚硝氮、总磷浓度都呈现显著性相关（$p<0.05$）；而与硝氮和叶绿素的相关性并不显著；C2与水体中缩氨酸类物质的降解有关，微生物的活动是这些物质迁移转化的主要驱动力。C3代表酪氨酸类物质，与水体中硝氮浓度呈负相关，说明C3可以为反硝化过程提供碳源促进硝氮的转化，与其他水质指标呈现正相关。C3主要是随污水携带进入水体，仅与COD呈现显著性相关（$p=0.008$），与其他组分无明显显著性相关。

7.2 七星湿地水体 DOM 与污染物相关性研究

7.2.1 DOM 组分与上覆水水质指标分析

对 3 种 DOM 组分与 6 个水质指标之间的相关性进行分析研究（图 7-3）。腐殖酸类物质（C1）与氨氮呈显著性相关（$p<0.001$），说明腐殖酸类物质可能与水体中有机氮的矿化过程及硝化作用有关；C1 与总磷呈显著性相关（$p<0.001$），说明此类物质可能与聚磷菌以及反硝化除磷菌的活动有关；C1 与 COD 呈显著性相关（$p<0.001$）；C1 与硝氮和亚硝氮以及叶绿素均呈现正相关趋势，但是相关性并不显著，说明 C1 与上覆水中的硝化作用和反硝化作用关系较弱，与水体中浮游植物也未有显著性关联。色氨酸类物质（C2）在上覆水中与所有指标（叶绿素除外）呈显著性相关（氨氮、总磷和 COD）或接近显著性相关（硝氮和亚硝氮）；C2 主要是微生物代谢活动产物，与氨氮、总磷、COD 迁移转化过程密切相关，除此之外还与反硝化作用相关，因为其与硝氮和亚硝氮都是呈现负相关趋势，C2 含量的增加会导致硝氮和亚硝氮浓度的减少；C2 依然与浮游植物关系较弱。酪氨酸类物质（C3）在上覆水中与氨氮、总磷和 COD 相关，与 C1、C2 参与的过程类似，但是 C3 还与叶绿素呈显著性相关（$p<0.001$），说明浮游植物的活动与 C3 有密切的相关性，浮游植物可以分泌 C3，C3 与硝氮及亚硝氮未呈显著性相关。

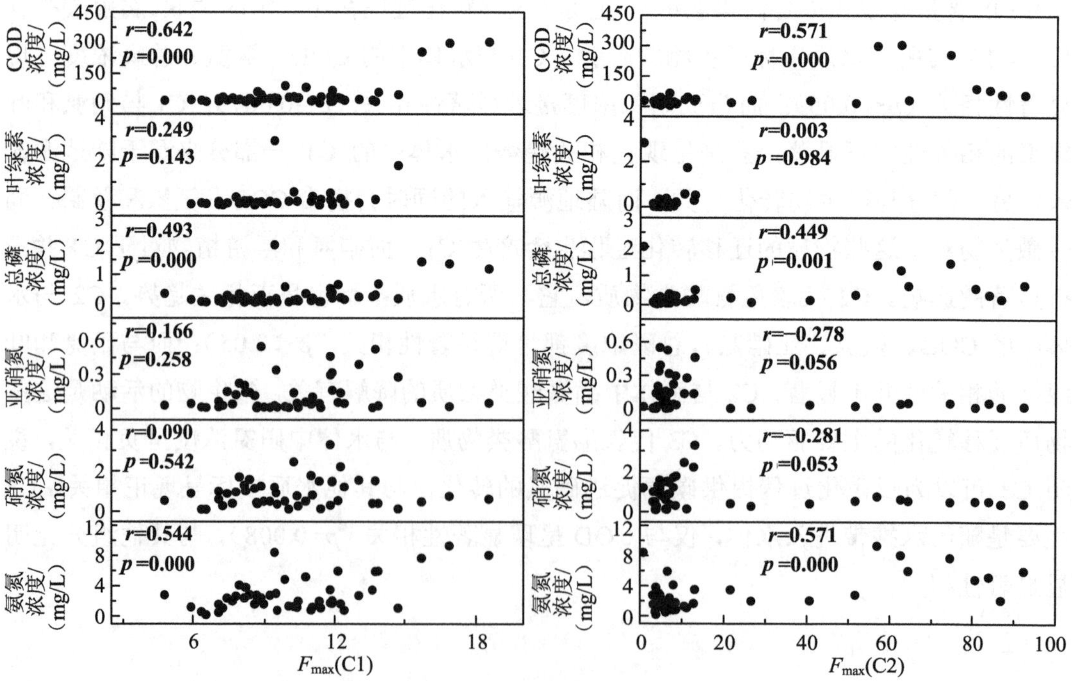

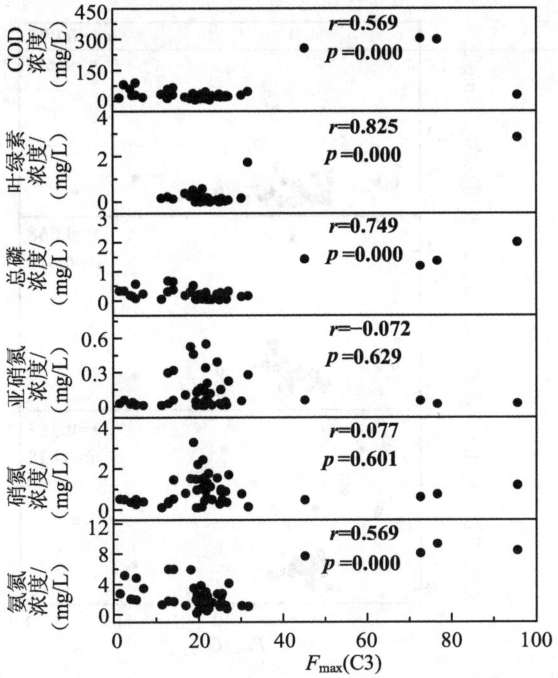

图 7-3 平行因子模型组分与上覆水水质指标的相关性（r 为整体相关系数，p 为相关性系数）

7.2.2 DOM 组分与间隙水氮素分析

对间隙水中的 3 种 DOM 组分与水质指标的相关性进行研究（图 7-4）。腐殖酸类物质（C1）与间隙水中氨氮浓度呈显著性相关（$p<0.001$），说明 C1 与有机氮的矿化过

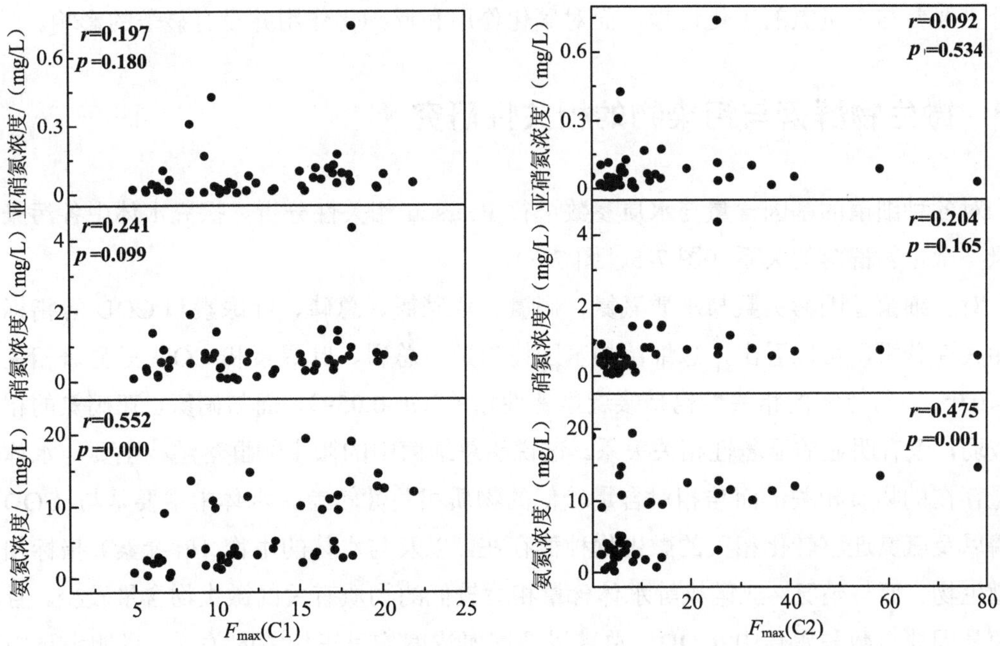

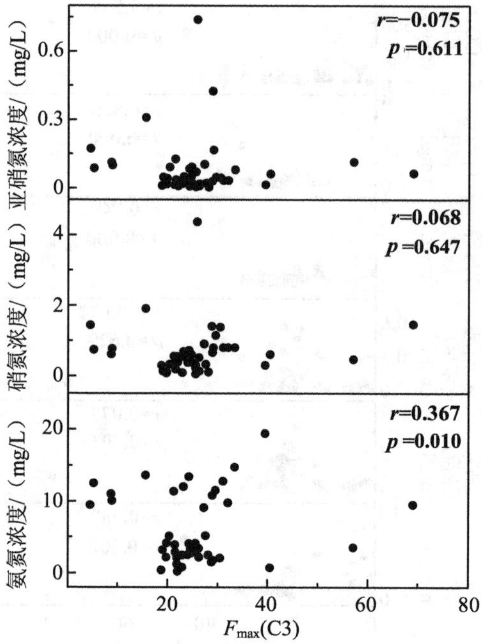

图 7-4 平行因子模型组分与间隙水水质指标的相关性（r 为整体相关系数，p 为相关性系数）

程有关；C1 与硝氮和亚硝氮呈现正相关趋势，但是相关性不显著，这与 C1 参与硝化作用有关。色氨酸类物质（C2）与氨氮浓度也呈显著性相关（p =0.001），而与硝氮和亚硝氮呈现正相关趋势，主要是硝化作用于反硝化作用中微生物活动产物。酪氨酸类物质与间隙水中各形态氮的相关性与前两种组分呈现一致的规律。可见在间隙水中，各 DOM 组分主要参与有机氮的矿化过程，而对硝化作用和反硝化作用并没有显著的影响。

7.3 微生物群落与污染物的相关性研究

对各种细菌的基因含量与水质参数进行 Pearson 相关性分析，探究水体中各污染物含量与微生物群落的关系（图 7-5、图 7-6）。

对总细菌基因拷贝数与水质氨氮、硝氮、亚硝氮、总磷、叶绿素和 COD 等指标进行相关性分析，可以看出，总细菌的基因拷贝数与总磷、叶绿素和 COD 呈显著相关性（$p<0.05$），与氨氮的相关性也是接近显著性相关（p=0.059），而与硝氮、亚硝氮的相关性较弱，没有明显的显著性相关关系。这说明总细菌中的微生物群落结构主要与水体中大量存在的物质相关，而与相对含量较低的物质相关性较差。水体中主要是与 COD、总磷以及氨氮迁移转化相关的微生物种群存在，以及与水体的生物（叶绿素）指标相关的微生物。而与硝氮、亚硝氮等水体含量相对较低的物质有关的微生物含量较少。且总细菌基因拷贝数与水体中 COD、总磷以及氨氮浓度均呈正相关的关系，说明水体中的

这些物质与细菌的生长繁殖过程密切相关，具有一定的促进作用；而与水体中叶绿素的含量呈负相关的关系，说明总细菌和水体中的生物有一定的竞争关系。

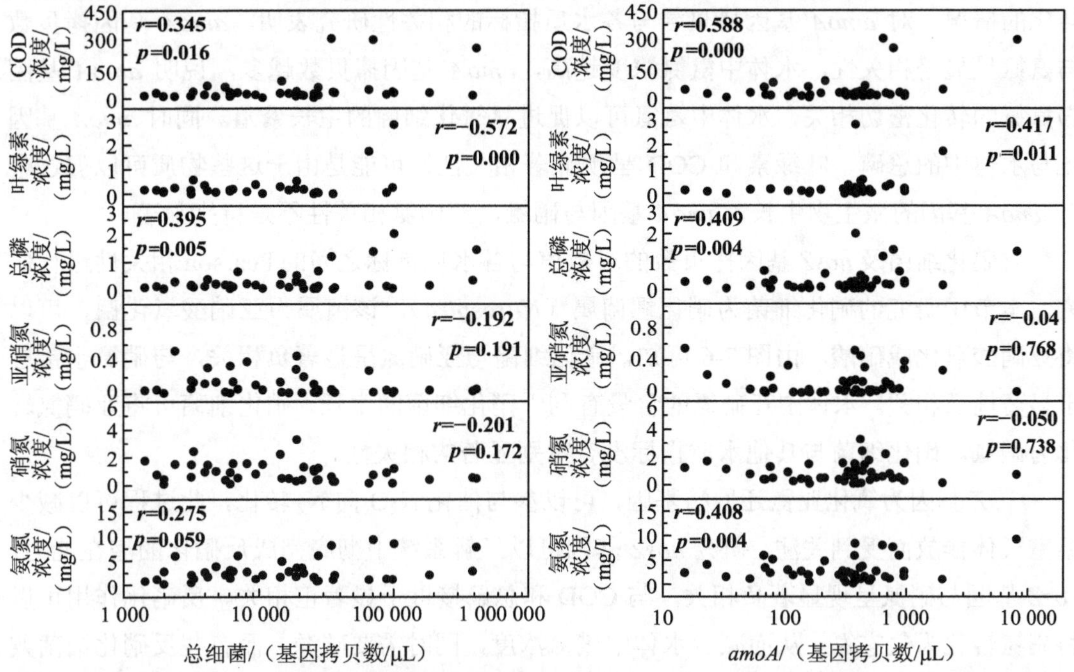

图 7-5 总细菌与 *amoA* 基因拷贝数与水质指标的相关性分析（*r* 为整体相关系数，*p* 为相关性系数）

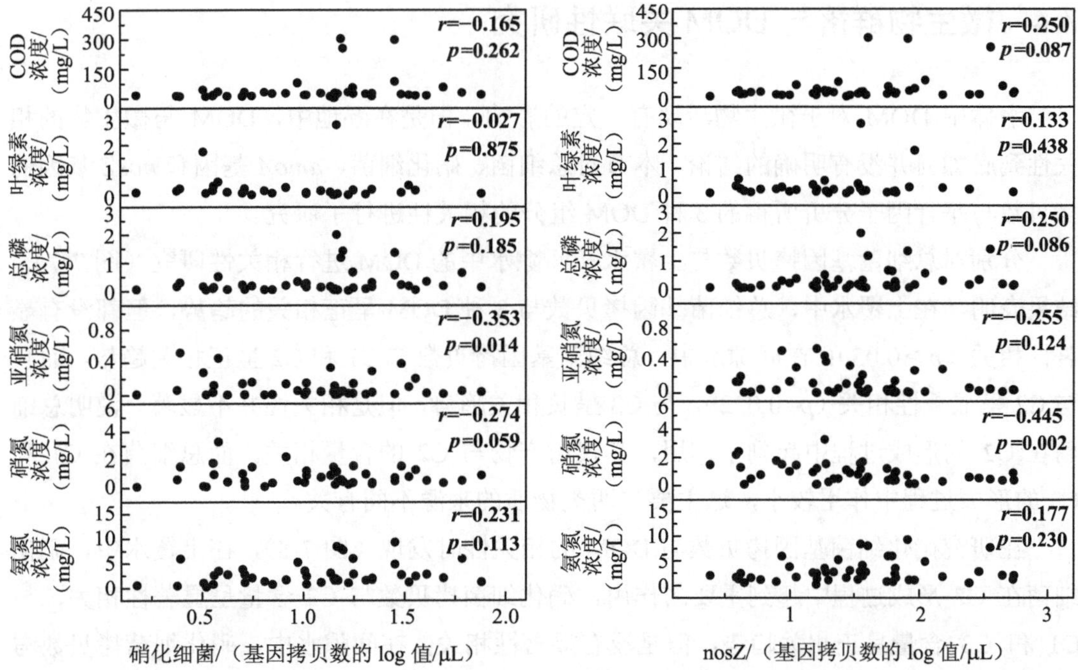

图 7-6 硝化细菌与 *nosZ* 基因拷贝数与水质指标的相关性分析（*r* 为整体相关系数，*p* 为相关性系数）

amoA 基因可以编码氨氮加氧酶活性位点多肽的基因，从而将氨氮氧化成亚硝酸盐，这一步是硝化作用中的起始和限速步骤。研究 *amoA* 基因在环境中的数量可以了解氨氮转化的情况。对 *amoA* 基因拷贝数与各水质指标的相关性研究表明，*amoA* 基因拷贝数与氨氮呈显著相关性，水体中氨氮浓度越高，*amoA* 基因拷贝数越多，说明 *amoA* 基因与氨氮的转化密切相关，水体中氨氮可以促进氨氧化细菌的生长繁殖。同时 *amoA* 基因还与水体中的总磷、叶绿素和 COD 呈现显著相关性，可能是由于这些物质可以促进带有 *amoA* 基因的微生物生长。*amoA* 基因与硝氮、亚硝氮相关性不是特别显著。

对硝化细菌及 *nosZ* 基因拷贝数的对数值与各水质指标之间的 Pearson 相关性进行研究。本节中研究的硝化细菌为硝化螺菌属（*Nitrospira*），该菌属为亚硝酸氧化菌，可以将亚硝酸氧化成硝酸。由图 7-6 可知，硝化细菌与亚硝氮呈显著负相关，与硝氮也接近于显著性负相关。水体中亚硝氮的含量有利于硝化细菌的生长，硝化细菌可将亚硝氮转化为硝氮。硝化细菌与其他水质指标没有特别显著的相关性。

nosZ 基因为氧化亚氮还原酶基因，可以参与催化 N_2O 向 N_2 转化，此过程可以减少温室气体排放而受到关注，研究 *nosZ* 基因可以了解系统中彻底完成反硝化的潜在能力。*nosZ* 基因与硝氮呈现显著负相关，与 COD 和总磷接近于显著正相关。反硝化作用可以将硝氮转化为气态氮，从而减少水体中硝氮浓度，同时需要碳源，而有些反硝化细菌兼具除磷效果。

7.4 微生物群落与 DOM 关联性研究

水体中 DOM 对于微生物活动有一定的影响，但是在湿地中，DOM 与微生物的相关性到底如何并没有明确的结论。本节对总细菌、硝化细菌、*amoA* 基因和 *nosZ* 基因的拷贝数与平行因子分析所得的 3 种 DOM 组分的相关性进行了研究。

分别对总细菌基因拷贝数与上覆水和间隙水中的 DOM 进行相关性研究（图 7-7），结果表明，在上覆水中，总细菌基因拷贝数与 3 种 DOM 呈正相关的趋势，但都没有显著性相关（$p>0.05$）；在间隙水中，总细菌基因拷贝数与 C1 和 C2 呈正相关趋势，而且与 C2 呈显著性相关（$p=0.022$），与 C3 呈负相关趋势，但是相关性并不显著。说明总细菌在 C2 的形成过程中起到了作用，其代谢产物与 C2 的含量相关。而总细菌在 C1 和 C3 的形成过程中作用较小，这主要与两类物质的来源不同有关。

在研究硝化细菌基因拷贝数与 DOM 的相关性时发现（图 7-8），在上覆水中，硝化细菌在 C2 形成过程中起到重要的作用，硝化细菌拷贝数与 C2 含量呈显著性相关，与 C1 和 C3 含量呈正相关趋势，但是没有显著性相关；在间隙水中，硝化细菌拷贝数与 C2 含量呈显著性相关（$p=0.007$），与 C1 含量接近显著性相关（$p=0.093$），而与 C3 的形成关系较小。硝化细菌数量与微生物代谢产物相关。

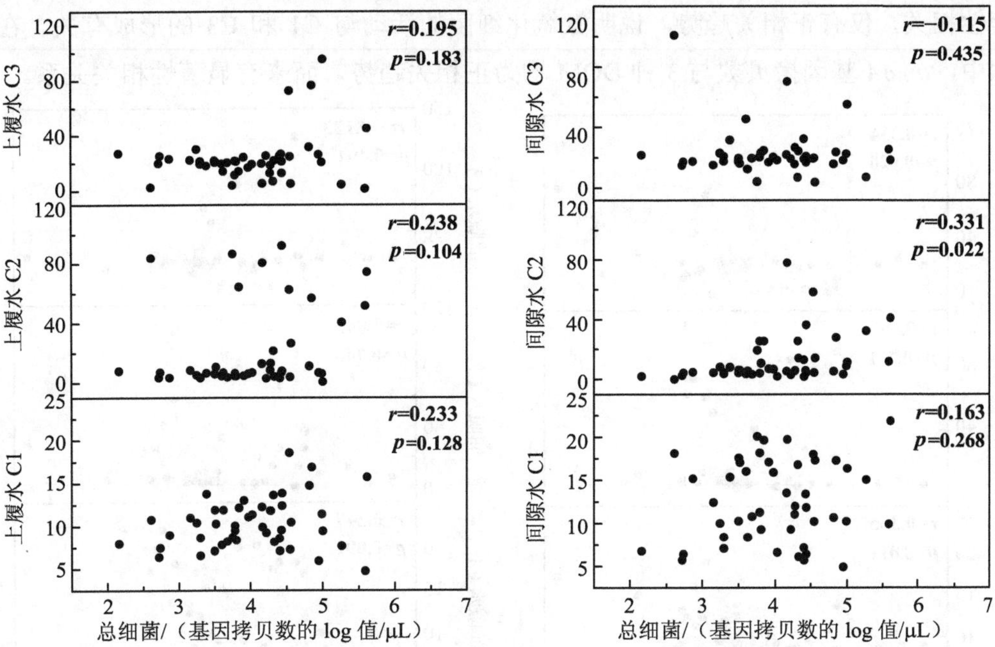

图 7-7　总细菌基因拷贝数与 DOM 组分的相关性分析（*r* 为整体相关系数，*p* 为相关性系数）

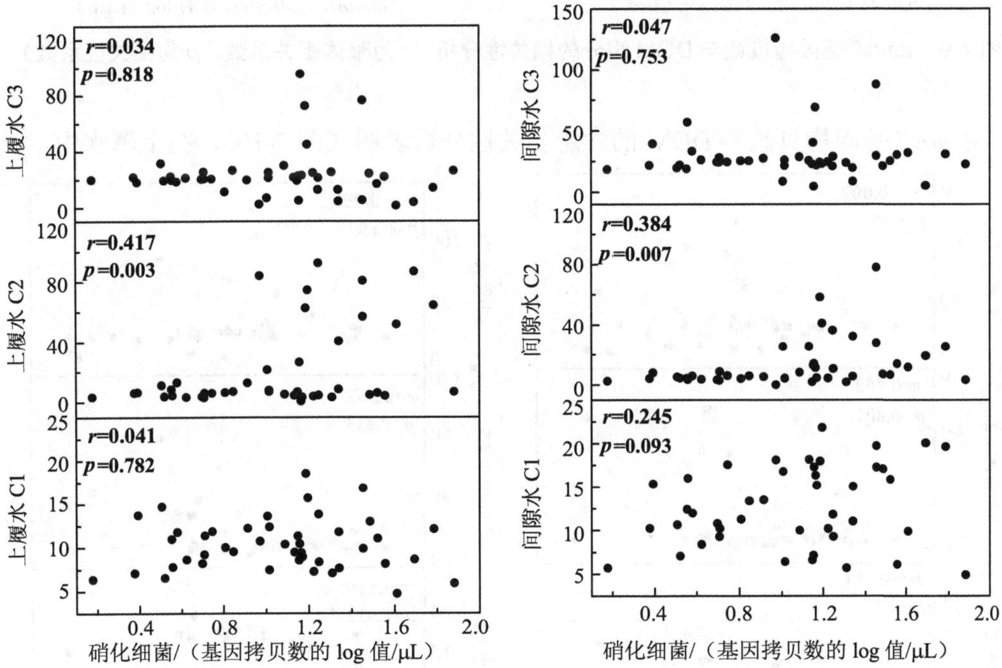

图 7-8　硝化细菌基因拷贝数与 DOM 组分的相关性分析（*r* 为整体相关系数，*p* 为相关性系数）

对 *amoA* 基因拷贝数与 DOM 的相关性进行研究（图 7-9），结果表明，上覆水中，*amoA* 基因拷贝数与 C1 含量和 C3 含量呈显著性相关（$p<0.05$），而与 C2 含量未出现

显著性相关，仅有正相关趋势，说明氨氧化细菌的活动与 C1 和 C3 的形成有关。在间隙水中，*amoA* 基因拷贝数与 3 种 DOM 均为正相关趋势，而未有显著性相关关系。

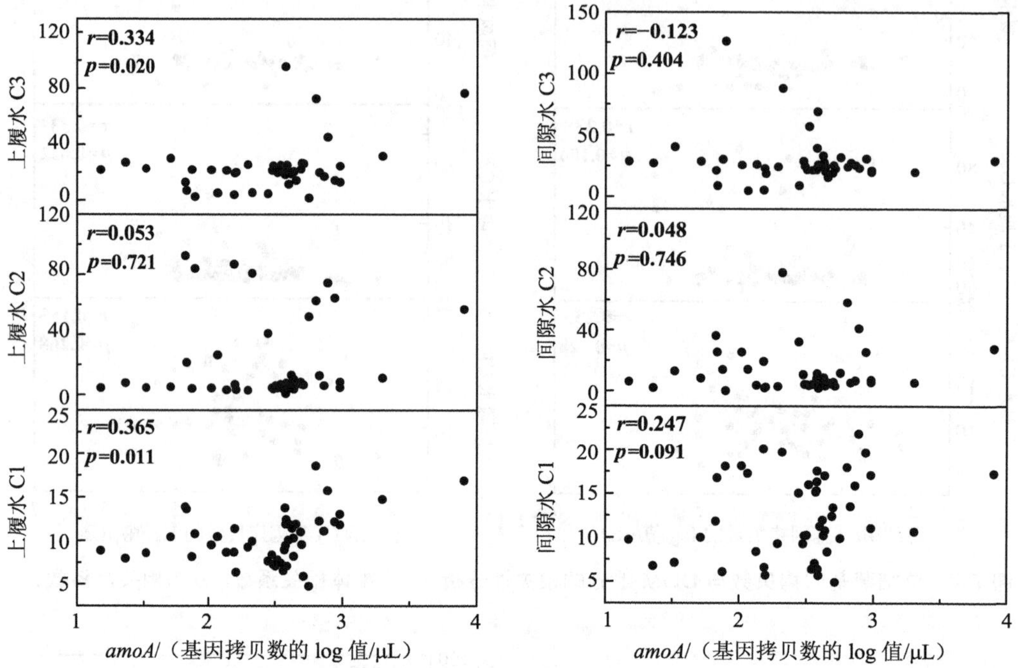

图 7-9　*amoA* 基因拷贝数与 DOM 组分的相关性分析（*r* 为整体相关系数，*p* 为相关性系数）

对 *nosZ* 基因拷贝数与 DOM 的含量相关性分析表明（图 7-10），在上覆水中，*nosZ*

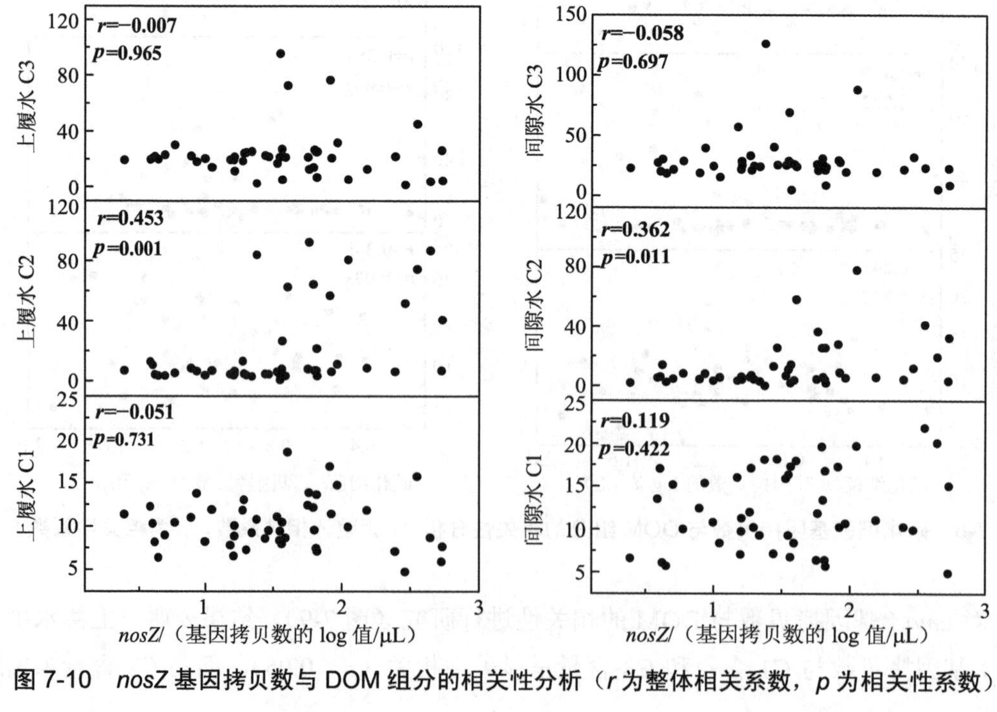

图 7-10　*nosZ* 基因拷贝数与 DOM 组分的相关性分析（*r* 为整体相关系数，*p* 为相关性系数）

基因拷贝数与 C2 呈显著性正相关（p=0.001），而与 C1 和 C3 呈负相关趋势；在间隙水中，*nosZ* 基因拷贝数与水体中 C1 和 C3 含量呈正相关趋势，与 C2 含量呈显著性相关（p=0.011），与 C3 含量呈负相关趋势。说明反硝化细菌活动产物与 C2 的形成有关。

7.5 小结

本章通过对微生物、DOM 与污染物进行 Pearson 相关性研究，揭示其内在联系，得出如下结论：

1）对 3 种 DOM 组分与常规水质指标做相关性分析发现，组分 1（C1）与 COD、氨氮和总磷呈显著性相关，组分 2（C2）与 COD、氨氮、亚硝氮和总磷呈显著性相关，组分 3（C3）与 COD 呈显著性相关。

2）上覆水中 DOMC1 与氨氮、总磷和 COD 呈显著性相关，说明 C1 与这些物质的迁移转化过程有关；C2 与氨氮、总磷和 COD 呈显著性相关，与硝氮和亚硝氮也接近显著性相关；C3 与氨氮、总磷和 COD 呈显著性相关，除此之外还与叶绿素呈显著性相关，说明 C3 还与水体中浮游植物的活动有关。

3）间隙水中 DOM 组分与不同形态氮进行相关性研究表明，3 个组分均与氨氮浓度呈显著性相关，而与硝氮及亚硝氮浓度相关性不显著，说明 3 个组分与氨氮的迁移转化关系更为密切。

4）总细菌基因拷贝数与水体中总磷、叶绿素和 COD 呈显著性相关，与氨氮接近显著性相关，说明总细菌主要是以这些物质迁移转化过程中的微生物为主；*amoA* 基因拷贝数与氨氮、总磷、叶绿素和 COD 显著性相关，说明 *amoA* 基因除参与总磷、叶绿素和 COD 的迁移转化过程外，还与氨氮转化的过程有关；硝化细菌基因拷贝数与亚硝氮显著性负相关，与硝氮接近显著性负相关，说明硝化细菌主要是在硝化作用当中起作用，而在其他过程中参与较少；反硝化细菌基因拷贝数与硝氮显著性负相关，说明反硝化细菌有利于硝氮的转化。

5）总细菌基因拷贝数与上覆水中的 3 种 DOM 组分呈正相关趋势，与间隙水中的 C2 呈显著性相关；硝化细菌拷贝数在上覆水与间隙水中均与 C2 呈显著性相关，与其他组分均呈正相关趋势；*amoA* 基因拷贝数与上覆水中的 C1 及 C3 呈显著性相关，而与间隙水中的各组分没有显著性相关关系；*nosZ* 基因拷贝数在上覆水和间隙水中均与 C2 显著性相关。

第 8 章　水质评价及模型预测

七星湿地对支流来水中污染物的阻控是其重要的功能，故需对支流来水的水质变化进行评价。为了能够较好地预测七星湿地的运行，需要建立相应的数学模型。本章通过对七星湿地水质进行综合污染指数评价以及污染物去除效果计算，揭示七星湿地对支流河口污染物的阻控效果。通过建立衰减方程、多元参数回归模型及 Monod 机制模型，对七星湿地运行效果进行模拟。

本章对辽河保护区的水体进行了水质评价，并对水体耗氧污染物状况及富营养化状况进行评价，了解辽河保护区各段水质情况，为更加有针对性地修复辽河保护区水环境，整体改善辽河保护区的水质状况，恢复其主要的生态功能及加强管理提供理论依据。

8.1　水质评价方法概述及研究进展

水质评价是按照一定的评价目标，选择对应的水质参数、评价方法和水质标准等，然后把相应的评价指标分别与水质标准进行比较，最后对水体的质量以及其利用价值做出相对定性或定量的评定。水质评价作为保护水环境的一项基础性工作，不仅为水环境的综合保护提供理论依据，更能为水污染的预防治理工作提供数据支持。

人类最初仅通过对水的颜色、状态、气味以及嗅觉等感官性指标来评价水质的优劣程度。随着全球城市化进程以及工业水平的迅猛发展，生活污水及工业废水量不断增加，水体污染物的种类也在不断更新，仅通过简单地感观性指标对水质进行评价已经无法准确判断水质被破坏程度。因此涌现出大量新的水质评价指标及方法，如化学指标、生物指标，或多种指标共同评价的联合指标等，水质评价标准也通过不断地完善从最初的简单定性评价演变到现在的在一定程度上的定量评价。综合考虑，目前大致把水质评价分为以下四种类型：①按评价目标分：水污染评价和水资源质量评价；②按评价对象分：地表水评价和地下水评价；③按水体不同用途分：饮用水水质评价、渔业用水水质评价、工农业用水水质评价、风景游览水体的水质评价等；④按评价时段分：回顾评价、现状评价以及影响预测评价。

8.1.1 国外水质评价进展

1965 年，Horton 就首次提出将质量指数法（QI 法）运用到河流水质评价中；随后，逐渐出现了布朗水质指数（WQI）法、内梅罗法等。

随着科学的不断发展，为了提高水质评价的客观可信度，在评价过程中不仅考虑到物理指标和化学指标，更开始着重把生物指标考虑在内。20 世纪 70 年代初，东欧就以河流水体和地理概况的评价为主，率先开始了环境质量评价工作；随后苏联也在其境内几个重要的河流中先后建立了河流污染平衡模式。随着人类环保意识逐渐增强，在环境质量评价方面，世界各国都表现出了积极踊跃的态度，美国、英国等国家组织定期开展相关专题研讨会，并作相关的会议纪要。而东欧各国与美国等国家的学术交流与双边协作也非常地活跃。

发达国家的水质评价工作水平已较为成熟并取得了有效发展，其评价过程不仅考虑完善全面，且贴近实际情况，具有较强的针对性，另外还有客观的数据处理及分析方法等优点，值得我国学习和借鉴。

8.1.2 我国水质评价进展及存在的问题

中国开展水质评价工作相对较晚，从 1973 年年初开始涉及水环境质量评价工作至今，大体上历经了 4 个主要的发展阶段：初期尝试阶段、中期广泛探索阶段、后期全面发展阶段和环境影响评价阶段。在评价初期，我国仅在一些大型城市试行，而发展至今，水环境影响评价工作已在大部分城市及河流处得到了施行。通过积极地吸收和学习相关科学领域的科研成果，水质评价工作也在不断地深入和完善。从 1978 年中国科学研究院地理研究所首次提出污染指数法到后来的水质分级评价方法；再到 20 世纪 80 年代初，在第一次全国水质评价中广泛采取多种水质评价方法，如水质指数算术均值法以及地图重叠法等，至此，我国的水质评价方法已经取得了一定程度的发展。随后在对洋河等水质进行评价时改变只用一个确定指数的评价方法，提出“水质隶属度”的新概念，推动我国的水质评价方法演变出更多的种类。为使其更加的合理和规范化，我国整体的水质评价工作也正努力地与世界接轨。但目前我国水质评价工作仍然存在一定的弊端，所面临的主要问题有：

1）评价方法的合理性和科学性没有完全统一的标准；

2）由于对某些河流水体采用的评价方法主观性太强，使其结果表现的较为悲观，导致水质状况不能得到客观地反映水质状况；

3）评价标准较为单一，虽然在一定程度上考虑到生物多样性，但评价标准仍然不足，缺少对人为因素影响的评价；

4）忽略了某些地区水质项目的背景值对评价结果的影响。例如，某些水体中的重金属等指标的背景值较大，当对此类水体进行评价时就要去除其背景值的干扰。

8.1.3 水质评价方法

自 Horton 和 Jacobs 在 20 世纪 60 年代首次提出水体质量评价指数概念和公式以来，人类就没有停止对水质评价方法及应用的探讨。除了原始的确定性评价方法外，各种基于复杂理论及统计学的评价方法也相继应用在水环境质量评价工作中。我们总结和分析了一些常用的评价方法，为使水质评价更加科学有效，对水质评价方法的选择更加准确可信提供一定的理论依据。下面介绍几种近年来比较常用的评价方法。

（1）单因子污染指数评价法

单因子污染指数法是早期较为常用的水质评价方法，主要以监测水体中最差的水质指标所属类别作为确定水体综合水质类型的标准。其方法较为简单明确，主要是将水质监测结果与各自对应的评价标准进行比较，再以单项指标中水质最差的类别作为评价水体的水质类别。其优点是可以清楚明了地看出水质状况与评价标准之间的差别，给出水质的实际达标超标等情况。其最大的缺点是评价结果一般较为悲观，这在一定程度上使其应用范围受到限制。

（2）多因子水质评价法

多因子水质评价法俗称指数评价法，它是在单因子评价的基础上衍生而来，首先对多个参数指标进行单因子评价，再通过各种数学方法将结果概括成一个综合性的指数来评价待测水体。目前，常见的有以下几种方法：霍顿（Horton）水质指数法、布朗水质指数（WQI）、内梅罗水质指数（Nemerow）、罗斯水质指数（Ross）和综合污染指数法等。

（3）主成分分析法

水质评价指标之间不仅具有其独自性，还具有不同程度的相关性，即每一个指标都可以从一个角度反映水体的质量，但要根据它们做出综合性评价还有一定的难度。作为多元统计分析的一个重要分支，主成分分析法（PCA）可以很好地解决这个问题。主成分分析法主要通过应用数理统计学中的降维方式简化各变量之间密切相连的复杂关系，旨在从较少的变量中获得较多的信息量，在处理上更加简便。由于其不需要专业评审打分，所以可以相对减少其在数据处理方面的主观性，提高评价的准确性和可信度。作为一种理论体系较完善的多元统计分析方法，主成分分析法在解决很多实际问题时已取得了显著的效果。

（4）灰色关联度评价法

1982 年，我国学者邓聚龙首次提出灰色系统理论，它是将内部机制复杂多变的水环境系统看成是一个不确定的灰色系统。由于进行实时监测时得到的数据只能给出水环境现状的部分外延信息，而对于其内涵部分的信息却是未知或者不确定，即使是同时信息参数也是部分已知、部分未知，即灰色的，所以此方法在水质评价应用中是科学合理的。

具体的方法是计算出水体中的各评价因子的实际监测浓度与各级别的水质标准的关联度，然后再根据其聚类关联度确定待评价水体的水质级别。随着系统理论的不断发展，该方法也衍生出多种方法，主要包括灰色聚类法、梯形灰色聚类分析法、灰色关联评价法、灰色模式识别法、灰色局势决策法、宽域灰色局势决策法等。

（5）模糊理论法

模糊理论法与灰色理论法是较为相似的水质评价方法，该方法也是由于环境系统中诸如评价标准的确定、水质级别的划分等各种不确定因素的存在而逐步发展起来的。由于使用模糊理论法对水环境质量进行评价比某些常规评价方法更具有客观性，所以此方法也得到了广大研究者的广泛应用。其中应用最多的是模糊综合评判法。它的具体方法是，首先根据监测数据和各级标准计算出其隶属函数，再由得出的权重集与隶属度矩阵求出模糊积，最后获得水体与各级水质指标的程度，进而对待测水体水质进行综合评价。

（6）人工神经网络评价法

人工神经网络法是一种非线性科学理论，它是指模拟人类思维方式，根据事物的本质特性对事物进行判断、区分等，避免受到某种固定模式的约束。由于避免了人为因素的影响，评价结果更加客观，而获得了更为广泛的应用。在水质评价应用中最具代表性的人工神经网络方法是 BP 模型网络，在实际评价中常结合单因子污染评价法的评价结果对水质级别进行综合评价。

（7）评分法

评分法是一种应用范围较广、过程较简单的评价方法，尤其是在富营养化评价时较为常用。首先根据所查阅的相应标准，给予每个评价参数 0～100 范围内对应的分值，最后再根据分值的大小定义污染程度。一般情况下，分值越大，对应着的水体富营养化程度越高。

8.1.4　营养状态评价

水体富营养化是指在自然因素及人为因素的共同影响下，使得大量的营养盐类物质流入水体中，造成水体从原本的贫营养状态逐渐转化成富营养状态的一种现象。当水体出现严重的富营养化状态时，就会导致水中浮游植物不受控制的大量生长，使水体缺氧，变浑变臭，最终引发大量水生动植物缺氧死亡，使生态系统遭到破坏。

近年来，水体的富营养化问题日益严重，已经成为我国江河、湖泊所面临的重要水环境问题之一。用来判别水体污染程度及营养状态的评价方法有很多种，虽然具体方法不同，但是本质上都是通过对与水体营养状态有密切关系的一些指标进行监测，研究它们之间相互关系，判断其营养状态。经过大量研究表明，碳、磷、氮是发生水体富营养化的基础性物质，也称为营养源指标，而叶绿素和透明度则是表征富营养化发生程度的状态指标，也称为响应指标，其中叶绿素 a 为必评项目。

富营养化评价的方法主要包括两大类：一类是包括特征法、卡尔森指数法、综合营养指数法等在内的综合评价方法；另一类是以数理统计分析为基础的评价方法，例如灰色预测法、模糊评价法、神经网络法等。

8.2 七星湿地水质总体评价

8.2.1 水质总体评价

将各水质指标进行标准化处理后的变量结果见表 8-1。

表 8-1 水质指标标准化处理数据

采样点位	Z（pH）	Z（COD）	Z（TN）	Z（TP）	Z（氨氮）	Z（硝氮）	Z（亚硝氮）	Z（磷酸盐）	Z（叶绿素）
西辽河	–0.39	–0.56	–0.87	–0.60	–0.57	–1.12	–0.68	–0.35	–1.03
福德店	–0.32	–1.37	–0.40	–0.18	–0.64	0.29	2.73	–0.49	0.73
东辽河	0.64	0.71	–0.54	–0.02	–0.73	0.10	0.71	–0.25	1.02
三河下拉	0.73	–0.36	–0.22	–0.57	–0.79	0.92	0.20	–0.02	–0.99
通江口	–0.14	0.44	–0.52	–0.27	–0.66	0.81	–0.20	–0.47	0.66
五棵树橡胶坝	–0.94	0.27	–0.42	0.12	–0.56	0.44	–0.27	–0.41	0.55
招苏台河	–0.69	–0.66	0.67	–0.19	–0.14	1.44	–0.24	–0.21	–0.34
柴河	0.76	–0.03	–0.45	–0.86	–0.71	0.92	–0.39	–0.40	–1.06
汎河	0.40	–1.00	–0.53	–0.78	–0.78	1.22	–0.63	–0.32	–1.02
七星山橡胶坝	1.02	0.21	–0.43	–0.50	–0.80	0.07	–0.27	–0.68	0.10
西小河	–1.09	–0.83	–0.20	2.16	–0.13	–1.53	–0.80	2.22	1.35
万泉河	–0.87	1.54	1.00	0.33	0.82	–0.79	2.98	0.13	–0.74
羊肠河	–0.15	–1.23	–1.12	–0.29	–0.70	–1.53	–0.83	0.10	–1.03
1 号闸	1.26	–0.16	–0.24	1.31	–0.28	–1.42	0.08	1.63	1.65
长河	0.06	–0.43	3.59	1.89	3.42	–1.27	–0.71	2.72	0.04
2 号闸	1.92	2.64	2.25	2.89	1.58	–1.34	–0.20	2.00	2.67
出口	1.59	1.94	1.84	1.88	1.35	–1.34	0.32	1.83	1.97
左小河	1.48	0.61	0.59	0.43	0.32	–1.12	2.27	0.50	–0.23
毓宝台	–1.47	–1.33	–0.63	–0.70	–0.74	–0.45	–0.83	–0.55	–1.02
巨流河	–0.92	–0.03	–0.28	–0.66	–0.18	0.89	–0.05	–0.67	–0.12
燕飞里湿地	–1.65	–1.40	–0.69	–0.86	–0.14	–0.45	–0.83	–0.64	–1.07
燕飞里入口	–0.14	–1.50	–0.72	–0.87	–0.65	–0.53	–0.80	–0.65	–1.07
红庙子橡胶坝	0.35	–0.40	–0.27	–0.37	1.34	0.85	–0.24	–0.59	0.47
本辽辽湿地	0.28	0.37	–0.20	–0.59	–0.55	0.63	0.68	–0.65	–0.15

采样点位	Z（pH）	Z（COD）	Z（TN）	Z（TP）	Z（氨氮）	Z（硝氮）	Z（亚硝氮）	Z（磷酸盐）	Z（叶绿素）
曙光大桥橡胶坝	–0.45	0.44	0.04	–0.44	0.42	1.63	–0.24	–0.63	–0.23
绕阳河	–1.79	0.51	–0.14	–0.23	–0.04	0.74	0.12	–0.59	–0.53
一统河	0.18	1.17	–0.10	–0.51	0.27	0.33	–0.27	–0.60	–0.15
小柳河	0.76	0.61	–0.29	–0.35	–0.76	1.00	–0.20	–0.69	0.10
张家湿地出口	–1.35	–0.23	–0.67	–0.80	–0.62	–0.27	–0.88	–0.65	–0.99
大张桥橡胶坝	0.96	0.07	–0.08	–0.36	1.68	0.89	–0.51	–0.64	0.44

从表 8-2 的相关系数矩阵中可以看出辽河保护区断面的各指标间具有较好的相关性，很多指标之间的相关性系数都超过了 0.5。其中磷酸盐与总磷的相关性最高，相关系数达到了 0.94，其次是总氮与氨氮，总氮与总磷的相关性也较好，相关系数依次为 0.838、0.739。表明运用主成分分析法研究各变量之间的复杂关系是可取的。

表 8-2　相关系数矩阵

	Z（pH）	Z（COD）	Z（TN）	Z（TP）	Z（氨氮）	Z（硝氮）	Z（亚硝氮）	Z（磷酸盐）	Z（叶绿素）
Z（pH）	1.000	0.464	0.339	0.367	0.257	–0.148	0.206	0.344	–0.068
Z（COD）		1.000	0.714	0.472	0.371	–0.078	0.528	0.254	–0.066
Z（TN）			1.000	0.739	0.838	–0.361	0.258	0.730	–0.204
Z（TP）				1.000	0.696	–0.664	0.130	0.940	–0.095
Z（氨氮）					1.000	–0.291	0.130	0.573	–0.193
Z（硝氮）						1.000	–0.116	–0.720	–0.034
Z（亚硝氮）							1.000	0.061	–0.116
Z（磷酸盐）								1.000	–0.077
Z（叶绿素）									1.000

通过表 8-3 所示特征值、主成分贡献率和累积贡献率的结果可以看出，第一、第二、第三成分的累计贡献率已达到 85.336%，其值已大于规定的 85%，所以选取前 3 个主成分就可以反映原始变量提供的 85.336%的信息。所以本次评价选择主成分的个数为 3。

表 8-3　特征值、主成分贡献率和累积贡献率

主成分	特征值	贡献率/%	累计贡献率/%
1	4.133	45.926	45.926
2	1.498	21.643	67.569

主成分	特征值	贡献率/%	累计贡献率/%
3	1.059	17.768	85.336
4	0.811	7.014	92.376
5	0.748	4.311	96.707
6	0.394	1.372	98.079
7	0.232	1.072	99.151
8	0.106	0.479	99.630
9	0.019	0.370	100.000

从表 8-4 可以看出，与第一主成分密切相关的指标顺序依次为总磷、总氮、磷酸盐和氨氮；与第二主成分密切相关的指标顺序依次为亚硝氮、COD 和硝氮；而与第三主成分密切相关的指标为叶绿素 a 和 pH。表明第一主成分主要是反映水体中氨氮、总磷等无机污染物的状况并反映一定的营养化趋势，第二主成分主要反映了 COD 等有机污染物的影响，第三主成分反映的是叶绿素 a 和 pH 的情况。

表 8-4 主成分载荷值

	成分 1	成分 2	成分 3
Z（pH）	0.506	0.350	0.545
Z（COD）	0.596	0.634	0.214
Z（TN）	0.889	0.058	–0.211
Z（TP）	0.919	–0.235	0.073
Z（氨氮）	0.768	–0.002	–0.329
Z（硝氮）	–0.619	0.495	–0.260
Z（亚硝氮）	0.324	0.677	0.224
Z（磷酸盐）	0.880	–0.392	0.045
Z（叶绿素）	–0.184	–0.240	0.822

由表 8-1 的标准化处理数据和表 8-4 的载荷矩阵计算前 3 个主成分的得分情况如下：

$$\mathbf{prin1}=0.506x_1+0.596x_2+0.889x_3+0.919x_4+0.768x_5-0.619x_6+0.324x_7+0.88x_8-0.184x_9 \tag{8-1}$$

$$\mathbf{prin2}=0.35x_1+0.634x_2+0.058x_3-0.235x_4-0.002x_5+0.495x_6+0.677x_7-0.392x_8-0.124x_9 \tag{8-2}$$

$$\mathbf{prin3}=0.545x_1+0.214x_2-0.211x_3+0.073x_4-0.329x_5-0.26x_6+0.224x_7+0.045x_8+0.882x_9 \tag{8-3}$$

将各监测断面标准化后的数据代入上述公式中，得到各断面 3 个主成分的得分结果，从而表明各种污染物对各断面水体的污染情况，最后评判出各断面的污染级别。具体结果见表 8-5。除了东辽河外，辽河保护区的上游水体要优于中下游水体，污染最为严重的前 3 个采样点分别是万泉河、羊肠河及左小河。下游处的湿地水质情况较好，水质情况最好的前 3 个点位分别是燕飞里湿地、毓宝台湿地和张家湿地出口。除了一统河和大张桥橡胶坝外，下游整体水质要优于中游水质。七星湿地出口及 2 号闸处的水质要优于流入湿地的支流河——万泉河和羊肠河，说明湿地对水中的污染物有一定的去除功能，可以增强水体的净化能力。万泉河承载了大量来自铁岭的工业废水及生活污水，所以水质最差。

表 8-5　辽河保护区水质主成分得分及排序

采样点位	成分 1	成分 2	成分 3	平均值	排序（重→轻）
西辽河	–1.939	–1.150	–0.790	–1.293	24
福德店	–1.851	1.133	0.972	0.085	11
东辽河	–0.552	1.151	1.875	0.825	7
三河下拉	–1.511	0.871	–0.483	–0.374	17
通江口	–2.127	0.633	0.631	–0.288	16
五棵树橡胶坝	–1.830	–0.082	0.119	–0.598	19
招苏台河	–1.520	0.099	–1.364	–0.929	21
柴河	–2.222	0.904	–0.606	–0.641	20
汎河	–3.234	0.089	–1.057	–1.400	25
七星山橡胶坝	–1.563	0.690	0.897	0.008	14
西小河	4.379	–1.763	1.98	1.532	6
万泉河	10.448	–0.12	3.576	4.635	1
羊肠河	8.542	0.04	2.827	3.803	2
1 号闸	1.045	–3.474	2.807	0.126	10
长河	10.271	–2.675	–1.475	2.040	4
2 号闸	2.159	–3.12	1.576	0.205	9
出口	2.548	–2.064	–1.78	–0.432	18
左小河	4.189	1.652	1.358	2.400	3
毓宝台	–3.595	–1.671	–1.754	–2.340	29
巨流河	–2.612	0.482	–0.816	–0.982	23
燕飞里湿地	–3.537	–1.704	–2.111	–2.451	30
燕飞里入口	–3.210	–1.252	–1.109	–1.857	28
红庙子橡胶坝	–0.822	0.369	–0.193	–0.215	15
本辽辽湿地	–1.494	1.506	0.239	0.084	12
曙光桥橡胶坝	–1.611	–2.24	–1.039	–1.63	26
绕阳河	–1.809	0.487	–1.500	–0.941	22

采样点位	成分 1	成分 2	成分 3	平均值	排序（重→轻）
一统河	4.005	2.36	−0.375	1.996	5
小柳河	−1.724	1.337	0.583	0.065	13
张家湿地出口	−3.135	−0.820	−1.527	−1.827	27
大张桥橡胶坝	0.055	0.749	−0.010	0.265	8

上述一系列结果表明，主成分分析法拥有独特的优越性。它能在最大限度保留原有数据的基础上，对多变量系统进行最优的简化与综合，是一种比较有效的评价方法；另外，它还可以典型并集中地反映研究对象的特征，减少运用传统水质分析方法（综合污染指数法、灰色关联评价法等）不可避免的主观随意性；除此之外，主成分分析法还可以对各河流断面的污染情况进行排序对比，避免了复杂的原始计算，使计算和分析过程更加准确简便。

8.2.2 内梅罗污染指数法

内梅罗污染指数法在水环境质量评价中具有许多优势，它的计算过程简洁，结果易于比较，不仅考虑了各种污染物的单因子污染指数，还加大了最大污染物的权重，更加合理地反映了水环境的污染性质和污染程度。

内梅罗污染指数法以单因子评价为基础，而单因子水质指数 P_i 可以表示为

$$P_i = \frac{C_i}{S_i} \tag{8-4}$$

式中，C_i——第 i 类污染物的实测浓度，mg/L；

S_i——相应的评价标准，mg/L。

本研究中以《地表水环境质量标准》（GB 3838—2002）中的Ⅳ类水质限值作为评价标准。

内梅罗综合污染指数的计算公式为

$$I = \sqrt{\frac{\left(P_{i,\max}\right)^2 + \left(1/k\sum_{i=1}^{k} P_i\right)^2}{2}} \tag{8-5}$$

式中，I——水环境质量综合污染指数；

P_i——单因子 i 的污染指数；

$P_{i,\max}$——该因子的最大污染指数；

k——污染因子个数。

根据内梅罗综合污染指数可以将水质划分为 6 个等级（表 8-6）。

表 8-6　水质分类指数及污染级别

分级	I 值	分级	I 值
清洁	＜0.5	中度污染	2.0～5.0
较清洁	0.5～1.0	重度污染	5.0～10.0
轻度污染	1.0～2.0	严重污染	＞10.0

采用内梅罗污染指数法对七星湿地全年水质进行综合评价，反映水质的整体情况。评价指标有 COD、氨氮、总磷。从表 8-7 中可以看出，虽然各月采样点有些差别，但是在支流河汇入口处内梅罗污染指数普遍较高，而随着水流在湿地内流动，水体经过湿地净化，内梅罗污染指数呈逐渐降低的趋势，这也说明七星湿地对支流来水中的污染物具有阻控效果，对其水质状况有明显的改善作用。

表 8-7　水质的内梅罗污染指数评价结果

采样点	4 月	5 月	6 月	7 月	8 月	9 月	10 月
1	8.03	5.28	2.95	1.89	0.52	0.83	0.66
2	8.04	4.99	1.62	1.72	1.72	1.35	2.10
3	6.94	3.71	1.72	1.70	0.96	1.90	1.26
4	2.00	1.45	1.41	0.92	0.87	1.41	0.45
5	1.17	0.94	0.98	0.82	0.89	1.37	0.28
6	3.49	0.76	0.84	0.67	0.68	1.35	0.46
7	3.57	0.89	1.17	1.04	3.64	6.31	5.23
8	1.65	0.91	1.10	0.82	1.19	1.54	1.94
9	1.21	1.22	0.83	1.16	1.10	1.20	—
10	1.56	0.97	0.97	1.34	0.99	1.45	—
11	3.12	1.52	1.07	0.93	1.16	—	—
12	3.01	0.79	1.00	0.46	0.95	—	—
13	—	—	—	—	0.95	—	—

在所有采样点位中，属于严重污染的采样点位数量为 0，重度污染的点位约占 7.59%，中度污染的采样点位占据 12.66%，轻度污染的点位约占 43.04%，而属于较清洁水体的占 31.65%，属于清洁水体的占 5.06%（图 8-1）。其中湿地中清洁与较清洁水体（符合地表水Ⅳ类水质标准）的占 30%以上；污染水体以轻度污染为主，占污染水体的 60%以上。

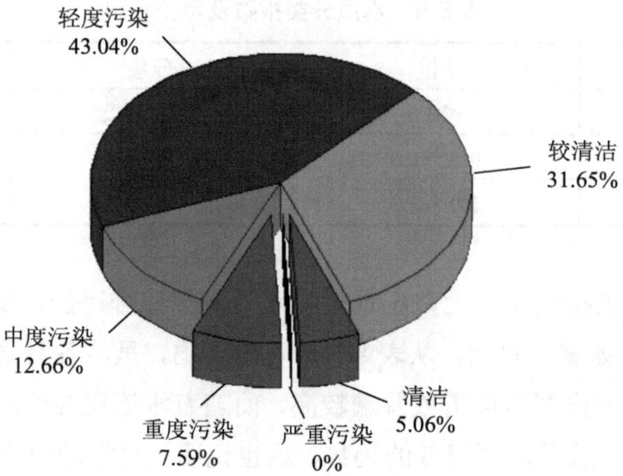

图 8-1 水质评价分布

8.2.3 耗氧污染状态评价

以 COD、氨氮为耗氧污染物指标，以地表水Ⅳ类水质标准限值为评价基准，计算辽河保护区水体耗氧污染指数 *X*，并对照相应评估标准对辽河保护区水体耗氧污染状态进行评价（表 8-8）。辽河保护区水体低耗氧状态点位占 24%，主要是水质较好的支流及湿地，包括三河下拉、柴河、汎河、燕飞里排干及毓宝台湿地等。耗氧污染水体占 76%。上游耗氧污染状态相对较低，中游七星湿地及下游水体耗氧污染情况较为严重。由此可见，辽河保护区耗氧污染依然较为严重。

表 8-8 辽河保护区水体耗氧污染状态评价

采样点位	耗氧污染指数 *X*	耗氧污染状态
西辽河	0.581	轻度
东辽河	0.581	轻度
福德店	0.347	低
三河下拉	0.280	低
招苏台河口	0.618	轻度
通江口	0.649	轻度
五棵树橡胶坝	1.546	中度
柴河	0.482	低
汎河	0.180	低
西小河	3.037	重度
万泉河	0.799	轻度

采样点位	耗氧污染指数 X	耗氧污染状态
羊肠河	1.005	中度
1 号闸	7.766	极重度
长河	1.433	重度
2 号闸	5.038	极重度
七星湿地出口	2.490	重度
左小河	2.419	重度
七星山橡胶坝	0.368	低
巨流河橡胶坝	1.410	中度
燕飞里湿地	1.230	中度
燕飞里排干	0.302	低
毓宝台湿地	0.176	低
本辽辽湿地	0.834	轻度
红庙子橡胶坝	4.028	极重度
大张桥橡胶坝	4.729	极重度
小柳河口	0.503	轻度
一统河口	2.448	重度
曙光桥橡胶坝	2.566	重度
饶阳河口	1.768	重度

8.2.4 营养状态评价

以 COD、总氮、总磷、叶绿素为水体营养状态评价指标，计算水体综合营养状态指数（TLI），并按照评价标准对水体营养状态进行评价（表 8-9）。燕飞里排干由于湿地净化，水体中营养物含量较低，处于贫营养状态；西辽河、柴河、汎河、羊肠河等污染相对较轻的支流河和燕飞里湿地、毓宝台湿地等都处于中营养状态，其余点位均有不同程度的富营养状况，主要是与大量含氮、磷污染物排入水体有关。重度富营养状态水体主要集中在辽河上游及中游，包括东辽河、五棵树橡胶坝、七星湿地及左小河；下游主要以中度富营养状态为主。富营养状态水体占 76%，水体富营养化问题较为严重。

表 8-9 辽河保护区水体营养状态评价

采样点位	综合营养状态指数（TLI）	营养状态
西辽河	45.169	中营养
东辽河	70.784	重度富营养
福德店	60.889	中度富营养
三河下拉	52.069	轻度富营养

采样点位	综合营养状态指数（TLI）	营养状态
招苏台河口	63.380	中度富营养
通江口	68.286	中度富营养
五棵树橡胶坝	71.877	重度富营养
柴河	42.379	中营养
汎河	43.846	中营养
西小河	75.066	重度富营养
万泉河	56.288	轻度富营养
羊肠河	47.446	中营养
1 号闸	79.579	重度富营养
长河	69.839	中度富营养
2 号闸	85.178	重度富营养
七星湿地出口	82.022	重度富营养
左小河	70.158	重度富营养
七星山橡胶坝	63.426	中度富营养
巨流河橡胶坝	61.388	中度富营养
燕飞里湿地	30.484	中营养
燕飞里排干	25.649	贫营养
毓宝台湿地	41.394	中营养
本辽辽湿地	63.140	中度富营养
红庙子橡胶坝	65.528	中度富营养
大张桥橡胶坝	67.080	中度富营养
小柳河口	66.629	中度富营养
一统河口	65.470	中度富营养
曙光桥橡胶坝	65.134	中度富营养
饶阳河口	65.217	中度富营养

8.3 污染物去除效果分析

根据各支流与出口处流量（图 8-2）及水体中污染物的含量，计算污染物在湿地内被削减的量，即湿地的净化效果。由于 4 月有个别采样点不全，所以对湿地中 5—10 月的 COD、氨氮、总磷去除效果进行计算。去除总量为各月支流河口流入总量减去出口流出量，并把各月去除量加和，计算公式如下：

$$M_p = \frac{\sum_{k=1}^{m} C_k Q_k - C_{\text{out}} Q_{\text{out}}}{\sum_{k=1}^{m} C_k Q_k \times 100\%} \tag{8-6}$$

式中，M_p——污染物去除率，%；

C_k——第 k 条汇入河流污染物浓度，mg/L；

Q_k——第 k 条汇入支流进水流量，m^3；

C_{out}——出水污染物浓度，mg/L；

Q_{out}——出水流量，m^3。

5—10 月是该区域温度最高、光照最强的时候，是植物生长的季节，在此时间段内微生物活性也较高，所以湿地对污染物的去除主要集中在这半年之内。计算可得半年内湿地对 COD 去除总量为 26.83 t，削减率为 35.3%；对氨氮的去除总量为 2.63 t，削减率为 37.9%；对总磷的去除总量为 0.40 t，削减率为 52.9%。湿地对营养物质的去除率较高，对氮的削减率超过 67%，这与计算时段内植物生长较快、微生物活性较高有关；对磷的削减率超过 50%，这与湿地刚刚建成，湿地基质对磷的吸附能力较强，且与植物吸收有关。可见七星湿地在 5—10 月对各污染物的去除效果较为显著。

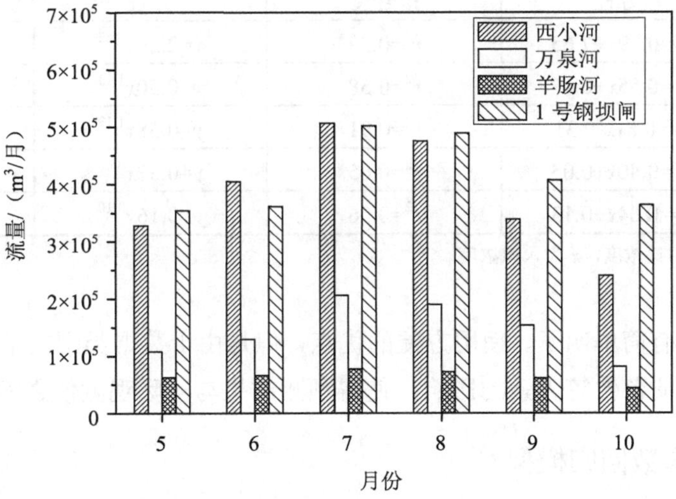

图 8-2 各支流河及出口流量分布

8.4 污染物归趋模型模拟研究

湿地系统的构成较为复杂，包括基质、水体、微生物及植物，其对微生物的去除机理也涉及物理、化学和生物过程。通过研究污染物在湿地内的迁移转化行为建立相应的数学模型，对湿地运行效果评估、预测及管理具有重要的意义。目前，人工湿地的数学模型理论依据主要有统计学原理及动力学理论。

8.4.1 衰减方程

衰减方程是把人工湿地视作“黑箱”，按照人为定义的简单线性关系或幂函数，建立“输出”和“输入”的拟合方程。通过对水体中 COD、氨氮、硝氮、亚硝氮和总磷的进出口浓度进行拟合，可得到各物质在湿地中的衰减方程。由表 8-10 可见，除总磷外，衰减方程其他几种物质的拟合度均较好，而幂函数的拟合度要优于线性函数。对于 COD 来说，幂函数的拟合度为 0.60，而线性函数仅为 0.38；衰减方程对氨氮的拟合效果相近；硝氮是所有物质当中拟合程度最高的，而且线性拟合要好于幂函数拟合；幂函数对亚硝氮的拟合高于线性函数。

表 8-10　湿地污染物衰减方程

	线性关系		幂函数	
	方程	拟合度	方程	拟合度
COD	$y=0.39x+7.65$	$r^2=0.38$	$y=2.24x^{0.63}$	$r^2=0.60$
氨氮	$y=0.55x+0.18$	$r^2=0.58$	$y=0.50x^{1.13}$	$r^2=0.59$
硝氮	$y=0.81x-0.31$	$r^2=0.91$	$y=0.58x^{1.12}$	$r^2=0.86$
亚硝氮	$y=0.40x+0.05$	$r^2=0.65$	$y=0.37x^{0.66}$	$r^2=0.77$
总磷	$y=0.04x+0.13$	$r^2=0.06$	$y=0.16x^{0.10}$	$r^2=0.05$

注：y 为相应物质的出口浓度，x 为入口浓度。

衰减方程具有简单明了、使用方便的优点，但是由于数据类别较单一，不能准确描述水流状态、水质条件等因素的影响，使得预测结果与实际观测值之间的误差较大。

8.4.2 多元参数回归模型

多元参数回归模型在研究污染物进出水浓度的基础上，考虑各种影响因素，进而建立“输出”与“输入”的响应关系。模型可以表示为

$$y = f(x_1, x_2, x_3, x_4, \cdots) \tag{8-7}$$

式中，x_1，x_2，x_3，x_4，…——影响因素。

本节使用 SPSS 17.0 软件建立氨氮、硝氮、亚硝氮的多元参数回归模型。

（1）氨氮多元参数回归模型

在湿地水体中，选取 COD、氨氮的入口浓度 c_{in}、水体 pH、溶解氧及温度为主要影响因素，考察氨氮的出口浓度 c_{out} 与各主要影响因素之间的相关性，对应的多元函数可表示为

$$c_{out} = f（c_{in}，\mathrm{COD}，\mathrm{pH}，\mathrm{DO}，T）$$

拟合结果如下：

$$c_{out} = -2.723-0.088\times COD-0.14\times c_{in}+0.861\times pH-0.369\times DO+0.15\times T$$

上式即为多元参数回归模型对出水氨氮浓度的预测结果。模拟结果与测试结果具有较高的拟合度（r^2=1），其标准偏差也较小（δ=0.945）。因此，通过多元参数回归模型模拟可以较好地反映湿地实际出水氨氮浓度。

（2）硝氮多元参数回归模型

在湿地水体中，选取 COD、硝氮的入口浓度 c_{in}、水体 pH、溶解氧及温度为主要影响因素，考察硝氮的出口浓度 c_{out} 与各主要影响因素之间的相关性，对应的多元函数可表示为

$$c_{out} = f（c_{in}，COD，pH，DO，T）$$

拟合结果如下：

$$c_{out} =-23.263-0.044\times COD-0.972\times c_{in}+2.239\times pH+0.437\times DO+0.091\times T$$

上式即为多元参数回归模型对出水硝氮浓度的预测结果。模拟结果与测试结果具有较高的拟合度（r^2=1），其标准偏差也较小（δ =0.660 3）。因此，通过多元参数回归模型模拟可以较好地反映湿地实际出水硝氮浓度。

（3）亚硝氮多元参数回归模型

在湿地中，选取 COD、亚硝氮的入口浓度 c_{in}、溶解氧及温度为主要影响因素，考察亚硝氮的出口浓度 c_{out} 与各主要影响因素之间的相关性，对应的多元函数可表示为

$$c_{out} = f（c_{in}，COD，DO，T）$$

拟合结果如下：

$$c_{out} = 0.073-0.002\times COD+0.193\times c_{in}-0.005\times DO+0.004\times T$$

上式即为多元参数回归模型对出水亚硝氮浓度的预测结果。模拟结果与测试结果具有较高的拟合度（r^2=1），其标准偏差也较小（δ =0.347 5）。因此，通过多元参数回归模型模拟可以较好地反映湿地实际出水亚硝氮浓度。

8.4.3 Monod 机制模型

在湿地系统中，营养物质输入与输出是守恒的。营养物质输入湿地系统后，一部分最终随水流流出系统，另一部分在植物、微生物、基质等的作用下发生迁移转化。流入湿地中的氮主要考虑受生物作用而进行迁移转化。因此，水体中营养物质的物料平衡方程式可以表示为

$$Q_{out}C_{out} = Q_{in}C_{in} - r_i t \quad (8\text{-}8)$$

式中，r_i——与组分 i 相关的物理去除和生物降解速率，mg/d；

t——时间，d。

研究表明，人工湿地对营养物的去除主要与物理及生物降解过程有关，同时营养物的去除速率常数通常随着进水浓度的增加由一级动力学向零级动力学过度，达到最大值，即动力学模型达到饱和。Monod 模型是一个一级与零级动力学的结合，在低营养物浓度的情况下（$C \ll K$），营养物浓度是降解过程的控制因素，降解过程遵循一级反应动力学；在高营养物浓度的情况下（即 $C \gg K$），湿地中所能承载的最大微生物量成为降解过程的控制因素，降解速率达到最大值。Monod 模型可以较好地描述污染物的生物化学去除与转化过程。Monod 模型在一级动力学模型的基础上增加了对饱和状态的描述，更符合实际情况。理论上来说，Monod 动力学模型更适用于微生物起主导作用的污染物降解过程。因此，可以假设系统中生物对营养物的降解过程符合 Monod 动力学模型。

$$r = k_{0,V} V \frac{C}{K + C} = k_{0,A} A \frac{C}{K + C} \tag{8-9}$$

式中，r——生物降解速率，mg/d；

$k_{0,V}$——零级体积速率常数，mg/（$m^3 \cdot d$）；

K——半饱和常数，mg/L；

V——湿地床体的有效体积，m^3；

A——湿地的有效面积，m^2；

$k_{0,A}$——零级面积常数，mg/（$m^2 \cdot d$）。

潜流湿地通常基于体积计算反应速率常数，而表面流湿地通常基于面积计算反应速率常数，因此本节采用面积常数进行计算。在 3 条支流汇合处设为入口，1 号钢坝闸为出口，面积为 200 000 m^2。

根据 Monod 模型，各形态氮的降解速率 r 可以根据以下方程计算：

$$r_{NH_4^+} = A \frac{k_{max,NH_4^+} \times C_{NH_4^+}}{K_{S,NH_4^+} + C_{NH_4^+}} \tag{8-10}$$

$$r_{NO_3^-} = A \frac{k_{max,NO_2^-} \times C_{NO_2^-}}{K_{S,NO_2^-} + C_{NO_2^-}} \tag{8-11}$$

式中，$k_{max,i}$——组分 i 的 Monod 参数，mg/（$m^2 \cdot d$）；

$K_{S,i}$——组分 i 的 Monod 参数，mg/L。

通常情况下，硝化过程当中的 K_S 值较高，远大于水体中氨氮浓度，氨氮的迁移转化接近于一级动力学，令：$k_{NH_4^+} = k_{max,NH_4^+} / K_{S,NH_4^+}$，则有

$$r_{NH_4^+} = A \times k_{NH_4^+} \times C_{NH_4^+} \tag{8-12}$$

利用 Matlab 7.0 软件对上述方程进行求解，得：$k_{NH_4^+}$=24.987 L/（m^2·d），k_{max,NO_2^-} = 77.696 mg/（m^2·d），k_{S,NO_2^-}=0.114 mg/L。

图 8-3 为 Monod 模型对氨氮与硝氮的模拟结果。由图可知，湿地出口处氨氮浓度值与预测曲线具有较高的拟合度（r^2=0.78），其标准偏差也较小（δ=0.945 3）；出口处硝氮浓度值与预测曲线的拟合度更高，r^2=0.93，标准偏差 δ=0.753 4。说明曲线可以较好地预测氨氮与硝氮在水体中的变化。

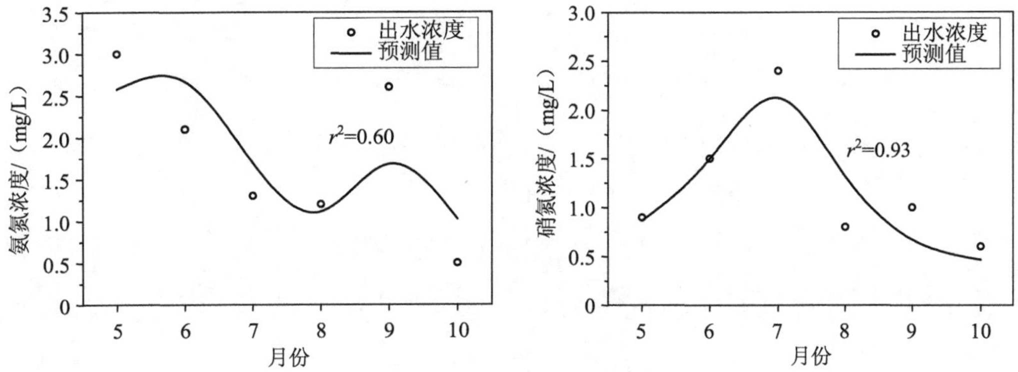

图 8-3　测定值与预测值对比

8.5　小结

1）采用主成分分析法对辽河保护区水质评价的结果为，上游水体水质优于中下游水体，污染最为严重的前 3 个采样点分别是万泉河、羊肠河及左小河，主要受铁岭及沈阳城镇排污影响。下游处的湿地水质情况较好。万泉河承载了来自铁岭的大量生活污水和工业废水，并且作为辽河的一级支流，因此其污染最为严重；而西小河受到工业废水排放的影响导致总磷严重超标，污染情况也较为严重。

2）采用内梅罗综合污染指数法对七星湿地水质进行评价，发现支流水体经过湿地的净化作用，污染程度下降。其中湿地中清洁与较清洁水体（符合Ⅳ类水质标准）占 30%以上；轻度污染水体占 40%以上。

3）对七星湿地污染物去除效果进行计算分析得到，半年内湿地对 COD 去除总量为 26.83 t，削减率为 35.3%；对氨氮的去除总量为 2.63 t，削减率为 37.9%；对总磷的去除总量为 0.40 t，削减率为 52.9%。

4）衰减方程模型对于 COD 及不同形态氮拟合较好，幂函数拟合度要高于线性函数；多元参数回归模型对于各形态氮均有较好的拟合效果；对 Monod 模型中参数进行计算可得：$k_{NH_4^+}$=24.987 L/（m^2·d），k_{max,NO_2^-}=77.696 mg/（m^2·d），k_{S,NO_2^-}=0.114 mg/L；利用 Monod 模型对湿地氨氮和硝氮出口浓度进行模拟，拟合度较高。

5）辽河保护区水体低耗氧状态点位仅占 24%，主要是水质较好的支流及湿地。水质耗氧污染形势严峻。

6）富营养状态水体占 76%，主要集中在中下游。水体富营养化问题较为严重。

参考文献

[1] 高廷耀，陈洪斌，夏四清，等. 我国水污染控制的思考[J]. 给水排水，2006，32（5）：9-13.

[2] MONTGOMERY W J. Wetland [M]. 4th edition，New York：John Wiley & Sons Press，2007.

[3] 况守龙. 水污染的途径及危害[J]. 科技资讯，2008，2：71-72.

[4] 樊乃根. 中国水环境污染对人体健康影响的研究现状（综述）[J]. 中国城乡企业卫生，2014，1：62.

[5] ZHENG Y，WANG X，XIONG J，et al. Hybrid constructed wetlands for highly polluted river water treatment and comparison of surface- and subsurface-flow cells[J]. Journal of Environmental Sciences，2014，26（4）：749-756.

[6] KOLIC P E，ROY E D，WHITE J R，et al. Spectroscopic measurements of estuarine dissolved organic matter dynamics during a large-scale Mississippi River flood diversion[J]. Science of the Total Environment，2014（485-486）：518-527.

[7] YI Q，DOU X，HUANG Q，et al. Pollution characteristics of Pb，Zn，As，Cd in the Bijiang River[J]. Procedia Environmental Sciences，2012，13：43-52.

[8] HELLAR-KIHAMPA H，POTGIETER-VERMAAK S，VAN MEEL K，et al. Elemental composition of bottom-sediments from Pangani river basin，Tanzania：lithogenic and anthropogenic sources[J]. Toxicological and Environmental Chemisty，2012，94（3）：525-544.

[9] 张桂杰，郑念发，李鹤. 我国水环境污染现状及其防治[J]. 科技资讯，2010（21）：155-155.

[10] 中华人民共和国环境保护部. 2009 中国环境状况公报[R/OL].（2010-05-31） [2021-03-18]. http：//www.mee.gov.cn/xxgk2018/xxgk/xxgk15/201912/t20191231_754037.html.

[11] VYMAZAL J. Constructed wetlands for wastewater treatment in Europe. in International Symposium on Nutrient Management in Agricultural Watersheds - A Wetlands Solution. 2004. Wexford, IRELAND.

[12] 赵直，孙林，鞠锋，等. 湿地净化功能研究进展[J]. 黑龙江科技信息，2012（27）：253.

[13] KOSKIAHO J，EKHOLM P，RATY M，et al. Retaining agricultural nutrients in constructed wetlands-experiences under boreal conditions[J]. Ecological Engineering，2003，20（1）：89-103.

[14] 聂志丹，年跃刚，金相灿，等. 3 种类型人工湿地处理富营养化水体中试比较研究[J]. 环境科学，2007，28（8）：1675-1680.

[15] LI L F，LI Y H，BISWAS D K，et al. Potential of constructed wetlands in treating the eutrophic water：

Evidence from Taihu Lake of China[J]. Bioresource Technology，2008，99（6）：1656-1663.

[16] VYMAZAL J. Constructed wetlands for wastewater treatment：five decades of experience[J]. Environmental Science & Technology，2011，45（1）：61-69.

[17] LEE C G，FLETCHER T D，SUN G Z. Nitrogen removal in constructed wetland systems[J]. Engineering in Life Sciences，2009，9（1）：11-22.

[18] IMFELD G，BRAECKEVELT M，KUSCHK P，et al. Monitoring and assessing processes of organic chemicals removal in constructed wetlands[J]. Chemosphere，2009，74（3）：349-362.

[19] MANIOS T，KYPRIOTAKIS Z，MANIOS V，et al. Plant species in a two-year-old free water surface constructed wetland treating domestic wastewater in the island of Crete[J]. Journal of Environmental Science and Health Part a-Toxic/Hazardous Substances & Environmental Engineering，2002，37（7）：1327-1335.

[20] LU S Y，ZHANG P Y，JIN X C，et al. Nitrogen removal from agricultural runoff by full-scale constructed wetland in China[J]. Hydrobiologia，2009，621（1）：115-126.

[21] RO K S，HUNT P G，JOHNSON M H，et al. Oxygen transfer in marsh-pond-marsh constructed wetlands treating swine wastewater[J]. Journal of Environmental Science and Health Part a-Toxic/Hazardous Substances & Environmental Engineering，2010，45（3）：377-382.

[22] KADLEC R H，CUVELLIER C，STOBER T. Performance of the Columbia，Missouri，treatment wetland[J]. Ecological Engineering，2010，36（5）：672-684.

[23] KATSENOVICH Y P，HUMMEL-BATISTA A，RAVINET A J，et al. Performance evaluation of constructed wetlands in a tropical region[J]. Ecological Engineering，2009，35（10）：1529-1537.

[24] TANAKA N，KARUNARATHNA A K，JINDASA K B S N. Effect of coconut coir-pith supplement on nitrogen and phosphate removal in subsurface flow wetland microcosms[J]. Chemistry and Ecology，2008，24（1）：15-22.

[25] STEIN O R，BORDEN-STEWART D J，HOOK P B，et al. Seasonal influence on sulfate reduction and zinc sequestration in subsurface treatment wetlands[J]. Water Research，2007，41（15）：3440-3448.

[26] KADLEC R H. Comparison of free water and horizontal subsurface treatment wetlands[J]. Ecological Engineering，2009，35（2）：159-174.

[27] SHANNON R D，FLITE O P，HUNTER M S. Subsurface flow constructed wetland performance at a Pennsylvania campground and conference center[J]. Journal of Environmental Quality，2000，29（6）：2029-2036.

[28] TANNER C C，KADLEC R H，GIBBS M M，et al. Nitrogen processing gradients in subsurface-flow treatment wetlands-influence of wastewater characteristics[J]. Ecological Engineering，2002，18（4）：499-520.

[29] VYMAZAL J. The use of sub-surface constructed wetlands for wastewater treatment in the Czech

Republic：10 years experience[J]. Ecological Engineering，2002，18（5）：633-646.

[30] NGO T D T，KONNERUP D，SCHIERUP H H，et al. Kinetics of pollutant removal from domestic wastewater in a tropical horizontal subsurface flow constructed wetland system：Effects of hydraulic loading rate[J]. Ecological Engineering，2010，36（4）：527-535.

[31] MIN J H，WISE W R. Depth-averaged，spatially distributed flow dynamic and solute transport modelling of a large-scaled，subtropical constructed wetland[J]. Hydrological Processes，2010，24（19）：2724-2737.

[32] LEVERENZ H L，HAUNSCHILD K，HOPES G，et al. Anoxic treatment wetlands for denitrification[J]. Ecological Engineering，2010，36（11）：1544-1551.

[33] NYQUIST J，GREGER M. A field study of constructed wetlands for preventing and treating acid mine drainage[J]. Ecological Engineering，2009，35（5）：630-642.

[34] ZHAO Y J，HUI Z，CHAO X，et al. Efficiency of two-stage combinations of subsurface vertical down-flow and up-flow constructed wetland systems for treating variation in influent C/N ratios of domestic wastewater[J]. Ecological Engineering，2011，37（10）：1546-1554.

[35] TSIHRINTZIS V A，CSAKRATOS，GIKAS G D，et al. Performance，and cost comparison of a fws and a vsf constructed wetland system[J]. Environmental Technology，2007，28（6）：621-628.

[36] YALCUK A，PAKDIL N B，TURAN S Y. Performance evaluation on the treatment of olive mill waste water in vertical subsurface flow constructed wetlands[J]. Desalination，2010，262（1-3）：209-214.

[37] LANGERGRABER G，PRESSL A，LEROCH K，et al. Comparison of single-stage and a two-stage vertical flow constructed wetland systems for different load scenarios[J]. Water Science and Technology，2010，61（5）：1341-1348.

[38] BRIX H，ARIAS C A. The use of vertical flow constructed wetlands for on-site treatment of domestic wastewater：New Danish guidelines[J]. Ecological Engineering，2005，25（5）：491-500.

[39] MELIAN J A H，RODRIGUEZ A J M，ARANA J，et al. Hybrid constructed wetlands for wastewater treatment and reuse in the Canary Islands[J]. Ecological Engineering，2010，36（7）：891-899.

[40] NOORVEE A，POLDVERE E，MANDER U. The effect of a vertical flow filter bed on a hybrid constructed wetland system[J]. Water Science and Technology，2005，51（9）：137-144.

[41] OOVEL M，TOOMING A，MAURING T，et al. Schoolhouse wastewater purification in a LWA-filled hybrid constructed wetland in Estonia[J]. Ecological Engineering，2007，29（1）：17-26.

[42] SEO D C，DElAUNE R D，PARK W Y，et al. Evaluation of a hybrid constructed wetland for treating domestic sewage from individual housing units surrounding agricultural villages in South Korea[J]. Journal of Environmental Monitoring，2009，11（1）：134-144.

[43] ZAYTSEV I，NURK K，POLDVERE E，et al. The effects of flow regime and temperature on the wastewater purification efficiency of a pilot hybrid constructed wetland[J]. Water Resources

Management Ⅳ，2007，103（1）：423-436.

[44] SEO D C，HWANG S H，KIM H J，et al. Evaluation of 2-and 3-stage combinations of vertical and horizontal flow constructed wetlands for treating greenhouse wastewater[J]. Ecological Engineering，2008，32（2）：121-132.

[45] MALECKI-BROWN L M，WHITE JR，BRIX H. Alum application to improve water quality in a municipal wastewater treatment wetland：Effects on macrophyte growth and nutrient uptake[J]. Chemosphere，2010，79（2）：186-192.

[46] O'GEEN A T，BUDD R，GAN J，et al. Mitigating nonpoint source pollution in agriculture with constructed and restored wetlands[J]. Advances in Agronomy，2010，108：1-76.

[47] DIAZ F J，O'GEEN A T，DAHLGREN R A. Efficacy of constructed wetlands for removal of bacterial contamination from agricultural return flows[J]. Agricultural Water Management，2010，97（11）：1813-1821.

[48] KNIGHT R L，KADLEC R H，OHLENDORF H M. The use of treatment wetlands for petroleum industry effluents[J]. Environmental Science & Technology，1999，33（7）：973-980.

[49] KASEVA M E，MBULIGWE S E. Potential of constructed wetland systems for treating tannery industrial wastewater[J]. Water Science and Technology，2010，61（4）：1043-1052.

[50] ZHANG L，SCHOLZ M，MUSTAFA A，et al. Application of the self-organizing map as a prediction tool for an integrated constructed wetland agroecosystem treating agricultural runoff[J]. Bioresource Technology，2009，100（2）：559-565.

[51] SRINⅣASAN R，HOFFMAN D W，WOLFE J E，et al. Evaluation of removal of orthophosphate and ammonia from rainfall runoff using above ground permeable reactive barrier composed of limestone and zeolite[J]. Journal of Environmental Health Science and Engineering，2008，43（12）：1441-1450.

[52] SAWAITTAYOTHIN V，POLPRASERT C. Nitrogen mass balance and microbial analysis of constructed wetlands treating municipal landfill leachate[J]. Bioresource Technology，2007，98（3）：565-570.

[53] NⅣALA J，HOOS M B，CROSS C，et al. Treatment of landfill leachate using an aerated，horizontal subsurface-flow constructed wetland[J]. Science of the Total Environment，2007，380（1-3）：19-27.

[54] 管策，郁达伟，郑祥，等. 我国人工湿地在城市污水处理厂尾水脱氮除磷中的研究与应用进展[J]. 农业环境科学学报，2012，31（12）：2309-2320.

[55] WU S，AUSTIN D，LIU L，et al. Performance of integrated household constructed wetland for domestic wastewater treatment in rural areas[J]. Ecological Engineering，2011，37（6）：948-954.

[56] WU Y，CHUNG A，TAM N F Y，et al. Constructed mangrove wetland as secondary treatment system for municipal wastewater[J]. Ecological Engineering，2008，34（2）：137-146.

[57] PARK W H，POLPRASERT C. Roles of oyster shells in an integrated constructed wetland system

designed for P removal[J]. Ecological Engineering，2008，34（1）：50-56.

[58] LIU J G，DONG Y，XU H，et al. Accumulation of Cd，Pb and Zn by 19 wetland plant species in constructed wetland[J]. Journal of Hazardous Materials，2007，147（3）：947-953.

[59] KARIM M R，GLENN E P，GERBA C P. The effect of wetland vegetation on the survival of Escherichia coli，Salmonella typhimurium，bacteriophage MS-2 and polio virus[J]. Journal of Water and Health，2008，6（2）：167-175.

[60] ALSFELD A J，BOWMAN J L，DELLER-JACOBS A. The influence of landscape composition on the biotic community of constructed depressional wetlands[J]. Restoration Ecology，2010，18（s2）：370-378.

[61] BARTON C D，ANDREWS D M，KOLKA R K. Performance standards for wetland restoration and creation[J]. Restoration Ecology，2008，16（4）：668-677.

[62] BAVOR H J. Urban wetlands in China：The nexus of biodiversityand functionality[J]. Natural and Constructed Wetlands：Nutrients，Metals and Management，2005：400-407，417.

[63] VYMAZAL J，KROPFELOVA L. A three-stage experimental constructed wetland for treatment of domestic sewage：First 2 years of operation[J]. Ecological Engineering，2011，37（1）：90-98.

[64] ZHAO Y Q，BABATUNDE A O，HU Y S，et al. Pilot field-scale demonstration of a novel alum sludge-based constructed wetland system for enhanced wastewater treatment[J]. Process Biochemistry，2011，46（1）：278-283.

[65] HU C M，SHAN B Q. Phosphorus removal performance and mechanisms of a constructed horizontal subsurface flow wetlands treating reclaimed water[J]. Environmental Engineering Science，2009，26（6）：1097-1106.

[66] GUAN B H，YAO X，JIANG J H，et al. Phosphorus removal ability of three inexpensive substrates：Physicochemical properties and application[J]. Ecological Engineering，2009，35（4）：576-581.

[67] SIMS A，GAJARAJ S，HU Z Q. Seasonal population changes of ammonia-oxidizing organisms and their relationship to water quality in a constructed wetland[J]. Ecological Engineering，2012，40：100-107.

[68] NARIHIRO T，HORI T，NAGATA O，et al. The impact of aridification and vegetation type on changes in the community structure of methane-cycling microorganisms in Japanese wetland soils[J]. Bioscience Biotechnology and Biochemistry，2011，75（9）：1727-1734.

[69] MCJANNET D，WALLACE J，KEEN R，et al. The filtering capacity of a tropical riverine wetland：Ⅱ. Sediment and nutrient balances[J]. Hydrological Processes，2012，26（1）：53-72.

[70] SKLARZ M Y，GROSS A，SOARES M I M，et al. Mathematical model for analysis of recirculating vertical flow constructed wetlands[J]. Water Research，2010，44（6）：2010-2020.

[71] WILCOCK R J，MULLER K，VAN ASSEMA G B，et al. Attenuation of nitrogen，phosphorus and E.

coli inputs from pasture runoff to surface waters by a farm wetland：the importance of wetland shape and residence time[J]. Water Air and Soil Pollution，2012，223（2）：499-509.

[72] 常沁春. BP 神经网络改进算法预测水质浓度的应用[J]. 甘肃环境研究与监测，2002，15（3）：186-188.

[73] ZHANG B，GOVINDARAJU R S. Prediction of watershed runoff using Bayesian concepts and modular neural networks[J]. Water Resources Research，2000，36（3）：753-762.

[74] AZEVEDO L B，HENDERSON A D，VAN ZELM R，et al. Assessing the importance of spatial variability versus model choices in life cycle impact assessment：The case of freshwater eutrophication in Europe[J]. Environmental Science & Technology，2013，47（23）：13565-13570.

[75] 贾振邦，赵智杰，常原飞，等. 辽河水体中 COD 的变化特征[J]. 环境化学，2004（4）：435-440.

[76] 谢琳娜，王凤平. 辽河流域地表水污染现状分析与研究[J]. 东北水利水电，1995（10）：30-32.

[77] 栾天新，单丽. 辽河干流灌溉期水质变化规律[J]. 水资源保护，2007（2）：74-76.

[78] 王彦丽. 辽河干流水环境质量综合评价与分析[J]. 安徽农业科学，2012（18）：9847-9850.

[79] 孟庆玲. 辽河干流铁岭段近五年水质污染趋势分析[J]. 地下水，2005（6）：422-423.

[80] 赵明明. 辽河流域铁岭境内水质变化趋势分析[J]. 地下水，2014（2）：59-90.

[81] 王家骏，仲夏，张涤菲，等. 1996—2005 年辽河干流沈阳段水质污染状况调查[J]. 沈阳医学院学报，2008（4）：238-240.

[82] 常原飞，贾振邦，赵智杰，等. 辽河 COD 变化规律及其原因探讨[J]. 北京大学学报（自然科学版），2002（4）：535-542.

[83] 金献革. 辽河流域干流水质特征分析与评价[J]. 安徽农业科学，2012（32）：15837-15838.

[84] 刘兰岚，张永红. WASP 水质模型在辽河干流污染减排模拟中的应用[J]. 环境科学与管理，2010（5）：160-163.

[85] 李琦，段洪军. 辽河干流昌图段综合治理效果浅析[J]. 东北水利水电，2014（7）：38-40.

[86] PONS M N，POTIER O，PONTVIANNE S，et al. Spectrophotometric characterization of human impacted surface waters in the Moselle watershed[J]. Water Science & Technology，2011，64（3）：602-609.

[87] BAKER A，INVERARITY R，CHARLTON M，et al. Detecting river pollution using fluorescence spectrophotometry：case studies from the Ouseburn，NE England[J]. Environmental Pollution，2003，124（1）：57-70.

[88] MOZO VILLARIAS A. Second derivative fluorescence spectroscopy of tryptophan in proteins[J]. Journal of Biochemical and Biophysical Methods，2002，50（2）：163-178.

[89] MENG F，HUANG G，YANG X，et al. Identifying the sources and fate of anthropogenically impacted dissolved organic matter（DOM） in urbanized rivers[J]. Water Research，2013，47（14）：5027-5039.

[90] EVANS C，MONTEITH D，COOPER D. Long-term increases in surface water dissolved organic

carbon：observations，possible causes and environmental impacts[J]. Environmental Pollution，2005，137（1）：55-71.

[91] PAERL H W，VALDES L M，JOYNER A R，et al. Ecological response to hurricane events in the Pamlico Sound system，North Carolina，and implications for assessment and management in a regime of increased frequency[J]. Estuaries and Coasts，2006，29（6）：1033-1045.

[92] ANDREW A A，DEL VECCHIO R，SUBRAMANIAM A，et al. Chromophoric dissolved organic matter（CDOM） in the equatorial Atlantic Ocean：Optical properties and their relation to CDOM structure and source[J]. Marine Chemstry，2013，148：33-43.

[93] YAMADA E，OHARA S，UEHARA T，et al. Biodegradation of dissolved organic matter（DOM） released from phytoplankton in Lake Biwa[J]. Analytical Sciences，2012，28（7）：675-681.

[94] SANCLEMENTS M D，OELSNER G P，MCKNIGHT D M，et al. New insights into the source of decadal increases of dissolved organic matter in acid-sensitive Lakes of the Northeastern United States[J]. Environmental Science & Technology，2012，46（6）：3212-3219.

[95] KALBITZ K，SOLINGER S，PARK J H，et al. Controls on the dynamics of dissolved organic matter in soils：a review[J]. Soil Science，2000，165（4）：277-304.

[96] LEENHEER J A，CROUÉ J P. Peer reviewed：characterizing aquatic dissolved organic matter[J]. Environmental Science & Technology，2003，37（1）：18A-26A.

[97] CHEN R F，BISSETT P，COBLE P，et al. Chromophoric dissolved organic matter（CDOM） source characterization in the Louisiana Bight[J]. Marine Chemstry，2004，89（1）：257-272.

[98] NGUYEN H V M，HUR J，SHIN H S. Changes in spectroscopic and molecular weight characteristics of dissolved organic matter in a river during a storm event[J]. Water，Air，& Soil Pollution，2010，212（1-4）：395-406.

[99] 吴丰昌，田上英一郎，刘丛强. 琵琶湖水体不同分子量溶解有机质组分中分子荧光和氨基酸特征研究（英文）[C].//贵州省自然科学优秀学术论文集（2005 年版），2005：5-14.

[100] ZHANG F S，LI Y X，XIONG X，et al. Effect of composting on dissolved organic matter in animal manure and its binding with Cu[J]. Scientific World Journal，2012（9）：289896.

[101] HERNANDEZ-RUIZ S，ABRELL L，WICKRAMASEKARA S，et al. Quantifying PPCP interaction with dissolved organic matter in aqueous solution：Combined use of fluorescence quenching and tandem mass spectrometry[J]. Water Research，2012，46（4）：943-954.

[102] OSBURN C L，HANDSEL L T，MIKAN M P，et al. Fluorescence tracking of dissolved and particulate organic matter quality in a river-dominated estuary[J]. Environmental Science & Technology，2012，46（16）：8628-8636.

[103] HATTEN J A，GONI M A，WHEATCROFT R A. Chemical characteristics of particulate organic matter from a small，mountainous river system in the Oregon Coast Range，USA[J]. Biogeochemistry，

2012，107（1-3）：43-66.

[104] BAKER A，ELLIOTT S，LEAD J R. Effects of filtration and pH perturbation on freshwater organic matter fluorescence[J]. Chemosphere，2007，67（10）：2035-2043.

[105] GRACE B L，BIANCHI T S. Sorption and desorption dynamics of bulk dissolved organic matter and amino acids in the Mississippi River plume–a microcosm study[J]. Marine & Freshwater Research，2010，61（9）：1067-1081.

[106] MCCALLISTER S L，BAUER J E，DUCKLOW H W，et al. Sources of estuarine dissolved and particulate organic matter：a multi-tracer approach[J]. Organic Geochemistry，2006，37（4）：454-468.

[107] CHIN Y P，AIKEN G，O'LOUGHLIN E. Molecular weight，polydispersity，and spectroscopic properties of aquatic humic substances[J]. Environmental Science & Technology，1994，28（11）：1853-1858.

[108] SANTOS P M，DUARTE R B O，DUARTE A. Absorption and fluorescence properties of rainwater during the cold season at a town in Western Portugal[J]. Journal of Atmospheric Chemistry，2009，62（1）：45-57.

[109] 周淼，傅丽娜，阮宏华，等. 武夷山不同海拔土壤水溶性有机物的紫外-可见光谱特征[J]. 南京林业大学学报（自然科学版），2008，136（4）：23-27.

[110] BARJE F，EL FELS L，EL HAJJOUJI H，et al. Molecular behaviour of humic acid-like substances during co-composting of olive mill waste and the organic part of municipal solid waste[J]. International Biodeterioration & Biodegradation，2012，74：17-23.

[111] 张甲耀，曹军，陶澍. 土壤水溶性有机物的紫外光谱特征及地域分异[J]. 土壤学报，2003，40（1）：118-122.

[112] DROUSSI Z，D'ORAZIO V，HAFIDI M，et al. Elemental and spectroscopic characterization of humic-acid-like compounds during composting of olive mill by-products[J]. Journal of Hazardous Materials，2009，163（2-3）：1289-1297.

[113] 李鸣晓，何小松，刘骏，等. 鸡粪堆肥水溶性有机物特征紫外吸收光谱研究[J]. 光谱学与光谱分析，2010，30（11）：3081-3085.

[114] CORY R M，MCKNIGHT D M. Fluorescence spectroscopy reveals ubiquitous presence of oxidized and reduced quinones in dissolved organic matter[J]. Environmental Science & Technology，2005，39（21）：8142-8149.

[115] MLADENOV N，ZHENG Y，MILLER M P，et al. Dissolved organic matter sources and consequences for Iron and Arsenic mobilization in bangladesh aquifers[J]. Environmental Science & Technology，2010，44（1）：123-128.

[116] SANCLEMENTS M D，OELSNER G P，MCKNIGHT D M，et al. New insights into the source of decadal increases of dissolved organic matter in acid-sensitive lakes of the Northeastern United

States[J]. Environmental Science & Technology，2012，46（6）：3212-3219.

[117] BROOKS P D，LEMON M M. Spatial variability in dissolved organic matter and inorganic nitrogen concentrations in a semiarid stream，San Pedro River，Arizona[J]. Journal of Geophysical Research-Biogeosciences，2007，112.

[118] GUO X J，XI B D，YU H B，et al. The structure and origin of dissolved organic matter studied by UV-vis spectroscopy and fluorescence spectroscopy in lake in arid and semi-arid region[J]. Water Science and Technology，2011，63（5）：1010-1017.

[119] VAZQUEZ E，AMALFITANO S，FAZI S，et al. Dissolved organic matter composition in a fragmented Mediterranean fluvial system under severe drought conditions[J]. Biogeochemistry，2011，102（1-3）：59-72.

[120] HOLBROOK R D，YEN J H，GRIZZARD T J. Characterizing natural organic material from the Occoquan Watershed（Northern Virginia，US） using fluorescence spectroscopy and PARAFAC[J]. Science of the Total Environment，2006，361（1-3）：249-266.

[121] YAMASHITA Y，KLOEPPEL B D，KNOEPP J，et al. Effects of watershed history on dissolved organic matter characteristics in headwater streams[J]. Ecosystems，2011，14（7）：1110-1122.

[122] YAMASHITA Y，SCINTO L J，MAIE N，et al. Dissolved organic matter characteristics across a subtropical wetland's landscape：application of optical properties in the assessment of environmental dynamics[J]. Ecosystems，2010，13（7）：1006-1019.

[123] BORISOVER M，LAOR Y，PARPAROV A，et al. Spatial and seasonal patterns of fluorescent organic matter in Lake Kinneret（Sea of Galilee） and its catchment basin[J]. Water Research，2009，43（12）：3104-3116.

[124] MURPHY K R，STEDMON C A，WAITE T D，et al. Distinguishing between terrestrial and autochthonous organic matter sources in marine environments using fluorescence spectroscopy [J]. Marine Chemistry，2008，108（1-2）：40-58.

[125] ISHII S K L，BOYER T H. Behavior of reoccurring PARAFAC components in fluorescent dissolved organic matter in natural and engineered systems：a critical review[J]. Environmental Science & Technology，2012，46（4）：2006-2017.

[126] WU J，ZHANG H，HE P J，et al. Insight into the heavy metal binding potential of dissolved organic matter in MSW leachate using EEM quenching combined with PARAFAC analysis[J]. Water Research，2011，45（4）：1711-1719.

[127] WOODS G C，SIMPSON M J，KOERNER P J，et al. HILIC-NMR：toward the identification of individual molecular components in dissolved organic matter[J]. Environmental Science & Technology，2011，45（9）：3880-3886.

[128] YAMASHITA Y，JAFFÉR，MAIE N，et al. Assessing the dynamics of dissolved organic matter

（DOM） in coastal environments by excitation emission matrix fluorescence and parallel factor analysis（EEM-PARAFAC）[J]. Limnology and Oceanography，2008，53（5）：1900-1908.

[129] NISHIJIMA W，SPEITEL G E. Fate of biodegradable dissolved organic carbon produced by ozonation on biological activated carbon[J]. Chemosphere，2004，56（2）：113-119.

[130] BIRDWELL J E，VALSARAJ K T. Characterization of dissolved organic matter in fogwater by excitation–emission matrix fluorescence spectroscopy[J]. Atmospheric Environment，2010，44（27）：3246-3253.

[131] HUR J，LEE D H，SHIN H S. Comparison of the structural，spectroscopic and phenanthrene binding characteristics of humic acids from soils and lake sediments[J]. Organic Geochemistry，2009，40（10）：1091-1099.

[132] KALBITZ K，GEYER W，GEYER S. Spectroscopic properties of dissolved humic substances— a reflection of land use history in a fen area[J]. Biogeochemistry，1999，47（2）：219-238.

[133] DE HAAN H，DE BOER T. Applicability of light absorbance and fluorescence as measures of concentration and molecular size of dissolved organic carbon in humic Lake Tjeukemeer[J]. Water Research，1987，21（6）：731-734.

[134] ZHAO Y J，LIU B，ZHANG W G，et al. Effects of plant and influent C∶N∶P ratio on microbial diversity in pilot-scale constructed wetlands[J]. Ecological Engineering，2010，36（4）：441-449.

[135] YUN J L，MA A Z，LI Y M，et al. Diversity of methanotrophs in Zoige wetland soils under both anaerobic and aerobic conditions[J]. Journal of Environmental Sciences-China，2010，22（8）：1232-1238.

[136] QIAN Y C，SHI J Y，CHEN Y X，et al. Characterization of phosphate solubilizing bacteria in sediments from a shallow eutrophic lake and a wetland：isolation，molecular identification and phosphorus release ability determination[J]. Molecules，2010，15（11）：8518-8533.

[137] FAULWETTER J L，GAGNON V，SUNDBERG C，et al. Microbial processes influencing performance of treatment wetlands：A review[J]. Ecological Engineering，2009，35（6）：987-1004.

[138] CALHEIROS C S C，DUQUE A F，MOURA A，et al. Substrate effect on bacterial communities from constructed wetlands planted with Typha latifolia treating industrial wastewater[J]. Ecological Engineering，2009，35（5）：744-753.

[139] KRASNITS E，FRIEDLER E，SABBAH I，et al. Spatial distribution of major microbial groups in a well established constructed wetland treating municipal wastewater[J]. Ecological Engineering，2009，35（7）：1085-1089.

[140] REIS M A M，CARVALHO G，LEMOS P C，et al. Denitrifying phosphorus removal：Linking the process performance with the microbial community structure[J]. Water Research，2007，41（19）：4383-4396.

[141] NICOMRAT D，DICK W A，TUOVINEN O H. Microbial populations identified by fluorescence in situ hybridization in a constructed wetland treating acid coal mine drainage[J]. Journal of Environmental Quality，2006，35（4）：1329-1337.

[142] NICORARAT D，DICK W A，DOPSON M，et al. Bacterial phylogenetic diversity in a constructed wetland system treating acid coal mine drainage[J]. Soil Biology & Biochemistry，2008，40（2）：312-321.

[143] ZHAO D Y，HUANG R，ZENG J，et al. Diversity analysis of bacterial community compositions in sediments of urban lakes by terminal restriction fragment length polymorphism（T-RFLP）[J]. World Journal of Microbiology & Biotechnology，2012，28（11）：3159-3170.

[144] LEGGE R L，WEBER K P，MITZEL M R，et al. Effect of ciprofloxacin on microbiological development in wetland mesocosms[J]. Water Research，2011，45（10）：3185-3196.

[145] IASUR-KRUH L，HADAR Y，MILSTEIN D，et al. Microbial population and activity in wetland microcosms constructed for improving treated municipal wastewater[J]. Microbial Ecology，2010，59（4）：700-709.

[146] LI Y H，ZHU J N，ZHAI Z H，et al. Endophytic bacterial diversity in roots of Phragmites australis in constructed Beijing Cuihu Wetland（China）[J]. Fems Microbiology Letters，2010，309（1）：84-93.

[147] GARCIA-LLEDO A，VILAR-SANZ A，TRIAS R，et al. Genetic potential for N_2O emissions from the sediment of a free water surface constructed wetland[J]. Water Research，2011，45（17）：5621-5632.

[148] OKABE S，TSUSHIMA I，KINDAICHI T. Quantification of anaerobic ammonium-oxidizing bacteria in enrichment cultures by real-time PCR[J]. Water Research，2007，41（4）：785-794.

[149] RUIZ-RUEDA O，HALLIN S，BANERAS L. Structure and function of denitrifying and nitrifying bacterial communities in relation to the plant species in a constructed wetland[J]. Fems Microbiology Ecology，2009，67（2）：308-319.

[150] MOESENEDER M M，ARRIETA J M，HERNDL G J. A comparison of DNA- and RNA-based clone libraries from the same marine bacterioplankton community[J]. Fems Microbiology Ecology，2005，51（3）：341-352.

[151] BAPTISTA J D，DAVENPORT R J，DONNELLY T，et al. The microbial diversity of laboratory-scale wetlands appears to be randomly assembled[J]. Water Research，2008，42（12）：3182-3190.

[152] CHEN Y G，ZHU X Y. Reduction of N_2O and NO Generation in anaerobic-aerobic（low dissolved oxygen） biological wastewater treatment process by using sludge alkaline fermentation liquid[J]. Environmental Science & Technology，2011，45（6）：2137-2143.

[153] RAMM K，SCHEPS V. Phosphorus balance of a polytrophic shallow lake with consideration of phosphorus release[J]. Hydrobiologia，1997，342/343：43-53.

[154] 吴斯源. 缓流河流中磷在底泥与上覆水中迁移转换规律的研究[D]. 苏州：苏州科技学院，2011.

[155] 王家齐. 高原深水湖泊磷污染源解析及控制技术研究——以贵州红枫湖为例[D]. 南京：南京大学，2012.
[156] KARL D M. Phosphorus，the staff of life[J]. Nature，2000，406：31-33.
[157] CARPENTER S R. Eutrophication of aquatic ecosystems：bistability and soil phosphorus[J]. Proceedings of the National Academy of Sciences of the United States of American，2005，102（29）：10002-10005.
[158] 金相灿，刘鸿亮，屠清瑛，等. 中国湖泊富营养化[M]. 北京：中国环境科学出版社，1990.
[159] CARPENTER S R. Phosphorus control is critical to mitigating eutrophication[J]. Proceedings of the National Academy of Sciences of the United States of America，2008，105（32）：11039-11040.
[160] 彭近新，陈慧君. 水质富营养化与防治[M]. 北京：中国环境科学出版社，1988：32-34.
[161] 李慧韫，张天胜. 磷和水体富营养化[J]. 日用化学品科学，2002，25（6）：15-17.
[162] 张锡辉. 水环境修复工程学原理[M]. （第 2 版）. 北京：中国环境科学出版社，1992：121-130.
[163] 霍坎松·L，杨松·M. 湖泊沉积学原理[M]. 郑光膺，译. 北京：科学出版社，1992：89.
[164] PERKINS R G，UNDERWOOD G J C. The potential for phosphorus release across the sediment-water interface in an eutrophic reservoir dosed with ferric sulphate[J]. Water Research，2000：156-167.
[165] BERELSON W M，HEGGIE D，LONGMORE A，et al. Benthic nutrient recycling in Port Phillip Bay，Australia[J]. Estuarine，Coastal and Shelf Science，1998，46（6）：917-934.
[166] 陈会霖. 辽河吉林省沉积物中氮和磷的分布与释放特征研究[D]. 吉林：吉林大学，2013.
[167] 朱广伟，秦伯强，高光，等. 长江中下游浅水湖泊沉积物中磷的形态及其与水相磷的关系[J]. 环境科学学报，2004，24（3）：381-388.
[168] 陆健健，何文珊，等. 湿地生态学[M]. 北京：高等教育出版社，2006：1-8，38.
[169] 孙亚兵，冯景伟，田园春，等. 自动增氧型潜流人工湿地处理农村生活污水的研究[J]. 环境科学学报，2006，26（3）：404-408.
[170] 王爱萍. 长江口滨海湿地磷的迁移转化及净化功能的研究[D]. 上海：同济大学，2005.
[171] VYMAZAL J. Constructed wetlands for wastewater treatment in Europe[J]. Nutrient Management in Agricultural Watersheds：A Wetlands Solution，2005，284：230-244.
[172] BRIX H. Use of constructed wetland on water pollution control：historical development，present status and future perspectives[J]. Water Science and Technology，1997，30（8）：209-230.
[173] 赵直，孙林，鞠锋，等. 湿地净化功能研究进展[J]. 黑龙江科技信息，2012（27）：253.
[174] KOSKIAHO J，EKHOLM P，RATY M，et al. Retaining agricultural nutrients in constructed wetlands-experiences under boreal conditions[J]. Ecological Engineering，2003，20（1）：89-103.
[175] NICHOLS D S. Capacity of natural wetlands to remove nutrients from wasterwater[J]. Water Pollution Control，1983，55：495-504.
[176] PANT H K，REDDY K R. Phosphorus sorption characteristic of estuarine sediments under different

redox conditions[J]. Environmental Quality，2001（30）：1474-1480.

[177] 杨光启，侯祥麟，苏元复，等. 中国大百科全书·化工[M]. 中国大百科全书出版社出版，北京，1987，675.

[178] 吴振斌，梁威，邱东茹，等. 复合垂直流构建湿地基质酶活性与污水净化效果[J]. 水生生物学报，2001，25：28-34.

[179] 马安娜，张洪刚，洪剑明. 湿地植物在污水处理中的作用及机理[J]. 首都师范大学学报：自然科学版，2006，27（6）：57-63.

[180] 梁威，吴振斌. 人工湿地对污水中氮磷的去除机制研究进展[J]. 环境科学动态，2000（3）：32-37.

[181] 张鸿，陈光荣，吴振斌. 两种人工湿地中氮磷净化率与细菌分布关系的初步研究[J]. 华中师范大学：自然科学版，1999，33（4）：575-578.

[182] 杨昌凤，谢其明. 模拟人工湿地处理污水的实验研究[J]. 应用生态学报，1991，2（4）：350-354.

[183] 陈桂珠，陈桂葵，谭凤仪. 白骨壤模拟湿地系统对污水的净化效应[J]. 海洋环境科学，2000，19（4）：23-26.

[184] 陈博谦，王星，尹澄清. 湿地土壤因素对污水处理作用的模拟研究[J]. 城市环境与城市生态，1999，12（1）：19-21.

[185] AVAZ S C，AKCA L. Treatment of wasterwater by natural systems[J]. Environment International，2001，26（3）：189-195.

[186] CHANG S C，JACKSON M L. Fractionation of soil phosphorus[J]. Soil Science，1957，84：133-144.

[187] 翁焕新. 河流沉积物中磷的结合状态及其环境地球化学意义[J]. 科学通报，1993，38（13）：1219-1222.

[188] WILLIAMS J D H，SYERS J K，HARRIS R F，et al. Fractionation of inorganic phosphate in calcareous lake sediments[J]. Soil Science Society of America Journal，1971，35：250-255.

[189] WILLIAMS J D H，SYERS J K，WADER T W. Fractionation of soil inorganic phosphate by a modification of Chang and Jackson procedure[J]. Soi1 Science Society of America Journal，1967，31：736-739.

[190] WILLIAMS J D H，JAQUET J M，THOMAS R L. Forms of phosphorus in surficial sediments of Lake Eire[J]. Journal of the Fisheries Board of Canada，1976，33：413-429.

[191] HIELIJES A H M，LIJKLEMA L. Fractionation of inorganic phosphates in calcareous sediments[J]. Journal of Environmental Quality，1980，9（3）：405-407.

[192] RUTTENBERG K C. Development of a sequential extraction method for different forms of phosphorus in marine sediments[J]. Limnology and Oceanography，1992，37：1460-1482.

[193] RYDIN E. Potentially mobile phosphorus in Lake Erken sediment[J]. Water Research，2000，34（7）：2037-2042.

[194] HUPFER M，GACHTER R，GIOVANOLI R. Transformation of phosphorus species in settling seston

and during early sediment diagenesis[J]. Aquatic Sciences，1995，57（4）：305-324.

[195] GOLTERMAN H L. Fractionation of sediment phosphate with chelating compounds：A simplification，and comparison with other methods sediment[J]. Hydorbiologia，1996，335：87-95.

[196] 李悦，乌大年，薛永先. 沉积物中不同形态磷提取方法的改进及其环境地球化学意义[J]. 海洋环境科学，1998，17（1）：15-20.

[197] RUBAN V，LÓPEZ-SÁNCHEZ J F，PAR P，et al. Harmonized protocol and certified reference material for the determination of extractable contents of phosphorus in fresh water sediments-a synthesis of recent works[J]. Fresenius Journal of Analytical Chemistry，2001，370：224-228.

[198] 许保玖. 当代给水与废水处理原理[M]. 北京：高等教育出版社，1991：421-424.

[199] 范琛. 聚磷菌的微生物学特性研究[D]. 西安：西安建筑科技大学，2008.

[200] LEGGE R L，WEBER K P，MITZEL M R，et al. Effect of ciprofloxacin on microbiological development in wetland mesocosms[J]. Water Research，2011，45（10）：3185-3196.

[201] RUIZ-RUEDA O，HALLIN S，BANERAS L. Structure and function of denitrifying and nitrifying bacterial communities in relation to the plant species in a constructed wetland[J]. Fems Microbiology Ecology，2009，67（2）：308 -319.

[202] LI Y H，ZHU J N，ZHAI Z H，et al. Endophytic bacterial diversity in roots of phragmites australis in constructed Beijing Cuihu Wetland（China）[J]. Fems Microbiology Letters，2010，309（1）：84-93.

[203] RUBAN V，BRIGAULT S，DEMARE D，et al. An investigation of the origin and mobility of phosphorus in freshwater sediments from Bort-Les-Orgues Reservoir，France[J]. Journal of Environmental Monitoring，1999，1（4）：403-407.

[204] DUAN L，MORENO-ANDRADE I，HUANG C L，et al. Effects of short solids retention time on microbial community in a membrane bioreactor[J]. Bioresource Technology，2009，100（14）：3489-3496.

[205] LINDH J，LEHANE M. The tsetse fly Glossin a fuscipes fuscipes（Diptera：Glossina） harbours a surprising diversity of bacteria other than symbionts[J]. Antonie van Leeuwenhoek，2011，99（3）：711-720.

[206] 王波. 大明湖水质的季节变化模式及底泥磷吸附释放特性研究[D]. 济南：山东大学，2007.

[207] 王明翠，刘雪芹，张建辉. 湖泊富营养化评价方法及分级标准[J]. 中国环境监测，2002，18（5）：47-49.

[208] FRINK C R. Nutrient budget：rational analysis of eutrophication in a Connecticut lake[J]. Environmental Science & Technology，1967，1（5）：425-428.

[209] RUTTENBERG K C. Development of a sequential extraction method for different forms of phosphorus in marine sediments[J]. Limnology and Oceanography，1992，37（7）：1460-1482.

[210] 扈传昱，潘建明，刘小涯. 珠江口沉积物中磷的赋存形态[J]. 海洋环境科学，2001，20（4）：12-25.

[211] 陈静生，张宇，于涛，等. 对黄河泥沙有机质的溶解特性和降解特性的研究：再论黄河水的 COD 不能真实反映其污染状[J]. 环境科学学报，2004，24（1）：1-5.

[212] HUPFER M，GACHTER R，GIOVANOLI R. Transformation of phosphorus species in settling seston and during early sedimediagenesis[J]. Aquatic Sciences，1995，57（4）：305-324.

[213] 王晓丽，包华影，郭博书. 黄河中下游表层沉积物磷的赋存形态及生物有效性[J]. 生态环境学报，2009，18（5）：1620-1624.

[214] STONE M，ENGLISH M C. Geochemical composition，phosphoruss peciation and mass transport of fine-grained sediment in two Lake Erie tributaries[J]. Hydrobiologia，1993，253：17-29.

[215] RUBAN V，LOPEZ-SANCHEZ J F，PARDO P，et al. Harmonized protocol and certified reference material for the determination of ex-tractable contents of phosphorus in freshwater sediments：a synthesis of recent works[J]. Fresenius Journal of Analytical Chemistry，2001，370：224-228.

[216] TING D S，APPAN A. General characteristics and fractions of phosphorus in aquatic sediments of two tropical reservoirs[J]. Water Science and Technology，1996，34（7-8）：53-59.

[217] AISERLI A，VOUTSA D，SANARA C. Phosphorus fraction in lake sediments-Lakes Volvi and Koronia，N. Greece[J]. Chemosphere，2002，46：1147-1155.

[218] RYDIN E. Potentially mobile phosphorus in Lake Erken sediment[J]. Water Research，2000，34（7）：2037-2042.

[219] MURRAY L G，MUDGE S M，NEWTON A，et al. The effect of benthic sediments on dissolved nutrient concentrations and fluxes[J]. Biogeochemistry，2006，81：159-178.

[220] 黄清辉. 浅水湖泊内源磷释放及其生物有效性：以太湖、巢湖和龙感湖为例[D]. 北京：中国科学院，2005.

[221] RUBAN V，BRIGAULT S，DEMARE D，et al. An investigation of the origin and mobility of phosphorus in freshwater sediments from Bort-Les-Orgues Reservoir，France[J]. Journal of Environmental Monitoring，1999，1（4）：403-407.

[222] 郅二铨. 辽河保护区七星湿地净污效果及其机理研究[D]. 北京：北京师范大学研究生院，2013.

[223] FRANKOWSKI L，BOLALEK J，SZOSTEK A. Phosphorus in bottom sediments of Pameranian Bay（Southem Baltic-Poland）[J]. Estuarine，Coastal and Shelf Science，2002，54：1027-1038.

[224] WORSFOLD P J，MONBET P，TAPPIN A D，et al. Characterisation and quantification of organic phosphorus and organic nitrogen components in aquatic systems：A Review[J]. Analytica Chimica Acta，2008，624（1）：37-58.

[225] PERKINS R G，UNDERWOOD G J C. The potential for phosphorus release across the sediment-water interface in an eutrophic reservoir dosed with ferric sulphate[J]. Water Research，2001，35（6）：1399-1406.

[226] 阮宇鹰. 黑臭河水生物栅处理系统中填料及植物根系微生物生态研究[D]. 上海：华东师范大学，

2008.
[227] GAFAN G P，LUCAS V S，ROBERTS G J，et al. Statistical Analyses of complex denaturing gradient gel electrophoresis profiles[J]. Journal of Clinical Microbiology，2005，43（8）：3971-3978.
[228] STAMPER D M，WALCH M，JACOBS R N. Bacterial population changes in a membrane bioreactor for graywater treatment monitored by denaturing gradient gel electrophoretic analysis of 16S rRNA gene fragments[J]. Applied and Environmental Microbiology，2003，69（2）：852-860.
[229] YU H，SONG Y，XI B，et al. Application of chemometrics to spectroscopic data for indicating humification degree and assessing salinization processes of soils[J]. Journal of Soils and Sediments，2012，12（3）：341-353.
[230] DIAS A C F，HOOGWOUT E F，SILVA M D P E，et al. Potato cultivar type affects the structure of ammonia oxidizer communities in field soil under potato beyond the rhizosphere[J]. Soil Biology & Biochemistry，2012，50：85-95.
[231] WANG L，ZHENG Z，LUO X，et al. Performance and mechanisms of a microbial-earthworm ecofilter for removing organic matter and nitrogen from synthetic domestic wastewater[J]. Journal of Hazardous Materials，2011，195（15）：245-253.
[232] WITTEBOLLE L，VERSTRAETE W，BOON N. The inoculum effect on the ammonia-oxidizing bacterial communities in parallel sequential batch reactors[J]. Water Research，2009，43（17）：4149-4158.
[233] ZEKKER I，RIKMANN E，TENNO T，et al. Achieving nitritation and anammox enrichment in a single moving-bed biofilm reactor treating reject water[J]. Environmental Technology，2011，33（6）：703-710.
[234] CHON K，CHANG J S，LEE E，et al. Abundance of denitrifying genes coding for nitrate（narG），nitrite（nirS），and nitrous oxide（nosZ） reductases in estuarine versus wastewater effluent-fed constructed wetlands[J]. Ecological Engineering，2011，37（1）：64-69.
[235] PERALTA A L，MATTHEWS J W，KENT A D. Microbial community structure and denitrification in a wetland mitigation bank[J]. Applied and Environmental Microbiology，2010，76（13）：4207-4215.
[236] TSUNEDA S，OHNO T，SOEJIMA K，et al. Simultaneous nitrogen and phosphorus removal using denitrifying phosphate-accumulating organisms in a sequencing batch reactor[J]. Biochemical Engineering Journal，2006，27（3）：191-196.
[237] TSUNEDA S，MIYAUCHI R，OHNO T，et al. Characterization of denitrifying polyphosphate-accumulating organisms in activated sludge based on nitrite reductase gene[J]. Journal of Bioscience and Bioengineering，2005，99（4）：403-407.
[238] 张郁，邓伟. 东北老工业基地的水市场建设初探——以辽河流域为例[J]. 东北师范大学学报：自然科学版，2005，37（2）：128-131.
[239] BAUDRY J. Landscape ecology：concepts，methods and applications[J]. Landscape and Urban

Planning，2001，55（1）：70-72.

[240] 郑丙辉，张远，李英博. 辽河流域河流栖息地评价指标与评价方法研究[J]. 环境科学学报，2007，27（6）：928-936.

[241] 姜英震，赵福. 辽宁省辽河保护区辽河河流功能转变探讨[J]. 华北水利水电学院学报：社会科学版，2012，28（3）：11-13.

[242] 李忠国. 稳河势，保水质，促生态——辽河保护区生态治理实践[J]. 环境工程技术学报，2013，3（6）：465-471.

[243] WEN Q，CHEN X，SHI Y，et al. Analysis on composition and pattern of agricultural nonpoint source pollution in Liaohe River Basin，China[J]. Procedia Environmental Sciences，2011，8（1）：26-33.

[244] 仇茂龙，刘玲花，邹晓雯，等. 国内外水源地水质评价标准与评价方法的比较[J]. 中国水利水电科学研究院学报，2013，11（3）：176-182.

[245] 王维，纪枚，苏亚楠. 水质评价研究进展及水质评价方法综述[J]. 科技情报开发与经济，2012，22（13）：129-131.

[246] STAMBUK-GILJANOVIC N. Water quality evaluation by index in Dalmatia[J]. Water Research，1999，33（16）：3423-3440.

[247] YANG Z，LU W，LONG Y，et al. Assessment of heavy metals contamination in urban topsoil from Changchun City，China[J]. Journal of Geochemical Exploration，2011，108（1）：27-38.

[248] PEREZ-CASTILLO A G，RODRIGUEZ A. Physicochemical water quality index，a management tool for tropical-flooding lagoons[J]. Revista De Biología Tropical，2008，56（4）：1905-1918.

[249] 申献辰，邹晓雯，杜霞. 中国地表水资源质量评价方法的研究[J]. 水利学报，2002，12：63-67.

[250] BHUYAN S J，KOELLIKER J K，MARZEN L J，et al. An integrated approach for water quality assessment of a Kansas watershed[J]. Environmental Modelling & Software，2003，18（5）：473-484.

[251] 兰文辉，安海燕. 环境水质评价方法的分析与探讨[J]. 干旱环境监测，2002（3）：167-169.

[252] 马虹. 主成分分析法在水质综合评价中的应用[J]. 南昌工程学院学报，2006，25（1）：65-67.

[253] 鲁斐，李磊. 主成分分析法在辽河水质评价中的应用[J]. 水利科技与经济，2006，12（10）：660-662.

[254] 刘小楠，崔巍. 主成分分析法在汾河水质评价中的应用[J]. 中国给水排水，2009，25（18）：105-108.

[255] KUNG C Y，WEN K L. Applying grey relational analysis and grey decision-making to evaluate the relationship between company attributes and its financial performance-a case study of venture capital enterprises in Taiwan[J]. Decision Support Systems，2007，43（3）：842-852.

[256] 万金保，李媛媛. 模糊综合评价法在鄱阳湖水质评价中的应用[J]. 上海环境科学，2007（5）：215-218.

[257] 郑建青. 水环境质量评价的灰色局势决策法[J]. 科技与管理，2003，5（3）：29-31.

[258] 冯玉国. 湖泊富营养化灰色评价模型及其应用[J]. 系统工程理论与实践，1996，2（8）：43-37.

[259] 肖晓柏，许学工. 地表水环境质量灰关联评价方法探讨[J]. 环境科学与技术，2003（3）：34-36.

[260] 熊德琪. 环境系统模糊预测，评价，规划，决策理论模式与应用研究[D]. 大连：大连理工大学，1994.

[261] 刘荣珍，赵军. 模糊评价模型在长江水质评价中的应用[J]. 兰州交通大学学报：自然科学版，2008，26（6）：50-52.

[262] 郝蓉，刘廷玺，李忠. LVQ 神经网络在地下水水质评价中的应用[J]. 人民黄河，2011，33（6）：64-66.

[263] 王鸿，吴勇，张敏. 基于 MATLAB 改进的 BP 神经网络在地下水水质评价的应用[J]. 地下水，2013（3）：46-48.

[264] 都莎莎，王红旗，刘姝媛，等. 基于人工神经网络改进的地下水水质评价模型研究及应用[J]. 北京师范大学学报：自然科学版，2014（4）：22.

[265] RZEPECKI M. The dynamics of phosphorus in lacustrine sediments：contents and fractions in relation to Lake Trophic State and chemical composition of Bottom Deposits[J]. Polish Journal of Ecology，2010，58（3）：409-427.

[266] YU H，XI B，JIANG J，et al. Environmental heterogeneity analysis，assessment of trophic state and source identification in Chaohu Lake，China[J]. Environmental Science and Pollution Research，2011，18（8）：1333-1342.

[267] 沈晓飞，马巍，罗佳翠，等. 湖库营养状态评价方法及适用性分析[J]. 中国水利水电科学研究院学报，2013，11（1）：74-80.